전지적 고양이 시점

전지적 고양이 시점

고양이는 어떻게
인간을 매혹하는가

세라 브라운 지음 고현석 옮김

메디치

세상의 모든 고양이에게

이 책에 등장하는 고양이들

열아홉 살까지 살았던 나의 첫 고양이 티거

탐험을 좋아하는 스머지

언제나 하악질을 했던 야생 고양이 히싱 시드

함께 낮잠을 자는 고양이 부치와 강아지 레지

강아지 앨피를 무척 좋아하는 고양이 부치

사진 찍히기를 싫어했던 구조 센터의 먹보 고양이 빅 진저

고양이의 신비로움을 한 꺼풀만 벗겨보면 어떨까? 도무지 아리송한 고양이들의 말소리가 번역기를 거쳐 생생하게 들려온다는 것은 어떤 경험일까? 고양이의 언어를 이해하고 싶은 집사라면 이 책을 먼저 읽어보기 바란다. 고양이라는 세계를 탐험하며 그들의 언어와 역사, 행동 패턴까지 열심히 기록한 선구자들의 기록이 일목요연하게 정리되어 있으니 말이다.

《이상한 나라의 앨리스》보다 흥미로운 이 고양이 나라의 이야기는 반복해서 읽을 수밖에 없는 묘한 매력이 있다. 그렇게 여러 번 이 책을 읽다 보면 어느 날 깜짝 놀라고 말 것이다. 내 옆에서 "야옹~" 하고 외치는 고양이의 이야기가 또렷하게 들릴 테니까. — **김명철, 한국고양이수의사회 부회장 겸 고양이 행동 전문 수의사, 《미야옹철의 묘한 진료실》 저자**

드디어 고양이들이 어떤 인정을 받아야 마땅한지 알려주는 훌륭한 목소리가 등장했다. 병원 밖의 야생 고양이부터 따뜻하고 안전한 집에서 출산하는 반려묘에 이르기까지, 저자 세라 브라운의 고양이 연구에는 전염성 강한 매력과 기쁨이 가득하다. 고대 서아시아의 '비옥한 초승달 지역'으로 거슬러 올라가 인간과 고양이의 관계를 추적하고, 고독한 포식자였던 고양이들이 어떻게 우리 삶의 중요한 일부가 되었는지 수수께끼를 풀어나간다. 올해 나온 책 중 가장 읽을 만한 훌륭한 책이다. **— 브라이언 헤어·버네사 우즈, 《다정한 것이 살아남는다》·《개는 천재다》 공동 저자**

고양이 옹호자들은 때때로 스스로를 '말 못 하는 고양이의 대변인'이라고 부르지만, 사실 고양이는 자신의 의사를 매우 명확하게 표현한다. 따라서 우리는 고양이의 언어를 제대로 듣는 방법을 알아야 한다. 이 책은 고양이가 인간, 다른 고양이들, 주변 세계와 소통할 때 사용하는 다양한 방법과 그 이면에 숨겨진 의미를 밝혀냄으로써 독자들이 고양이를 더 잘 이해하고 보살필 수 있도록 돕는다. 고양이의 언어를 심도 있게 분석한 이 책은 고양이와 더 잘 소통하고 싶은 동물 구조자나 보호자라면 반드시 읽어야 한다. **— 한나 쇼, 부모 잃은 새끼고양이 클럽 설립자 겸 《작지만 강한Tiny But Mighty》 저자**

저자 세라 브라운은 고양이를 잘 안다. 고양이 전문가의 깊은 과학적 지식과 실제 에피소드들이 매혹적으로 버무려진 이 책은 애묘인들에게 재미와 정보를 동시에 선사할 것이다. **— 존 브래드쇼, 《캣 센스》·《고양이 훈련시키기The Trainable Cat》 저자**

가르랑거리기, 하악질하기, 야옹거리기, 냄새 남기기, 사물 긁기, 귀 움직이기, 꼬리 흔들기, 머리 문지르기. 우리가 늘 정확하게 의미는 알지 못해도, 고양이는 이 행동들을 통해 놀라울 정도로 풍부하게 의사를 표현한다. 이 유쾌한 책은 고양이가 아직도 얼마나 미스터리한 존재인지를 보여주는 동시에, 이 친구들의 언어를 더 잘 이해하도록 도와줄 것이다. — **숀 캐럴, 존스홉킨스 대학교 교수 겸 《우주의 가장 위대한 생각들: 공간, 시간, 운동》 저자**

집사라면 누구나 자기 고양이가 무슨 생각을 하는지 알고 싶어 한다. 이 책은 고양이가 어떻게 의사소통하는지, 어떻게 우리 삶 속에서 고양이와 더 나은 관계를 맺을 수 있는지에 대해 매우 흥미롭고 근거 있는 가이드를 제시한다. 모든 고양이는 자신의 집사가 이 책을 읽기를 바랄 것이다! — **미켈 델가도, 《고양이 본능 사전》 공동 저자**

고양이에 대한 놀라운 사실들로 가득한 책. 애묘인이라 자부하는 저자는 기존의 어떤 고정관념들을 깨부수는 데 전념하며, 집고양이들이 지금껏 이룬 업적을 축하하기로 작정했다. — **월스트리트 저널**

우리의 털북숭이 친구들이 어떻게 의사소통하는지에 대한 흥미로운 과학 정보와, 저자가 30년간의 현장조사를 통해 알아낸 이야기와, 심지어 저자가 기르는 고양이들이 친 사건 사고를 포함한 에피소드가 깨알같이 담겨 있다. 저자는 고양이도 사람처럼 복잡한 성격을 가지고 있다고 말한다. 꼬리를 흔들거나 야옹거리거나 매우 느리게 눈을 깜박이는 행동 등을 통해 고양이들이 우리에게 무엇을 말하려는지 이해하기 쉽게 알려주는 유익한 책이며, 저자의 딸이 그린 별난 일러스트는 책의 재미를 한층 높인다. — 북페이지

고양이들이 왜 그렇게 행동하는지에 대해 역사는 깨달음을 주고 과학은 강력한 통찰을 제공한다. 고양이를 사랑하는 사람이라면 이 책을 꼭 책장에 추가하고 싶을 것이다. — 퍼블리셔스 위클리

집고양이를 과학적인 관점에서 연구한 저자는 직접적인 관찰 기록과 가장 최근 분석들을 매혹적인 문체로 이해하기 쉽게 풀어낸다. 저자의 명랑하면서 전문적인 접근법은 우리가 고양이 친구들을 더 잘 이해하는 데 많은 도움을 준다. — 커커스 리뷰

프롤로그

고양이라는 놀라운 세계 앞에서

내가 이 흥미진진한 연구를 시작하게 된 때는 1980년대 후반이었다. 젊은 과학자였던 나는 중성화 수술을 받은 고양이들이 무리에서 어떻게 상호작용하는지, 고양이와 사람이 어떻게 의사소통하는지 등을 연구해 집고양이의 행동을 규명하겠다는 야심 찬 생각을 가지고 있었다. 그로부터 30년이 넘도록 나는 수많은 고양이를 대상으로 연구를 이어왔고, 지금도 이 놀라운 모험은 계속되고 있다.

고양이의 행동을 연구하려면 엄밀한 과학 연구와 연구 대상이 주는 무한한 즐거움 사이에서 때로는 아슬아슬하고 힘겹게 균형을 잡아야 한다. 실험심리학의 선구자 중 한 명인 에드워드 손다이크는 1911년에 발표한 《동물의 지능Animal Intelligence》에서 "어디서든 놀라운 것을 찾아내려는 인간 본성의 거의 보편적인 경향"에 대해 상당히 비판적으로 언급했다. 그는 이런 경향 때문에 사람들이 연구 대상을 선택하고 연구 결과를 해석할 때 매우 편향된 판단을 내릴 수밖에 없다고 보았다. 그의 주장에 동의하는 진지한 동물행동학자라면 자신의 연구 대상을 높이 평가하고 싶은 유혹에 철저하게 저항하면서 최대한 객관성을 유지해야 한다.

박사 학위 과정에서 이 연구를 시작했을 때 나는 고양이에 대한 새로운 사실을 발견하고 싶다는 열망으로 가득했다. 그러면서도 계속 손다이크의 말을 떠올렸고, 내 연구가 '제대로 된' 과학 연구가 되려면 신중한 계획과 분석에 기초해야 한다고 생각했다. 내가 합리적이고 과학적인 방식으로 데이터를 수집하고 연구해 박사 학위를 취득할 수 있었던 것은 이 생각에 힘입은 바가 크다. 하지만 처음 고양이를 키우던 날부터 나는 고양이라는 신비로운 생명체와 고양이가 가진 적응력, 독창성, 회복탄력성에 감탄을 금하지 못하고 있다.

이 책은 단독생활을 하는 북아프리카들고양이의 후손인 집고양이가 어떻게 전 세계 곳곳에서 인간의 집에 함께 살게 됐는지 살펴본다. 미국만 해도 현재 4,500만 가구 이상이 한 마리 이상의 고양이를 키우고 있다.[1] 사람들은 어쩌다 이렇게 고양이를 많이 키우게 됐을까? 먼 옛날의 야생 고양이들은 어떻게 인간의 집으로 들어와 그들로 하여금 자신들을 따뜻하게 해주고, 먹이를 주고, 보살펴줘야 한다고 설득할 수 있었을까? 간단히 답하면, 고양이들은 인간에게 말을 거는 법을 배웠다. 그리고 자기들끼리 대화하는 법도 배웠다. 이는 인간의 가장 좋은 친구를 가리기 위한 끝없는 경쟁에서 고양이가 개와 비교될 때 간과되곤 하는 사실이다.

개는 사회적 동물인 늑대의 후손이다. 따라서 개는 늑대로부터 다른 개체들과 정교한 방식으로 상호작용하는 기술을 물려받았다. 반면, 오늘날의 고양이는 야생 고양이의 후손이다. 서로 마주칠 일이 거의 없었던 포커페이스의 야생 고양이들은 사회적 기술이 발달하지 않았고, 따라서 후대의 고양이들에게 물려줄 기술도 거의 없었다. 기본적으로 고양이는 개에 비해 사회화되기 훨씬 힘든 동물이다.

이 책에서 우리는 다양한 과학자의 연구에 기초해, 고양이가 인간 또는 다른 고양이들과 함께 살기 위해 어떻게 냄새 기반의 언어를 새로운 신호와 소리로 보완해왔는지 살펴볼 것이다. 사실 고양이들은 효과적인 의사소통을 위해 매우 다양한 노력을 기울이고 있다. 하지만 우리는 고양이의 언어를 얼마나 이해하고 있을까? 또한 고양이는 우리의 언어를 얼마나 이해하고 있을까? 고양이는 우리를 어떻게 인식할까? 고양이는 우리를 '주인'으로 생각할까, 아니면 후각이 떨어지는 커다란 두 발 달린 고양이로 생각할까? 이 책은 이런 수많은 의문에 답을 제공하는 과학적 연구와, 그 연구 과정에서 도움을 준 놀라운 고양이들에 대한 이야기를 들려줄 것이다.

낡고 덜컹거리는 중고차를 몰고 구불구불한 길을 따라 한참을 간 끝에 도착한 곳은 거대한 병원이었다. 소설에나 나올 법한 붉은 벽돌로 지어진 빅토리아풍 건물이었다. 차를 병원 마당으로 몰고 들어가 현장을 둘러봤다. 병원은 1852년에 '카운티 정신병원'이라는 이름으로 진료를 시작한 뒤 130여 년이 지난 1980년대에도 계속 운영되던 곳이다. 하지만 내 관심은 이 병원이 아니라 병원 밖에서 일어나는 일들에 있었다. 이곳에 온 것은 병원 밖에 있는 고양이들을 관찰하기 위해서였다.

병원 경비원 존의 친절한 안내 덕분에 편하게 병원 주위를 둘러볼 수 있었다. 존은 병원 주변에 사는 고양이들은 사람의 접근을 허용하지 않는 페럴 캣[🐾]과 사람에게 다가와 인사를 건네는 우호적인 고양이로 나뉜다고 설명했다. 이 두 부류의 고양이가 섞여 살게 된 것은 인근 지역 사람들이 키우던 고양이를 외딴 곳에 위치한 이 병원 주변에 데려와 유기했기 때문이다. 버려진 고양이들은 자기들끼리 어울리며 번식해왔고, 사람과의 정기적인 접촉 없이 태어난 다음 세대 고양이들은 점점 더 야성적이고 내성적으로 변해갔다. 한편, 키우던 고양이가 싫어진 주인들은 계속 어둠 속에서 차를 몰고 와 불쌍하고 순진한 고양이들을 버렸

🐾 집고양이의 유전자를 물려받았지만 야생에서 태어나 성장한 고양이를 말한다. 인간에게 접근하지 않으며 무리를 지어 생활하는 경향이 있다.

기 때문에 새로운 고양이들이 끊임없이 유입됐다. 병원 주변에서 사람들에게 말을 거는 고양이 대부분은 이렇게 버려진 지 얼마 되지 않은 집고양이들이었다.

존은 고양이들이 언제부터 이곳에 살게 됐는지 정확하게는 알 수 없다고 했다. 기록에 따르면 적어도 1960년대부터 간호사들이 교대 근무 중 쉬는 시간에 고양이들에게 먹이를 주곤 했다. 이 고양이들을 중성화하기 위한 시도가 계속됐지만 새로운 고양이가 계속 유입되면서 중성화 노력에도 한계가 있었던 것으로 보인다.

그날 우리는 엄청나게 많은 고양이를 관찰할 수 있었다. 존의 말대로 어떤 고양이들은 영양 상태가 좋고 사람에게 익숙한 모습이었다. 그들은 햇볕을 쬐며 누워 있다가 우리가 그 앞을 지나가면 다가오기도 했다. 반면 어떤 고양이들은 우리가 눈만 살짝 깜빡여도 빠르게 눈앞에서 사라져버렸다.

병원 부지는 매우 넓었고, 본관을 중심으로 부속 건물들이 방사형으로 뻗어 있어 자연스럽게 안뜰이 형성돼 있었다. 덕분에 고양이들은 그룹별로 서로 다른 안뜰에 모여 살 수 있었다. 병원 건물 밑에는 넓은 지하실이 있는데, 이곳에서 대형 온수 파이프들이 연결되어 일종의 구식 난방 시스템을 이루었다. 환기 통로는 따뜻한 지하실에서 뻗어 나와 안뜰을 마주하는 벽돌 벽에 난 환풍구로 이어졌는데, 고양이들에게 최고의 휴식 공간이었다. 안뜰을 걷다 보면 털이 북슬북슬한 고양이들이 벽에 뚫린 환풍

구에서 우리를 쳐다보고 있는 모습을 볼 수 있었다. 안뜰 곳곳에는 이 환풍구로 들어가기 위해 차례를 기다리는 고양이들도 있었다. 당시 나는 고양이들 사이의 상호작용을 연구하기 위해 페럴 캣들로 구성된 안정적인 소규모 집단을 찾고 있었는데, 그날 병원 주변의 수많은 고양이 집단 중에 이런 소규모 집단이 많다는 것을 알게 되면서 이곳이야말로 내 연구를 시작하기에 가장 이상적인 장소라고 생각했다.

하지만 그야말로 고양이로 이루어진 망망대해에서 내 연구에 적절한 하위 집단을 찾아내는 일은 결코 쉽지 않았다. 먼저 나는 병원 주변을 돌아다니면서 관찰한 고양이들을 그림으로 그리고 세부사항을 기록하기 시작했다. 고양이 한 마리 한 마리의 왼쪽, 오른쪽, 정면에서 본 모습을 그려 일종의 고양이 머그샷을 만들고, 특징을 모두 기록했다. 그렇게 몇 주가 지나자 어떤 고양이가 어디에서 주로 놀고, 어떤 고양이가 많이 돌아다니며, 어떤 고양이가 같은 장소에 머무르는 경향이 있는지 등을 전체적으로 파악할 수 있었다.

이 고양이 메모는 지금 다시 읽어봐도 재미있다. '보일러실 고양이' 항목에는 "검은색과 흰색, 목둘레가 붉은색, 우호적"이라고 적혀 있는 반면, '전기실 고양이' 항목에는 "검은색, 덩치가 크고 목둘레가 흰색, 여자를 싫어함"이라고 적혀 있다. 여자를 싫어하는 전기실 고양이에 대한 기록은 그것으로 끝이었던 것 같다.

병원 주변의 고양이 분포 패턴이 드러날 때쯤 작은 안뜰을 자주 찾는 고양이 한 무리가 내 관심을 끌기 시작했다. 그곳에서는 매일 같은 시간에 먹이가 제공됐는데, 고양이들은 병동에서 나오는 잔반을 간절히 기다리고 있었다. 이렇게 정기적으로 먹이가 제공되고 휴식 공간도 충분하다 보니 고양이들은 이 특정한 안뜰 주변에 머무르면서 비교적 안정적인 그룹을 형성했다. 그룹의 핵심 멤버 다섯 마리 중 한 마리인 프랭크(내가 붙인 이름이다)는 정기적으로 안뜰을 벗어나 먼 곳을 탐험하곤 했지만, 다른 네 마리와 함께 먹이를 먹기 위해 언제나 다시 돌아왔다. 이 고양이들은 날마다 같은 시간에 같은 장소로 모여들었기 때문에 나는 멀리 숨은 채 이들의 상호작용을 쉽게 관찰할 수 있었다. 그렇게 해서 다섯 마리 고양이 베티, 태비사, 넬, 토비, 프랭크가 내 첫 번째 연구 대상이 됐다. 이 고양이들에 대해서는 앞으로 더 자세히 설명할 것이다.

나는 병원 고양이들에 대한 연구를 진행하는 한편 관찰할 수 있는 다른 페럴 캣 군집도 찾기 시작했다. 당시 영국 사우샘프턴 대학교 인류동물학 연구소에서 연구 조교로 일했는데, 어느 날 대학 근처의 한 학교 건물 지하에 고양이 무리가 살고 있다는 연락을 받았다. 그 고양이들을 학교에서 내보내고 싶었던 교장과 직원들은 접근하기 어려운 페럴 캣을 포획하는 일에 숙달된 지역 동물보호대원들과 함께 '구조' 작전을 벌이기 시작했다. 그날 저녁 우리도 인도적인 고양이 포획용 덫과 참치 캔, 정어리 캔을 차 몇 대에 잔뜩 싣고 현장에 도착했다. 두어 시간 후 우리는 밤사이 고양이들이 배가 고파 먹이를 찾다 덫에 걸리길 기대하면서 현장을 떠났고, 그 후 며칠 동안 개개의 고양이들이 가진 성격에 대해 많은 것을 알게 됐다. 어떤 녀석들은 덫에 쉽게 걸려들었고, 구조 센터와 동물병원으로 이송돼 기생충과 벼룩 치료, 백신 접종, 중성화 수술을 받으면서도 거의 저항하지 않았다. 사료와 물을 줄 때도 마찬가지였다. 하지만 어떤 고양이들은 다루기 매우 힘들었는데, 나중에 빅 진저라는 이름으로 불리게 된 고양이도 그중 하나였다. 이 크고 꾀죄죄한 붉은색 고양이는 며칠 동안 눈에 띄지 않는 구석에 숨어서 미끼를 지켜보다 어느 날 밤 더 이상 배고픔을 견디지 못하고 정어리의 유혹에 굴복했다. 어쨌든 우리는 빅 진저를 마지막으로 그곳의 모든 고양이를 포획하는 데 성공했다.

빅 진저를 포함한 이 고양이들은 꽤 운이 좋은 페럴 캣이었다고 할 수 있다. 이들 중 일부는 임신한 암컷이었는데, 구조 센터의 안전하고 따뜻한 환경에서 새

끼를 낳고 키울 수 있었기 때문이다. 암컷들이 낳은 새끼고양이들은 사람들에게 적응할 수 있을 만큼 어렸기 때문에 모두 새로운 집으로 입양됐다. 하지만 성묘들은 사람들과 함께 삶을 시작하기에는 기존의 생활방식에 너무 익숙해져 있었다. 우리는 묘목 농원으로 사용되던 오래된 농장 안에 이 성묘들을 위한 보금자리를 만들었다. 고양이들이 머물 헛간을 만들고, 매일 먹이를 주면서 그들의 행동을 관찰했다. 내가 헛간에 가지 못하는 날에는 동료들이 먹이를 챙겨줬다. 헛간에 가는 날이면 항상 몇 시간 동안 고양이들을 관찰하다 마지막에 사료를 주곤 했다. 나는 그 고양이들에게 시드, 블랙캡, 스머지, 데이지, 더스티, 허니, 고스트, 베키, 빅 진저라는 이름을 붙였다. 앞에서 말한 그 빅 진저 맞다.

병원 고양이들과 헛간 고양이들은 그 후 몇 년 동안 내 삶의 일부가 됐다. 이 고양이들은 대체로 냉담하고 사회성이 부족했기 때문에 나와 거리를 두었고 내 존재도 거의 인식하지 않았다. 하지만 내가 원한 것이 바로 이런 모습이었다. 나는 이 고양이들이 서로 어떻게 지내는지 관찰하고 싶었기 때문이다.

어니스트 헤밍웨이는 "고양이를 한 마리 기르면 또 한 마리를 기르게 된다"라고 했다. 이 책에도 역시 수많은 고양이가 등장한다. 지난 수십 년 동안 내가 만난 이 고양이들은 다른 고양이들과 함께 사는 고양이, 사람과 함께 사는 고양이에 대해 많은 것을 알려줬다. 또한 동물행동 관련 상담을 하면서 만난 수많은 고양이들, 그리고 착한 보호자들에게서 고양이와 사람의 다양한 관계에 대해 많은 것을 배웠다. 2장에서 다룰 존스 부인과 그녀의 사랑스러운 반려묘 세실의 관계도 그중 하나다. 이 책에는 내 인생의 여러 부분을 함께한 반려묘 부치, 스머지, 티거, 찰리도 가끔 등장한다. 내가 가장 잘 아는 고양이들이 바로 이들일 것이다. 이 고양이들은 나와 같은 집에서 살았기 때문에 그들의 언어를 배우기란 매우 쉬웠다. 고양이의 언어를 배우는 것은 마치 외국에 살면서 그 나라의 언어와 문화에 몰입하는 것과 비슷하다.

또한 구조 센터에서 일하면서 만난 잊을 수 없는 고양이 지니, 미미, 페블스, 미니 그리고 우리 집에 머물면서 새끼를 키운 셰바도 책 곳곳에 등장할 것이다. 박사 과정 중에 만난 병원 고양이들과 헛간 고양이들은 안전하지 않은 환경에서 태어나 먹이도 제대로 먹지 못하고 수의사들의 치료도 받지 못하는 고양이들의 참담한 현실에 눈뜨게 해주었다. 헛간 고양이들을 구조해 농장으로 옮긴 뒤에는 고양이라는 동물과 이들의 다양한 생활 방식을 제대로 이해하려면 구조 현장에서 더 많은 시간을 보내야 한다는 것을 깨달았다. 그때 나는 언젠가 꼭 그렇게 하겠다고 다짐했지만 그로부터 30년이 지나서야 동네 고양이 구조 센터의 문턱을 넘어 그 세계에 빠지게 되었다.

고양이 구조 센터에서 일하면서 나는 완전히 새로운 세상을 만났다. 어느 날 이른 아침, 구조 센터 문 앞에 버려진 커다란 골판지 상자를 발견했을 때는 약간의 두려움을 느끼기도 했다. 상자를 열어보니 귀가 너덜너덜하고 심술궂어 보이는 늙은 고양이 한 마리와 봄철에 기승을 부리는 벼룩에 심하게 물린 앙상한 새끼고양이 몇 마리가 들어 있었다. 이들은 내게 깊은 인상을 남겼고, 일주일이라는 짧은 시간 동안 길고양이에서 사랑스러운 집고양이로 변모하는 엄청난 회복탄력성을 가진 이 종에 대해 감탄을 금치 못하게 만들었다.

또한 이 책에는 우리 집에서 나의 고양이 부치, 스머지와 같이 살았던 개 앨피와 레지도 짧게 등장한다. 이 개들은 고양이가 다른 고양이나 사람들과 (말 그대로) 얼굴을 부비는 것처럼 개와도 얼굴을 부비는 관계가 될 수 있다는 것을 보여줬다. 그 모습을 보며 얼굴을 서로 부비는 행동이 사람, 개, 고양이 모두가 학습할 수 있는 또 하나의 언어임을 알 수 있었다.

내가 처음 연구했던 고양이들이 살던 병원은 박사 학위 과정이 끝나고 몇 년이 지난 1996년에 문을 닫았고, 얼마 뒤 천장이 높은 고급 아파트로 개조됐다. 그 후 병원 고양이들이 어떻게 됐는지는 알 수 없다. 가까운 곳에서 새로운 삶의 터전을 찾았을 것이라고 생각하고 싶다. 헛간 고양이들도 나중에 다른 농장으로 옮겨졌다. 새로 옮겨간 농장에서 그들의 행동을 관찰하기는 쉽지 않았다. 하지만 그때는 내 연구가 거의 끝난 시점이었다. 나는 그 고양이들이 그곳에서 잘 먹으면서 편안하게 남은 생을 보냈을 것이라고 생각하고 싶다. 모든 고양이는 그렇게 지내야 한다.

1장

야생 고양이와 마녀

고양이가 말했다. “나는 친구도 종도 아니야. 나는 혼자 걷는 고양이이고, 너의 동굴에 들어가고 싶어.”
— 러디어드 키플링, 〈혼자 걷는 고양이The Cat That Walked by Himself〉

구조 센터에 설치된 대형 고양이 케이지 앞에서 철망으로 고양이들을 지켜보고 있을 때였다. 케이지 안으로 들어간 센터 매니저 앤이 커다란 적갈색 고양이에게 접근하고 있었다. 고양이는 케이지 한쪽 철망에 등을 붙이고 웅크려 앉아 털을 최대한 부풀렸고, 접시처럼 생긴 눈을 부릅뜨며 연신 하악질과 으르렁대기를 반복했다. 앤은 주저하지 않고 능숙한 솜씨로 백신 주사기 바늘을 고양이에게 찔렀다 뺐다. 그러자 나중에 빅 진저라는 이름이 붙은 이 고양이는 눈 깜짝할 사이에 몸을 날려 벽을 타고 케이지 천장으로 올라간 다음 반대편으로 내려가 상자 안에 숨어버렸다. 나는 빅 진저의 이동 경로를 되짚어보면서 앤에게 물었다. “방금 저 고양이가 천장을 가로지른 거지요?” 앤이 웃으면서 말했다. “페럴 캣들은 자주 그렇게 해요.” 당시 나는 막 고양이를 연구하기 시작한 대학원생이었고, 반 야생 상태로 돌아간 고양이, 즉 사회성을 잃은 집고양이인 페럴 캣을 제대로 관찰한 것은 그때가 처음이었다. 박사 학위 과정에서 집고양이의 행동을 연구한다고 했을 때 사람들은 나를 비웃으며 말했다. “집고양이? 좀 지루하지 않을까? 해외로 나가 큰 야생 고양이를 연구하는 게 낫지 않겠어?” 하지만 나는 집고양이도 연구 대상이 될 만큼의 충분한 야생성이 있다고 생각했다.

빅 진저를 포함한 고양이들이 구조 센터에서 보살핌을 받는 동안 나와 동료들은 고양이들의 미래 보금자리가 될 농장으로 갔다. 우리는 고양이들이 사료를 먹고 쉴 수 있는 헛간을 짓고, 편히 누울 수 있도록 쿠션이 깔린 선반을 마련했다. 헛간 문에는 고양이가 드나들 수 있는 크기의 작은 구멍을 뚫었다. 몇 달 뒤에는 헛간 옆에 네모난 나무 구조물을 만들어 휴식 공간을 추가로 확보했다. 이 구조물은 내부가 네 개의 공간으로 분리되고, 각 공간마다 고양이들이 드나들 수 있는 경첩이 달린 문이 설치되어 있었다. 우리는 이것에 ‘고양이 극장’이라는 거창한 이름을 붙였다.

고양이들이 농장으로 옮겨지던 날 나는 사료 통조림을 손에 들고 헛간 옆에 서서 그들이 내 주변으로 오기를 기다렸다. 하지만 단 한 마리도 오지 않았다. 가끔 검은색이나 흰색 또는 적갈색 고양이가 눈에 띄었다가 사라지곤 했다. 어떤 고양이는 헛간 근처의 어두운 수풀 속에서 나를 쳐다보다 바로 사라졌다. 고양이들이 계

속 이런 식으로 숨어 다닌다면 이들을 대상으로 연구를 진행하기 가 불가능할 것이라는 생각이 스쳤다.

고양이 그리고 고양이의 의사소통에 대해 연구하기 시작하면서 나는 '길들여진tame', '페럴feral', '사회화된socialized', '야생 고양이Wildcat' 같은 단어들이 명확하게 정의되지 않은 채 학술 문헌에서 사용되고 있다는 것을 알게 됐다. 이 단어들은 정확하게 어떤 뜻일까? 우리는 야생 고양이를 길들일 수 있을까? 가축화된 동물은 정확하게 어떤 동물을 뜻하는 것일까? 페럴 캣도 집고양이라고 할 수 있을까? 빅 진저, 그리고 빅 진저와 함께 살던 고양이들, 빅 진저의 조상들에 대해 연구하면서 나는 서서히 이 질문들에 대한 답을 찾기 시작했다. 또한 나는 고양이들의 의사소통 방식을 연구하려면 먼저 고양이의 역사와 적응, 변화 과정을 살펴보아야 한다는 것도 깨닫게 됐다. 야생 고양이의 삶은 집고양이의 삶과 너무 다르기 때문에 언어에도 분명 차이가 있을 것이었다.

길들이기와 가축화의 차이는 무엇일까

집고양이는 가축화된 동물일까? 이 질문은 고양이를 사랑하는 사람과 싫어하는 사람 모두에게 아주 오래전부터 논쟁의 주제가 되고 있다. 여기에 답하려면 먼저 길들여진 동물과 가축화된 동물의 차이가 무엇인지, 그리고 오늘날의 고양이가 이 두 범주 중 어디에 속하는지 생각해 봐야 한다.

'길들이기'는 동물을 한 생애에 걸쳐 보호자에게 순종적이면서 대체로 우호적이게 변화시키는 과정을 뜻한다. 길들인다는 개념은 개체군이나 종이 아니라 한 마리의 동물에게만 적용된다. 많은 야생 종 개체들이 수천 년 동안 인간에 의해 길들여져 왔다.

반면 가축화는 시간이 지남에 따라 전체 개체군의 유전자가 변화하는 훨씬 더 긴 과정이다. 수천 년 동안 인간은 동물과 함께 살면서 그 동물을 마음대로 부리기 위해 인간의 삶에 적응시키는 가축화를 시도해왔다. 하지만 가축화는 개 같은 일부 종에서는 가능했지만, 나머지 종에서는 불가능했다. 대부분의 종에서 인간이 얻을 수 있는 결과는 길들이기에 불과했으며, 많은 동물의 경우 그마저도 쉽지 않았다.

가축화가 어려운 이유는 가축화가 되려면 동물이 특정한 성질을 가지고 있어야 한다는 사실에 있다. 그중 가장 중요한 것은 접근성과 인간에 의해 다뤄질 수 있는 가능성이다. 즉, 어떤 동물의 가축화가 이뤄지기 위해서는 먼저 그 동물이 길들여질 수 있어야 한다. 그리고 길들이기가 가축화로 발전하려면 기본적으로 대상 동물에게 리더가 통제하는 사회적 집단이나 무리에서 살 수 있는 능력이 있어야 한다(대상 동물은 인간이 그 집단의 리더 역할을 한다는 것을 받아들여야 한다). 가축화가 이뤄지려면 인간이 주는 먹이를 가리지 않고 먹을 수 있을 정도로 식습관이 유연해야 하고, 인간에게 포획된 상태에서 번식할 수 있어야 한다. 이는 인간이 가장 선호하는 특성을 지닌 동물 개체를 선택적으로 번식시킬 수 있어야 한다는 뜻이다. 고양이를 비롯한 수많은 종은 그러기가 쉽지 않다.

그렇다면 특정한 종이 가축화되었다는 것을 어떻게 알 수 있을까? 1868년에 찰스 다윈은 가축화된 포유동물들이 그들의 야생 조상들과 비교할 때 어떤 행동적, 신체적 특징을 공통적으로 가지는지 주목했다. 다윈은 가축화된 포유동물들에게서 인간에게 더 우호적으로 변한 성질 외에도 뇌가 작아지고 털 색깔이 변하는 등 여러 가지 흥미로운 특성을 발견했다.[1] 그로부터 90년 후, 시베리아 오지의 한 연구소에서 가축화에 관한 기념비적인 연구가 시작됐다. 러시아 과학자 드미트리 벨라예프와 류드밀라 트루트는 고급스러운 모피를 얻을 목적으로 포획해 사육하던 은여우를 대상으로 가축화를 시도했다. 은여우들은 하나같이 매우 야생성이 강했지만 사람에 대한 행동은 개체에 따라 약간씩 달랐다. 벨라예프는 사람의 접근에 가장 덜 반응하는 은여우들을 선별해 짝짓기를 하게 만든 다음 그 결과로 태어난 새끼 중에서 가장 온순한 새끼들을 다시 교접시켜 새끼를 얻는 과정을 반복했다. 이 과정에서 벨라예프는 10세대 만에 꼬리가 흔들리고, 목소리를 내고, 대화가 가능한 소수의 은여우 개체군을 확보했다. 또한 그 후로 더 많은 세대가 사육되면서 은여우들은 털이 얼룩무늬로 바뀌고, 귀가 늘어지고, 꼬리가 짧아지면서 꼬리털이 곱슬곱슬해지는 신체적 특성을 갖게 됐다. 여기서 놀라운 사실은 이런 신체적 특성들은 동물이 길들여지는 과정에 수반되는 부수적인 효과에 불과하다는 점이었다.[2]

가축화를 겪은 종이 보이는 이런 신체적, 생리적 특성들을 가축화 증후군Domestication syndrome이라고 부른다. 벨랴예프의 은여우 연구 이후 다른 과학자들의 후속 연구가 이어지면서 가축화 증후군의 목록에는 이빨이 작아지는 현상, 더 어려 보이는 얼굴과 유아적 행동을 보이는 현상, 스트레스 호르몬 분비가 줄어드는 현상, 번식 주기가 변화하는 현상 등이 추가되었다.

대부분의 가축에게는 이런 변화 중 일부만이 나타난다. 한 종류의 가축에게서 가축화 증후군이 모두 나타나는 경우는 매우 드물며, 종에 따라 발현되는 표현형이 다르다. 이런 변화가 너무 다양한 탓에, 일부 과학자는 가축화 '증후군'이라는 것이 실제로 존재하는지 의문을 제기하기 시작했다. 심지어는 벨랴예프의 실험 대상이 된 은여우들이 캐나다의 모피 농장에서 데려온 것이라는 사실이 밝혀지면서, 이미 벨랴예프의 실험 이전에 다루기 쉬운 개체들로 선택된 개체들이었을 수 있다는 가능성도 제기되었다.[3] 가축화 증후군의 개념 자체에 대한 논쟁은 아직도 계속되고 있다. 하지만 가축화가 동물에게 신체적 변화와 유전적 변화를 모두 일으킨다는 점에는 의심의 여지가 거의 없어 보인다.

여기서 재미있는 사실은 이런 유형의 변화가 가축화되지 않은 특정 종에서도 관찰된다는 점이다. 점점 더 많은 종들이 사람 가까이에서 번성하도록 적응하면서 일부 종은 가축화된 종과 유사한 특성을 보이기 시작했다. 예를 들어, 최근 영국에서는 붉은여우들이 도시 지역에 점점 더 많이 출몰하고 있는데, 이 여우들은 사람들을 별로 두려워하지 않는다. 이런 여우들 중 일부는 시골 여우에 비해 주둥이가 짧고 넓으며 두개골이 작은 것으로 밝혀졌는데, 이는 가축화된 다른 종들에게서 일어난 신체적 변화와 매우 비슷하다.[4]

가축화된 고양이는 조상인 야생 고양이와 몇 가지 면에서 신체적 특성이 다르긴 하지만, 엄청나게 다르지는 않다. 가축화된 고양이는 야생 고양이에 비해 다리가 조금 더 짧고, 뇌는 약간 작으며, 장이 더 길다. 또한 털의 색깔과 무늬도 다양하다. 야생 고양이의 털은 대부분 (고등어의 무늬와 비슷한) 얼룩무늬를 띤다. 하지만 가축화된 고양이와 야생 고양이 모두 귀가 늘어지지 않으며, 꼬리가 짧고 꼬리털이 곱슬곱슬하다. 이렇듯 고양이의 가축화에 대한 의문은 가축화된 고양이와 야생 고양이를 구별할 수 있는 명백한 신체적 차이가 거의 없다는 사실에 기초한다.

그렇다면 고양이는 가축화에 필요한 자질을 얼마나 가지고 있을까? 고양이에게 길들여질 수 있는 능력이 있는 것은 확실하다. (지나치게 까다로운 일부 고양이를 제외하면) 고양이들은 대체로 사람이 주는 먹이를 잘 먹는다. 현존하는 고양이의 장은 조상인 야생 고양이의 장에 비해 길다. 이는 고양이가 인간이 먹다 남긴 음식을 먹는 데 적응한 결과로 보인다. 대부분 자신에게 필요하거나 유리한 경우에 한정되기는 하지만, 고양이들은 무리를 지어 생활하는 데에도 적응해왔다.

하지만 가축화를 위한 조건 중 고양이가 만족시키는 조건은 여기까지다. 고양이는 인간을 '리더'로 생각한다고 보기 매우 힘들기 때문이다. 고양이가 진정한 의미에서 가축이 될 수 없는 결정적인 이유 중 하나가 바로 이것이다. 고양이는 포획 상태에서도 번식이 가능하지만, 인간이 선택적 교배를 통해 유명한 혈통의 고양이들을 번식시키기 시작한 것은 비교적 최근인 1800년대 후반이다. 최근 들어 이런 유명한 혈통의 고양이들이 반려묘로서 인기를 끌고 있지만, 한 설문조사에 따르면 고양이 집사 중에서 전문적인 고양이 사육사로부터 고양이를 구입한 사람의 비율은 미국의 경우 4%에 그치며,[5] 영국의 경우도 8%에 불과하다.[6] 대부분의 집고양이는 정확한 부모와 혈통을 알 수 없다. 이들 중 운이 좋은 일부는 실내나 실외에서 잘 보살핌 받으면서 반려동물로 살 수 있지만, 나머지 수백만 마리에 이르는 고양이들은 대부분 길에서 살아가고 있다.

오늘날 많은 집고양이가 중성화 수술을 받는다. 중성화 수술은 인간이 고양이의 번식을 통제하는 수단 중 하나이며, 선택적이라기보다는 예방적인 조치라고 할 수 있다. 하지만 반려묘 중에서도 중성화 수술을 받지 않은 개체들이 엄청나게 많다. 이 고양이들 대부분은 집 밖을 자유롭게 돌아다니면서 주인이 없는 수백만 마리의 길고양이들과 함께 번식력이 온전한 고양이 개체군, 즉 짝짓기 상대를 찾는 엄청난 규모의 개체군을 형성하고 있다. 이들은 인간의 통제를 받지 않는 상태에서 아무 데서나 무분별하게 짝짓기를 한다. 일부 학자는 인간이 고양이의 이런 짝짓기를 통제하기 힘들다는 사실을 들어 고양이가 완전히 가축화되지 않았다고 주장하기도 한다. 이런 주장들 때문에 지금도 고양이는 '반 정도 가축화된' 또는 '부분만 가축화된', '인간과 독특한 방식으로 공생하는' 동물로 설명되곤 한다.

페럴 캣의 탄생

오늘날의 집고양이는 인간에게 친근감을 갖도록 만드는 유전적 소인을 가지고 있다. 하지만 이 유전적 소인은 단지 대체적인 성향을 말해줄 뿐이다. 고양이는 태어나는 순간부터 마법처럼 인간에게 친근감을 나타내지는 않는다. 새끼고양이는 생후 2주에서 7주 사이의 아주 어린 나이에 인간과 교류하기 시작해야 성묘가 됐을 때도 인간에게 관대해지고 친근감을 갖게 된다.[7]

몰리라는 이름의 우호적이고 사회화된 암컷 반려묘가 있다고 가정해보자. 몰리는 주인이 이사를 가면서 버려져 길거리에서 먹을 것을 찾아다니며 힘들게 생활한다. 몰리가 중성화 수술을 받지 않았다면 떠돌이 수컷 고양이와 짝짓기를 해 여러 마리의 새끼를 낳을 것이고, 안전한 피난처에 숨어서 새끼들을 키우려 할 것이다. 몰리는 여전히 사람에게 우호적이지만, 몰리가 낳은 새끼들은 생후 2개월 동안 사람과 접촉하지 못할 것이다. 몰리는 최선을 다해 잠재적인 위험으로부터 새끼들을 숨기려 할 것이기 때문이다. 사람과의 접촉이 없는 상태에서 성장한 새끼고양이들은 사람들을 두려워하게 될 것이고, 사람들이 사는 집 근처를 돌아다니면서 먹이를 구하려 하지만 사람들과의 상호작용은 피하려 할 것이다. 이렇게 자란 새끼고양이는 다른 떠돌이 고양이와 짝짓기를 하게 될 것이고, 이 두 고양이가 낳은 새끼 고양이들과 후속 세대들은 점점 더 사람을 경계하게 될 것이다.

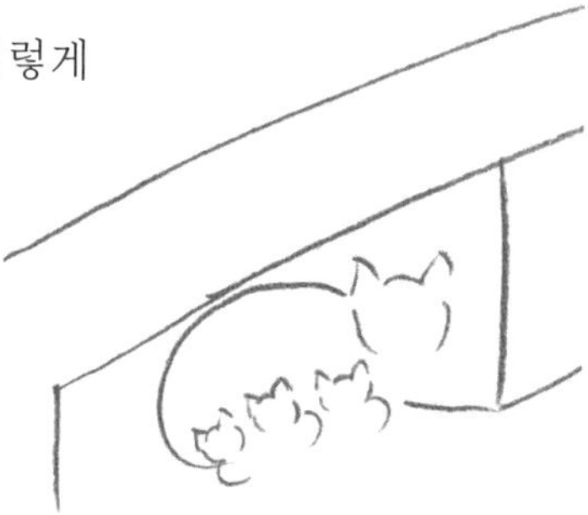

이 새끼고양이들과 후속 세대들을 부르는 말이 바로 페럴 캣이다. 페럴 캣은 유전적으로는 집고양이와 동일하며, 필요에 따라 다른 고양이들과 가까운 거리를 유지하며 살 수 있는 집고양이의 능력을 그대로 가지고 있다. 페럴 캣의 이런 능력은 먹이를 얻을 수 있는 식당이나 음식물 쓰레기통 등 먹이가 집중돼 있는 위치를 활용하기 위한 것이다. 페럴 캣들은 특정 지역에서 집단을 이루기도 하며, 번식을 할 수 있는 조건이 형성되면 구성원 수가 빠르게 늘어난다.

하지만 이 과정은 한 방향으로만 일어나지 않는다. 몰리가 낳은 새끼고양이들은 사람과 어울리지 못하면서 한 세대 안에 야생성이 크게 증가할 수 있다. 하지만 이들은 집고양이의 유전자를 가지고 있기 때문에, 사회화 과정을 거쳐 사람들에게 우호적으로 변할 수 있는 능력을 다음 세대에게 물려줄 수 있다. 이런 잠재적인 페럴 캣이 낳은 새끼는 생애 초기부터 사람들과 어울리게 되면 할머니 고양이 몰리가 그랬던 것처럼 사람들에게 적응하면서 행복하게 살 수 있다.

빅 진저도 이런 고양이 중 하나였다. 빅 진저, 그리고 그와 함께 살았던 페럴 캣들이 학교 건물 지하실에서 몇 세대에 걸쳐 살아왔는지는 알 수 없었다. 하지만 빅 진저가 사람을 매우 경계하고 의심했던 것은 확실하다. 빅 진저와 함께 살았던 성묘(성체 고양이)들도 마찬가지였다. 구조 센터에 있는 동안 이 고양이들 중 암컷 네 마리가 새끼 여러 마리를 낳았는데, 일부 새끼고양이가 진저처럼 적갈색 털을 가진 얼룩 고양이인 것으로 볼 때 빅 진저가 이들의 아빠라고 추정할 수 있었다. 빅 진저의 새끼들은 구조 센터에서 사람들을 만나고 사회화 과정을 거쳐 새로운 가정을 찾을 수 있었으나, 이미 너무 많이 자란 빅 진저는 그렇게 되기가 불가능해 보였다. 당시 빅 진저는 사회성이 전혀 없어 사람들과 함께 지내는 것을 견디지 못했기 때문이다. 하지만 시간이 지나면서 빅 진저는 내가 농장에 매일 나타난다는 것을 서서히 받아들였고, 먹이를 놓고 가는 내 모습을 먼 곳에서 조용히 지켜보게 됐다.

집고양이의 기원을 찾아서

우리가 집고양이의 기원에 대해 확실하게 알게 된 것은 불과 20년 전의 일이다. 그전까지 우리는 약 3,500년 전 고대 이집트의 무덤과 사원에 그려진 고양이 그림을 보며 당시 사람들이 고양이와 특별한 관계를 유지했다는 사실을 짐작만 할 뿐이었다. 고대 이집트인들이 고양이를 가축화하려고 시도했다는 것은 고양이가 사람들의 무릎 위나 그들의 의자 아래에 앉아 있는 당시 그림을 통해 추측할 수 있다. 그렇다면 고대 이집트인들은 어떤 고양이를 가축화하려고 했을까? 고양이를 가축화하려는 시도는 고대 이집트에서만 일어났을까?

이런 의문에 답을 제시하려는 첫 번째 시도는 2007년에 이뤄졌다.[8] 당시 이 연구를 수행한 연구자들은 고양잇과Felidae에 속하는 모든 동물의 DNA를 분석한 결과, 고양잇과가 여덟 개의 그룹, 즉 혈통으로 구성된다는 사실을 밝혀냈다. 이 그룹은 모두 공통 조상인 프세우다일루루스[9]에서 각각 다른 시기에 분화했다. 약 1,000만 년 전에 가장 먼저 분화한 그룹이 표범속Panthera(사자와 호랑이가 표범속에 속한다)이고, 약 340만 년 전 가장 마지막으로 분화한 그룹이 고양이속Felis이다. 고양이속은 다양한 종의 작은 야생 고양이들로 이뤄진 그룹이다. 연구자들은 유전자 비교를 통해 집고양이가 이 그룹(혈통)에 속한다는 것을 알아냈다.

이 연구 결과에 따르면 집고양이는 이런 야생 고양이 종들 중 하나 이상에서 진화했을 가능성이 높아 보였다. 그 후 카를로스 드리스컬과 공동 연구자들은 집고양이와 야생 고양이 979마리의 유전자를 비교하는 대규모 연구[10]를 통해 오늘날의 모든 집고양이가 아프리카들고양이Felis lybica lybica[11](서아시아들고양이Near Eastern wildcat라고도 부른다)의 후손이라는 사실을 밝혀냈다. 그렇다면 여기서 의문이 생겨난다. 왜 고양잇과에 속하는 40여 종의 야생 고양이 중에서 단 한 종만 가축화가 진행됐을까?

인간은 포효하는 대형 고양잇과 동물에서부터 작은 야생 고양이에 이르기까지 고양잇과 동물에 매료되는 경향이 있다. 인간은 고양이를 집에서 기르기 훨씬 이전부터 다양한 곳에서 여러 야생 고양이 종들을 길들여왔다. 에릭 포르와 앤드류 키치너는 이와 관련된 문헌들을 광범위하게 조사해 고양잇과 동물의 거의 40%가 다양한 시기에 걸쳐 인간에 의해 길들여진 적이 있다고 추정했다.[12] 이런 길들이기는 대부분 고양잇과 동물을 이용해 쥐 같은 해로운 동물을 제거하거나 가젤 등의 사냥감을 잡기 위한 것이었다. 때로는 식용으로 사용할 목적으로 고양잇과 동물을 길들이기도 했

다. 또한 고양잇과 동물은 오락용으로 길들여지기도 했다. 예를 들어, 인도에서는 길들인 카라칼*을 비둘기들 사이에 풀어놓고 카라칼이 발을 한 번 움직여 몇 마리의 비둘기를 쓰러뜨릴 수 있는지 내기를 하기도 했다.

고양잇과 동물의 혈통에는 길들일 수 있는 종과 길들일 수 없는 종이 섞여 있는 것으로 보인다.[13] 길들일 수 있는 종들은 전 세계에 흩어져 있지만, 고양이 같은 동물이 문화적인 중요성을 가졌던, 혹은 지금도 가지고 있는 문명권에 특히 많이 분포돼 있다. 예를 들어, 재규어런디**는 콜럼버스 시대 이전부터 아마존 부족들이 설치류를 잡기 위해 길들인 동물 중 하나였다. 이런 재규어런디는 대부분 어미가 죽고 나서 남겨진 새끼를 길들인 것이었다.

길들이기 가장 쉬운 야생 고양이 중 하나는 아름답고 우아한 치타다. 일부 역사학자는 인간과 치타의 관계가 5,000년 전 수메르인들이 치타를 길들이면서 시작됐다고 주장한다. 고대 이집트인들도 사냥을 목적으로 치타를 길렀는데, 이들은 치타가 파라오의 영혼을 저승으로 데려다준다고 믿기도 했다. 치타와 인간의 관계는 그 후로도 수백 년 동안 지속됐다. 11~12세기에는 러시아의 왕자들이, 15세기에는 아르메니아 왕족들이 사냥용으로 치타를 길렀다. 치타를 사냥에 이용하는 방식은 점차 유

* 키가 1미터 정도 되는 중형 야생 고양이.

** 중앙아메리카와 남아메리카에 서식하는 중간 크기의 고양잇과 동물.

럽 귀족들 사이로 퍼져나갔다. 당시 유럽 귀족들은 '사냥용 표범'이라고 불리던 이 치타들을 자신의 말 뒤에 태우고 사냥을 나가곤 했다. 인도 무굴제국의 아크바르 대제(재위 1556~1602년)는 직접 훈련을 진행할 정도로 치타에 관심이 많았다.

하지만 고급스러운 얼룩무늬 털을 가진 이 우아하고 다리 긴 고양이는 결국 가축화되지 못했다. 그 이유는 아크바르 대제의 아들이자 후계자였던 자한기르가 1613년에 회고록에 남긴 다음과 같은 글에서 찾을 수 있다.[14]

> 치타는 자신에게 익숙하지 않은 환경에서 짝짓기를 하지 않는 것이 확실하다. 존경하는 아버지께서는 한때 1,000마리까지 기르시면서 치타들이 서로 짝짓기하기를 간절히 바라셨지만, 결국 짝짓기는 한 번도 이뤄지지 않았다.

자한기르의 말처럼 실제로 치타는 포획된 상태에서 번식시키기 어렵기로 악명이 높다. 여러 동물원에서 치타의 번식을 꾸준히 시도했지만 1960년대 초반에 이르러서야 겨우 성공했을 정도였다. 치타는 사람들 근처에서 짝짓기하기를 극도로 꺼리기 때문에 기본적으로 가축화에 성공할 수 없었다. 따라서 수천 년 동안 인간에 의해 사육되었음에도 개별적으로 길들여지는 수준에 머물 수밖에 없었다.

고대 이집트인들은 다양한 종류의 고양이를 길들이는 데 매우 능숙했다. 실제로 이들은 치타나 아프리카들고양이 외에도 카라칼, 서벌(아프리카살쾡이), 정글고양이도 길들였다는 증거가 있다. 하지만 카라칼, 서벌, 정글고양이 같은 고양이들은 현대의 집고양이와 유전적인 연관성이 없기 때문에 집고양이의 조상이라고 보기 힘들다. 그렇다면 왜 아프리카들고양이만 집고양이의 조상이 된 것일까? 같은 고양잇과에 속하는 치타 같은 동물들이 아프리카들고양이에 비해 사람들 근처에서 번식하기가 힘들었던 이유는 확실하지 않다. 어쩌면 이들이 아프리카들고양이만큼 사람에게 우호적이지 않았기 때문일지도 모른다.

아프리카들고양이가 현대의 집고양이의 조상이라는 것이 밝혀지면서 연구자들은 왜 그들의 가까운 친척 종들에게서는 집고양이의 유전자가 발견되지 않는지 의문을 가지게 됐다. 예를 들어, 유럽들고양이Felis silvestris는 아프리카들고양이와 크기와 생김새 그리고 쥐를 잡는 능력 면에서 매우 유사하다. 그런데도 왜 사람들은 유럽들고양이를 가축화하지 못했을까? 사람들이 유럽들고양이를 길들이기 위해 시도한 기록을 보면 그 답을 확실하게 알 수 있다. 유럽들고양이 중에서 가장 북쪽에 사는 종은 스코틀랜드들고양이다. 1936년에 영국의 야생동물 사진작가 프랜시스 피트는 자신이 이 스코틀랜드들고양이 새끼들을 길들이려 시도했던 경험에 대해 이렇게 썼다. "내게 온 고양이는 노란색과 회색이 섞인 얼룩무늬 새끼고양이었다. 내가 원했던 아주 어린 고양이였다. 하지만 나는 그 고양이를 처음 보는 순간

사탄이라는 이름을 붙일 수밖에 없었고, 그 후로도 결국 성질이 변하지 않았다."[15] 사탄은 그 이름이 말해주듯 길들일 수 없는 고양이었다.

사탄 같은 스코틀랜드들고양이를 포함한 유럽들고양이들과는 달리, 고양잇과에 속하는 다른 몇몇 종들은 길들이기가 가능하다고 알려져 있다. 하지만 실제로 과거에 이런 종들을 길들였다는 기록은 거의 발견되지 않는다. 그 이유는 이런 종들이 고대 문명이 출현한 지역이 아닌 다른 지역에 서식했기 때문인 것 같다. 대표적인 예로 스라소니를 들 수 있다. 스라소니가 서식한 지역에서는 사람들이 스라소니를 고기와 모피를 얻을 수 있는 사냥감으로밖에는 생각하지 않았다.

사람들의 사랑을 받을 수 있을 만한 다른 고양잇과 동물들이 많았음에도, 세계 곳곳에서 사람들이 사는 집의 문턱을 넘어 집고양이로 길들여진 종은 아프리카들고양이밖에 없다. 아프리카들고양이는 사냥에 능숙하고, 몸집이 작고, 육로나 해로로 이동시키기 쉬운 데다 길들이기도 쉽기 때문에 사람들이 키우기에 이상적이다. 여기서 중요한 사실은 점점 규모가 커지던 인간 공동체에서 아프리카들고양이가 유용한 존재로 인정받았다는 것이다. 아프리카들고양이는 적절한 자격을 갖춘 상태에서 적재적소에 있었을 뿐이다.

드리스컬과 공동 연구자들에 의해 아프리카들고양이가 집고양이의 유일한 조상이라는 것이 밝혀지자 이 두 종의 연관관계를 더 구체적으로 연구하기 위한 노력이 뒤를 이었다. 유전적, 고고학적 증거를 조사한 후속 연구들은 오늘날 고양이가 가진 유전자 풀이 지리적으로 서로 떨어져 서식하던 두 개의 아프리카들고양이 개체군으로부터 물려받은 유전 물질로 구성된다는 것을 밝혀냈다. 두 개체군 중 하나는 예상대로 이집트 지역에 위치했고, 다른 하나는 '문명의 요람'이라고도 불리는 서아시아의 '비옥한 초승달 지역'에 위치했다.[16]

두 지역의 개체군 구성원들이 가진 유전자는 각각 다른 시기에 걸쳐 집고양이의 유전자 풀로 유입됐다. 비옥한 초승달 지역 개체군의 유전자는 이집트 지역 개체군보다 훨씬 이전(약 3,000년 전)에 집고양이 유전자 풀에 유입된 것으로 보인다. 그럼에도 유입이 더 활발했던 것은 비옥한 초승달 지역의 개체군이 아닌 이집트 지역 개체군의 유전자였다.

이렇게 되면 "고대 이집트인들이 고양이를 가축화했다"라는 간단한 가설보다 훨씬 더 복잡한 가설을 세워야 한다. 모든 연구 결과를 종합하면 고양이의 가축화 여정이 어떻게 이루어졌는지 제대로 파악할 수 있을 것이다.

약 1만 년 전, 비옥한 초승달 지역 평원에 살던 신석기 시대

수렵 채집 집단들이 낟알로 곡물을 재배하기 시작했다. 그 후 곡물을 수확해 저장하는 방법을 알게 된 이들은 사냥과 채집을 위해 멀리 돌아다닐 필요가 없어졌고, 정착지를 구축하기 시작했다. 그리고 점차 작물 외의 것들로 눈을 돌렸다. 사냥해 잡은 야생동물을 키워 고기, 젖, 가죽, 털 등을 얻기 시작한 것이다. 오늘날의 염소, 소, 양의 조상들은 이런 방식으로 가축화됐다. 이렇게 정착지에서 키우던 동물들은 '가축'이 될 수 있는 자질을 공통적으로 가지고 있었다.[17] 이들은 인간이 가축화를 시도하기 전부터 이미 무리를 지어 살고 있었기 때문에 우리에 갇혀 다른 개체들과 함께 사는 것을 견딜 수 있을 정도로 사회적이었고, 다양한 먹이에 쉽게 적응했고, 본능적으로 리더를 따랐다. 여기서 리더란 이 동물들의 번식을 비롯해 다양한 행동을 통제하는 인간을 말한다.

초기 농경 마을에는 항상 그 주변을 맴도는 기회주의적 관찰자가 있었다. 바로 아프리카들고양이다. 일정한 영역 안에서 혼자 사냥을 하는 아프리카들고양이들은 짝짓기할 때를 제외하고는 다른 개체와의 상호작용을 최대한 피한다. 그들은 오로지 이동하면서 냄새를 남기는 방식으로만 멀리 떨어져 있는 개체와 소통했을 것이다. 하지만 늘 배가 고프고 호기심이 많았던 아프리카들고양이들은 마을 사람들이 먹다 버린 뼈에서 고기를 뜯어먹거나, 곡물과 함께 불어난 헛간의 설치류를 잡아먹기 위해 인간의 정착지 주변을 배회했을 것이다.

인간의 정착지에는 이들이 모두 나눠 먹을 수 있을 정도로 먹이가 충분했기 때문에 다음 먹이를 찾아 돌아다니기 전까지 천천히 여유를 부릴 수 있었을 것이다. 고양이들은 마을 근처를 배회하기 시작하면서 자신들이 원래 다니던 영역에서보다 다른 고양이들을 훨씬 더 자주 마주치게 됐을 것이다. 냄새는 멀리 떨어져 있는 개체와 소통할 수 있는 훌륭한 수단이지만, 근접 거리에서 마주친 다른 고양이와의 싸움을 피하기에는 역부족이었다. 따라서 그들에게는 냄새보다 즉각적이고 분명한 신호, 즉 서로 소통할 수 있는 새로운 수단이 필요했을 것이다.

농부의 관점에서 볼 때 야생 고양이는 기존의 가축들과 달리 가축화에 전혀 적합하지 않은 동물이었다. 사회성이 전혀 없었고, 특정한 종류의 고기만 먹었으며, 무엇보다도 사람의 명령에 거의 복종하지 않았기 때문이다. 따라서 이들을 집에서 키웠을 가능성은 거의 없지만, 초기의 농부들은 야생 고양이가 쥐를 잡아주고 일종의 무료 해충 제거 서비스도 제공한다는 사실을 알게 되면서 이들의 존재를 용인했을 것이다. 그 후손 중 하나인 오늘날의 집고양이들도 비슷한 서비스를 제공하고 있다.

인간과 야생 고양이 사이의 잠재적 상리공생*은 이렇게 시작됐다. 모든 개체군에서 그렇듯이, 이 야생 고양이 중 일부는 새로운 먹이를 얻기 위해 다른 고양이나 사람이 자신에게 더 가까

* 서로 다른 종의 생물이 상호작용을 통해 서로 이익을 주고받는 것.

이 접근하는 것을 허용했을 것이다. 온순해진 야생 고양이들의 짝짓기로 태어난 다음 세대의 고양이들은 사람들에게 더 온순해져 야생성이 강한 고양이들을 제치고 좋은 먹이를 먹게 됐을 것이다. 고양이의 가축화는 이렇게 인간에게 우호적인 성향을 가진 개체에 대한 자연선택에 의해 시작된 것으로 추정된다.

야생 고양이와 인간의 관계는 비옥한 초승달 지역의 다양한 인간 정착지에서 처음 시작된 것으로 보인다. 고고학과 유전학 분야의 연구 결과에 따르면 신석기 시대에 사람들이 새로운 지역으로 이동할 때 야생 고양이들이 그들을 따라갔고, 4,000~6,000년 전에는 새로운 정착지인 유럽 대륙에 도착했다.[18] 하지만 사람들이 고양이를 언제부터 집 안에 들이기 시작했는지는 확실하지 않다. 신석기 시대 사람들이 유럽에 진출한 이 시기에도 야생 고양이들은 아직 집 안에서 지내지 못했을 수도 있다.

고대 이집트에서도 이와 비슷한 과정이 일어났다. 그들도 쥐나 전갈, 뱀 등 해로운 동물을 퇴치하는 수단으로 야생 고양이를 길들였을 가능성이 높다. 하지만 고대 이집트의 야생 고양이들은 비옥한 초승달 지역의 야생 고양이들과는 조금 다른 길을 걸었다. 그들은 해로운 동물을 퇴치하는 역할 외에도 고대 이집트인들이 믿었던 다양한 신, 특히 바스테트 여신과 연관돼 있었다.

바스테트

고대 이집트에서는 고양이의 역할이 점점 중요해지고 사람들의 경외심도 커지면서 고양이에게 해를 끼치는 것을 금지하는 법이 시행되기도 했다(고양이를 죽이면 사형을 선고받을 수도 있었다). 그들은 고양이를 반려용으로 키웠고, 키우던 고양이가 사망하면 정성스럽게 장례를 치렀으며, 온 가족이 고양이에 대한 추도의 의미로 눈썹을 밀기도 했다.[19] 집에서 키우던 고양이를 상당히 아름답게 그린 그림이 남아 있는 것을 보면 3,500년 전의 이집트 가정에서 고양이가 빈번히 키워졌다는 것을 알 수 있다.

하지만 신전에 서식하던 야생 고양이들의 삶은 이런 반려용 고양이들과는 사뭇 달랐다. 이들은 이집트의 신들을 기쁘게 하기 위해 제물로 바쳐졌기 때문이다. 예를 들어, 바스테트 여신을 위한 고양이들은 미라 형태로 만들어졌다. 고대 이집트에서 일부 고양이는 이상할 정도로 지나친 보호와 존중을 받았지만, 어떤 고양이들은 신전에서 대규모로 사육당하다가 어린 나이에 희생돼 미라로 만들어진 다음 바스테트 여신에게 바쳐졌다. 하지만 이들 중 일부는 번식을 위해 남겨졌을 것이다. 에릭 포르와 앤드류 키치너는 고양이와 인간의 관계를 분석한 책에서 이 시기를 언급했다. 그들은 포획된 상태에서 길들여진 야생 고양이들의 번식은 여러 세대에 걸쳐 빠르게 진행되었는데, 그 과정이 벨랴예프의 은여우 실험 과정과 비슷했을 것이라고 말한다. 포르와 키치너는 이 과정을 '역사의 우연'이라고 부르면서, 고대 이집트인들이 자신도 모르는 사이에 더 가축화된 버전의 야생 고양이를 빠르게 만들어냈을 것이라고 추정한다.[20] 신전 고양이 중에 끝까지 살아남은 고양이가 있었는지, 신전에서 탈출해 인간의 집으로 들어가 함께 살게 된 고양이가 있었는지는 알 수 없다. 하지만 신전지기들이 마음에 드는 고양이를 골라 반려묘로 키웠을 가능성은 매우 높아 보인다.

신전의 좁은 우리에서 다른 고양이들과 함께 살던 고양이들은 비옥한 초승달 지역의 마을에 살던 야생 고양이들에 비해 서로 더 효과적으로 소통할 수 있는 새로운 의사소통 방법을 만들어낼 필요가 훨씬 컸을 것이다. 신전 고양이들은 고양이들끼리의 신호를 처음 만들어낸 개체들일 수도 있다. 이 신호란 다양한 모양으로 꼬리를 움직이는 것 같은 시각적 신호나, 서로에게 몸을 부비고, 서로를 그루밍*해주는 등의 촉각적 신호를 말한다. 2장부터는 이런 신호들이 어떻게 발전해왔고, 고양이들에 의해 어떻게 사용되고 있는지, 인간과의 의사소통에서는 어떻게 쓰이는지 살펴볼 것이다.

* 고양이, 토끼, 원숭이와 같은 포유류들이 혀 또는 손발 등을 이용해서 자신의 털 등을 다듬고 손질하는 행위.

마녀와 함께 불태워진 고양이들

서아시아 지역의 야생 고양이들은 사람들을 따라 육로로 이동했지만, 이집트의 야생 고양이들은 더 빠른 방식으로, 즉 배를 타고 유럽 전역으로 퍼져나갔다. 당시 이집트에는 고양이를 이집트 밖으로 데리고 나가지 못하게 하는 법이 존재했음에도 상당수의 고양이가 무역선에 숨어들어 지중해를 건넜다. 일종의 히치하이킹 승객이었던 셈이지만, 배 안에서 자신들의 역할을 훌륭하게 수행했다. 이들은 설치류를 잡아먹었기 때문에 먹이나 물을 따로 줄 필요가 없었다. 고대 이집트의 안락한 환경을 떠난 후에도 이 작고 눈에 띄지 않는 고양이들은 선원들과 쉽게 친해졌고 그들의 존중을 받았다. 고양이들이 상륙하는 모든 곳에는 귀중한 물건들, 예를 들면 중국의 비단나방 고치, 일본의 필사본, 그리스와 이탈리아의 곡물 등이 있었고, 이 물건들을 설치류로부터 보호해야 했기 때문이다.

단순하게 생각하면, 고양이들은 어떤 나라에 있든 자신의 역할을 수행했다고 할 수 있다. 하지만 모든 항해가 순탄했던 것은 아니다. 새로 도착한 해안에서 경쟁이 벌어졌기 때문이다. 이집트에서 가축화된 후 배를 타고 새로운 땅에 도착한 고양이들은 이미 그곳에서 해로운 동물을 퇴치하는 역할을 맡고 있던 토종 야생 고양이들과 마주쳤을 것이다. 실제로 과학자들은 신석기 시대부터 삵이 사람들과 어울려 살았다는 증거를 중국에서 발견한 바 있다.[21] 하지만 삵의 유전자는 현대의 집고양이에게서 발견되지 않는다. 따라서 아프리카들고양이는 오랜 기간에 걸쳐 서서히 삵과 인간의 관계에 끼어들어 결국 삵을 밀어냈을 가능성이 있다.[22] 고대 그리스와 로마에서는 긴털족제비 같은 족제빗과 동물들이 뛰어난 해충 퇴치 능력을 가진다는 것이 이미 알려져 있었기 때문에 아프리카들고양이들이 비슷한 능력으로 사람들의 관심을 끌기는 힘들었다. 하지만 결국 족제빗과 동물들은 해충 퇴치 능력이 자신들보다 못하다고 생각되던 아프리카들고양이들에게 자리를 빼앗겼다. 그 이유는 확실하지 않지만, 아마도 족제빗과 동물들이 고양이에 비해 냉담하고 덜 사교적이었기 때문일 것이다.

이렇게 고양이는 계속 퍼져나갔고, 그러면서 그리스신화의 아르테미스, 로마신화의 디아나, 북유럽신화의 프레이야 같은 여신과 연관성을 가지게 됐다. 기원전 500년쯤부터 기원후 1200년쯤까지 고양이들은 유럽 곳곳에서 모습을 드러내기 시작했다. 이들은 정복 전쟁을 벌인 로마인들을 따라다녔고, 바다를 항해하며 새로운 땅을 탐험하던 바이킹의 배에 올라탔다. 시간이 흐르면서 유전자 돌연변이가 발생해 고양이들은 주황색, 까만색, 흰색의 다양한 털을 가지게 됐으며, 그 후에는 조상인 아프리카들고양이의 얼룩무늬 털과 모양이 다른 반점 무늬의 털을 가진 고양이도 출현하게 됐다.

1000년 무렵까지 집고양이들이 어느 정도로 반려동물의 성격을 띠게 됐는지는 확실하지 않다. 하지만 분명한 것은 그때까지는 집고양이들이 고대 이집트에서만큼 존중받지는 않았다는 사실이다. 유럽에서는 고양이가 쥐를 잡는 역할을 하면서 인간과 고양이 사이의 실용적인 관계가 지속됐을 가능성이 높다. 즉, 유럽에서 고양이는 정서적인 가치보다는 금전적인 가치를 가지고 있었던 것으로 보인다. 실제로 10세기에 웨일스 서남부 일대를 다스리던 '선량왕' 허우엘 다 압 카델(880경~948년)은 936년에 고양이 거래 가격을 매우 구체적으로 규정한 법을 통과시킬 정도로 고양이의 경제적인 가치에 민감했다. 이 법에 따르면 갓 태어난 새끼고양이는 눈을 뜨기도 전에 1페니의 가치를 가졌다. 그리고 쥐를 죽일 수 있게 되기까지는 2페니, 그 후에는 4페니의 가치를 가졌다. 성묘의 가격이 양이나 염소 한 마리의 가격과 맞먹는 수준이었던 것을 감안하면 당시 고양이의 위상은 상당히 높았다고 볼 수 있다.

하지만 이 시대의 고양이들이 쥐를 잡는 용도로만 사용된 것은 아니었다. 당시 사람들은 고양이 가죽으로 옷을 만들어 입기도 했다. 기록에 따르면 가죽이 벗겨진 것은 주로 어린 고양이들이었다. 어린 고양이 가죽은 성묘의 가죽보다 더 부드러운 데다 질병이나 외상에 의해 손상을 입었을 가능성도 적기 때문이었다. 그사이 유럽에서는 많은 변화가 일어나고 있었다. 기독교가 확산되면서 이교도적인 숭배에 대한 반감이 커지기 시작했고, 따라서 고양이가 디아나 같은 이교의 여신과 연관이 된다는 사실은 고양이들에게 불리하게 작용할 수밖에 없었다. 심지어 고양이, 특히 검은 고양이는 악령과 연결돼 있거나 그 자체가 악마라는 소문이 퍼지기 시작했다. 마녀로 몰린 여성들의 사악한 조력자, 즉 '사역마'[*]로 여겨지기도 했다. 광기가 점점 더 확산되던 1233년에는 교황 그레고리 9세가 〈라마의 통곡소리〉라는 이름의 교서를 발표해 모든 고양이를 박멸할 것을 지시하는 일도 일어났다. 13세기부터 17세기까지 유럽 전역에서 고양이는 무자비하게 학살당했다. 마녀로 몰린 여성들은 고양이와 함께 고문을 받고 화형에 처해졌다. 사람들은 고양이를 높은 탑 위에서 떨어뜨려 죽이거나 고리버들 바구니에 집어넣고 산 채로 태워 죽였다.

스페인에서는 고양이가 식용으로 사용됐다. 실제로 1529년에 루페르토 데 놀라라는 스페인 요리사가 쓴 요리책 《기사도 만드는 법Libro de Guisados》[**]에는 고양이 고기를 요리하는 법이 설명돼 있다. 이 책에는 '양 족발 스튜', '천사들을 위한 요리', '공작 고기나 수탉 고기에 베이컨을 감싸 굽는 방법' 등 흥미로운 요리법들이 가득한데, 그중 123번째 요리법이 바로 '고양이 고기 굽는 법'이다.

하지만 당시, 즉 1400년대 말에서 1500년대 초에 일부 운이 좋은 스페인 고양이는 탈출에 성공해 콜럼버스의 배에 올라타

[*] 마녀의 종 역할을 하는 악마나 정령 또는 동물.

[**] 기사도(Guisado)는 고깃조각에 감자를 곁들여 끓인 요리를 말한다.

신대륙으로 갈 수 있었다. 이후 1620년대에서 1640년대에는 더 많은 배와 고양이가 청교도들과 함께 영국을 떠나 신대륙에 도착했다. 고양이들은 신대륙에서도 마녀사냥을 겪으며 많은 희생을 당했다. 하지만 고양이들은 1800년대에 유럽인들과 함께 호주 동부로 이동하면서 계속 퍼져나갔다.

영국에서는 고양이를 화형에 처하고, 탑에서 던지고, 바구니에 집어넣어 태우는 것만으로는 충분하지 않았던 것 같다. 1665년에 영국인들은 런던에 퍼진 흑사병의 원인이 고양이(그리고 개)라고 생각해 수천 마리의 고양이를 도살했다. 주로 쥐에 기생하는 벼룩이 흑사병을 옮긴다는 사실이 밝혀진 것은 그로부터 한참 뒤의 일이었다. 흑사병을 막으려면 고양이를 죽이지 말고 오히려 더 많이 키웠어야 했다.

고양이들은 그 후로도 계속 수난을 당했지만 꿋꿋하게 버텨냈다. 르네상스 시기가 고양이에게도 재탄생의 시기였다고 할 수는 없지만, 그즈음에 마녀재판의 양상이 조금씩 변화하면서 고양이들의 운명도 달라지기 시작했다. 당시 사람들은 고양이에게 한편으로는 잔인하게 대하면서도 다른 한편으로는 친절하게 대했다. 16세기 후반에 불리던 영국 동요의 가사를 살펴보면 고양이에 대한 그 시대 사람들의 생각을 잘 알 수 있다.

딩동댕! 고양이가 우물에 빠졌네.
누가 빠뜨렸을까? 리틀 조니 플린이 그랬지.

누가 고양이를 건졌을까? 리틀 토미 스타우트가 그랬지.
가엾은 고양이를 우물에 빠뜨리는 아이는 나쁜 아이야.
고양이는 해를 끼치지 않아.
고양이는 헛간에서 쥐를 잡는단 말이야.

고양이에 대한 사람들의 생각은 19세기 후반에서 20세기 초반에 서서히 좋은 쪽으로 바뀌기 시작했다. 화가들은 고양이를 자신의 작품에 담았고, 크리스토퍼 스마트나 새뮤얼 존슨처럼 고양이를 좋아하는 작가들은 고양이의 미덕을 글로 표현하기도 했다. 고양이는 다시 사랑받기 시작했다. 고양이에 대한 관심은 특정한 외모를 가진 새끼고양이를 얻기 위해 사람들이 좋아하는 외모의 고양이 한 쌍이 짝짓기하게 만드는 '고양이 애호'로 이어졌다. 그러나 앞에서 언급했듯이, 이런 열풍에도 불구하고 오늘날 혈통이 확실한 고양이는 세계 곳곳의 집, 거리, 마을, 농장, 시골에 서식하고 있는 절대 다수의 고양이에 비하면 소수에 지나지 않는다.

역경을 지나 집고양이로 살아남다

그렇다면 우리는 이 모든 과정에서 사랑을 받기도 하고 괴롭힘을 당하기도 했던 고양이를 결국 가축화하는 데 성공했다고 말할 수 있을까? 고양이와 인간의 교감이 언제 어디서 시작되었는지는 어느 정도 추측할 수 있지만, 야생 고양이가 어떻게 가축화되었는지에 대해서는 아직도 논쟁이 이어지고 있다. 사실, 야생 고양이가 정말 가축화된 것이 맞는지를 두고도 많은 논란이 벌어지고 있는 것이 현실이다.

비옥한 초승달 지역과 고대 이집트에서 시작된 야생 고양이와 인간의 교감은 시간이 지나면서 더 깊어진 것이 확실하다. 하지만 그 관계는 인간이 의도적으로 가축화한 다른 종들과 인간의 관계에 비교하면 더 우연적이라고 할 수 있다. 인간은 야생 고양이가 먹이를 잡는 능력을 활용하도록 의도적으로 통제할 필요가 없었기 때문이다. 야생 고양이는 자신이 늘 하는 행동을 함으로써 가축화의 길을 걸어왔을 가능성이 높다. 그들 중 비교적 온순한 개체들이 인간이 사는 마을로 흘러들어가 서로 번식했을 것이고, 그 결과로 태어난 새끼고양이들은 인간의 주거지에 은신처를 만들고 먹이를 얻어먹으면서 비교적 편하게 살 수 있었을 것이다.

인간에게 우호적인 개체들은 이런 식으로 서서히 그리고 매우 자연스럽게, 인간의 개입을 최소한으로 받으면서 자신을 가축화했다. 이 과정을 '자기 가축화Self-domestication'라고 부른다. 인간의 가장 친한 친구인 개도 자기 가축화 과정을 거쳤으며,[23] 심지어 인간도 이 과정을 겪었다. 듀크 대학교의 브라이언 헤어는 우호적인 야생 고양이와 늑대가 그렇지 않은 개체들과의 경쟁에서 승리했듯이, 호모 사피엔스도 우호적인 개체들이 다른 개체들에게 우호적으로 다가가는 방법을 배움으로써 그렇지 않은 개체들과의 경쟁에서 앞섰다고 주장한다. '다정한 것이 살아남는다'라는 법칙이 바로 이것이다.[24]

생존에서 가장 중요한 것은 협력이다. 인간은 협력하는 법을 쉽게 터득했고, 그 결과 다른 인간들과 잘 살아갈 수 있게 됐다. 오늘날의 개의 조상이라고 할 수 있는 구석기 시대의 늑대는 가축화되기 전부터 동족과 어울려 사는 데 익숙했다. 시간이 지나면서 이 늑대들은 인간과 함께 살기 위해 자신들의 사회적 능력을 창의적으로 적용하는 법을 배우기 시작했다. 하지만 단독생활을 하는 야생 고양이들은 새로운 종, 즉 사람과 소통하는 방법뿐만 아니라 자기들끼리 소통하는 방법도 배워야 했다. 두 가지 학습을 동시에 해내야 했던 것이다. 따라서 사람들이 서로 대화하는 방법을 학습하고 개에게 새로운 기술과 재주를 가르치는 동안 야생 고양이들은 외톨이에서 사교적인 동물로 엄청난 변신을 해왔다고 할 수 있다. 예를 들어, 야생 고양이들은 다른 고양이들이 가까이에서 보거나 느낄 수 있는 신호를 개발해냈다. 또한 이들은 인간이 음성 대화를 선호한다는 것을 알아냈고, 개가 짖는 것처럼 목소리를 이용해 인간의 관심을 끄는 법을 학습했다. 드리스컬과 공동 연구자들에 따르면 "고양이는 가축화됐을 때는 사회성을 나타내지만 야생으로 나가면 다시 단독생활로 돌아가는 유일한 동물이다."[25]

집고양이들은 지금까지 그래왔듯이 늘 다양하고 현명한 선택을 한다. 집고양이는 사회적 동물로 완전히 변화하지 않으며, 상황에 따라 단독생활을 하거나 다른 개체들과 어울려 살 수 있는 능력을 유지해왔다. 그들이 '선택적 사회성'을 가진 동물 또는 '사회적인 제너럴리스트'라고 불리는 이유가 여기에 있다.[26]

인간의 집에서 먹고사는 집고양이들은 홀로 생활하기도 하고, 다른 고양이와 짝을 이루기도 하고, 작은 집단을 형성하기도 한다. 이들 대부분은 주인과 소통하는 기술을 배워야 할 뿐만 아니라 같은 집에서 지내는 다른 고양이나 (집 밖으로 나갈 수 있는 고양이라면) 이웃집 고양이와 소통하는 법도 배워야 한다. 안타깝게도 다양한 이유로 안락한 집에서 나와 거리에서 배회하는 고양이들이 많다. 이런 길고양이들은 혼자 살거나 때로는 다른 고양이들과 어울려 지내면서 거리의 삶에 적응하지만, 그중 운이 좋은 일부는 새로운 보금자리를 찾기도 한다. 빅 진저 같은 고양이들은 몇 세대에 걸쳐 사람과 떨어져 살았기 때문에 성격이 온순하지 않지만, 먹이를 구할 수 있는 곳이라면 다른 고양이들과 함께 군집생활을 할 수도 있다. 이런 군집의 구성원들은 각자의 삶을 자유롭게 살아간다. 연구에 따르면 이런 형태의 군집에서 서로 친족 관계인 암컷들은 새끼를 낳아 함께 기르고 수컷들은 군집 주변에서 독립적으로 생활한다.[27] 이럴 때는 고양이들의 사회적 능력이 매우 중요해진다. 내가 관찰한 군집의 고양이들은 모두 중성화 수술을 받았기 때문에 서로 혈연관계는 없었지만, 그럼에도 그들 간의 사회적 상호작용은 무작위적인 것과는 거리가 멀었다.[28] 이들 대부분은 자신들이 선호하는 파트너가 있었기 때문이다.

집고양이의 성공 비결은 단독생활에서 사회적인 생활로 전환하는 능력에 있다. 그 뒤에는 새로운 의사소통 방법을 개발할 수 있는 매우 부러운 능력이 자리 잡고 있다. 2장부터는 고양이가 어떻게 후각의 세계를 뛰어넘어 시각, 촉각, 청각 신호를 사용해 서로에게 그리고 인간에게 메시지를 전달하기 시작했는지 다양한 연구들을 구체적으로 살펴볼 것이다.

과연 고양이는 가축화된 동물일까? 아니면, 현재는 가축화되지 않았지만 앞으로 언젠가는 가축화될 수 있는 동물일까? 그도 아니면, 현재 가축화가 진행되고 있는 동물일까? 이런 의문들에 답하는 것은 거의 불가능해 보인다. 고양이는 개를 비롯한 다양한 가축들처럼 참을성이나 사회성 같은 특징을 보여주지만, 개와 비교하면 가축화가 되었다고 보기 힘들다. 예를 들어 개는 사람을 기쁘게 하려는 성향이 매우 강하지만, 고양이는 그런 성향이 거의 없다. 하지만 언젠가는 고양이도 인간의 말에 귀를 기울이게 될지도 모른다. 너무 성급하게 생각하진 말자.

어느 날 농장에 갔을 때 나는 고양이들의 군집에서 새로운 행동 패턴이 발생한 것을 관찰하게 됐다. 고양이들은 내가 자신들 근처에 있는 것에 익숙해져 내게서 멀리 흩어지지 않았다. 그 대신 고양이들은 농장 근처의 숲을 들락거리면서 서로 어울리거나 서로를 피하는 모습을 보였다. 심지어는 그렇게 사나웠던 빅 진저도 어느 정도 거리를 두고 내 모습을 여유롭게 지켜보기 시작했다. 나는 녹음기와 망원경, 수첩을 들고 이 고양이들에서 충분히 멀리 떨어진, 늘 가던 작은 언덕 위로 올라가 관찰을 시작했다. 언덕에서 내려와 농장을 떠나기 전에 나는 헛간 옆 '고양이 극장'의 뚜껑을 조심스럽게 들어 올렸다. 그 안에 넣어둔 낡은 담요 중 하나에서 적갈색 털이 보였다. 빅 진저의 털이 분명했다. 나도 모르게 미소를 지었다. 빅 진저는 야생성이 강하고 사회성이 떨어지긴 했지만, 편안한 집에서 지내는 것이 싫지는 않았던 모양이다.

2장
냄새 없이는 못 살아

사람은 열심히 일해야만 자신의 존재를 드러낼 수 있다. 하지만 고양이는 그럴 필요가 없다. 고양이는 비 오는 날에도 냄새만으로 자신의 존재를 오랫동안 드러낼 수 있다.
— 알베르트 아인슈타인

내가 키우던 길고양이 셰바가 자신이 낳은 새끼 여섯 마리를 모두 핥아 깨끗하게 만든 어느 날 아침의 일이다. 새끼고양이들은 배가 고팠는지 코를 킁킁거리면서 지쳐 쓰러진 어미의 털을 파고들었다. 아직 눈도 뜨지 못한 그 작은 녀석들이 어떻게 젖을 찾아낼지 걱정됐다. 하지만 쓸데없는 걱정이었다. 5분도 채 되지 않아 나란히 줄을 지어 어미의 젖을 빨면서 기분 좋게 졸고 있었으니 말이다. 그날 아침에 본 이 기적 같은 장면은 거의 탄생의 기적을 능가할 정도로 놀라운 일이었다. 새끼고양이들은 어떻게 스스로 이 모든 일을 해낸 것일까?

막 태어난 새끼고양이는 눈을 감고 있고 청각도 초보적인 발달 단계에 있지만, 촉각과 후각은 이미 작동하고 있다. 촉각과 후각은 새끼가 어미의 부드러운 아랫배(배꼽 주위)에 코를 비비면서 처음으로 젖꼭지를 찾아낼 때 사용하는 감각이다. 생후 몇 시간만에 새끼들은 어미의 몸 아래쪽에 있는 젖꼭지를 선호하게 된다. 관련 연구 결과에 따르면 몸 아래쪽 젖꼭지와 위쪽 젖꼭지가 동일한 수준의 영양을 공급한다는 것이 확인되었는데, 왜 그들이 몸 아래쪽 젖꼭지를 선호하는지는 지금도 미스터리다.[1]

새끼고양이들은 아래쪽 젖꼭지를 차지하기 위해 서로를 밀어내면서 경쟁을 벌인다. 이렇게 며칠이 지나면 일종의 젖꼭지 '소유 서열'이 생긴다. 새끼고양이 한 마리는 대부분 특정한 한 개 또는 두 개의 젖꼭지를 차지한다. 그들은 이 단계에서도 아직 앞을 볼 수 없지만, 어미고양이의 자세나 다른 새끼고양이들의 위치와 상관없이 자신이 '소유한' 젖꼭지를 찾아내 젖을 빤다. 그들의 행동은 강아지와는 사뭇 다르다. 강아지들은 특정한 젖꼭지를 선호하지 않으며, 여러 젖꼭지를 번갈아 빨기 때문이다.[2]

새끼고양이는 젖이 나오기만 한다면 자신의 어미가 아닌 다른 암컷 고양이의 젖꼭지도 마다하지 않는다. 실제로 농장 같은 곳에서 군집을 이루며 사는 암컷 고양이들은 자신이 낳은 새끼가 아니더라도 젖을 빨도록 허용한다. 이때 어미의 특정한 젖꼭지를 선호하게 된 새끼고양이를 데려와 다른 암컷 고양이의 젖을 빨게 하면, 같은 위치에 있는 젖꼭지를 찾아내려 하지는 않는다.[3] 즉 젖꼭지의 위치를 학습하는 것이 아니라 어미고양이에게서 특정한 냄새 신호를 인식해 젖꼭지를 찾는 것으로 보인다.

새끼고양이가 처음에 어미의 젖꼭지를 찾아내는 데 도움을 주는 것은 어미에게서 분비되는 페로몬으로 추정된다. 그 후에는 자신이 선호하는 특정 젖꼭지의 냄새를 학습해 그것에 익숙해지는 것으로 보인다. 새끼고양이들의 집에는 어미고양이의 젖뿐만 아니라 어미와 형제들의 침, 피부에서 나오는 분비물 등 다양한 냄새의 원천이 있다.[4] 새끼고양이는 어미의 털을 헤집고 그 틈새를 파고들어 자신이 선택한 젖꼭지를 빨면서 침이나 분비물로 자신만의 흔적을 남기고, 그 흔적을 따라 매번 같은 젖꼭지로 돌아갈 수 있는 것으로 보인다.

새끼고양이는 어미나 다른 형제와 한집에서 지내는 생의 초반부에 어미의 냄새를 학습하며, 성묘가 돼서도 그 냄새를 기억하는 것으로 보인다. 〈우리 엄마가 맞나요?〉[5]라는 제목의 논문은 새끼고양이의 냄새 기억에 관한 흥미로운 연구 결과를 담고 있다. 연구진은 젖을 뗀 지 얼마 지나지 않아 어미와 분리된 생후 8주 된 새끼고양이에게 면봉 세 개를 제시했다. 첫 번째 면봉은 어미고양이 냄새, 두 번째 면봉은 다른 암컷 고양이 냄새가 나는 면봉이었고, 세 번째 면봉에서는 아무 냄새도 나지 않았다. 예상과 달리 새끼고양이는 어미의 냄새가 나는 면봉보다 다른 암컷 고양이 냄새가 나는 면봉에 더 많은 관심을 보였다. 연구진은 그동안 새끼고양이가 쌓아온 후각 경험이 어미나 다른 형제들에게만 국한됐기 때문에 낯설고 새로운 고양이의 냄새에 더 흥미를 느낀 것이라고 추정했다.

다행히도 연구는 여기서 끝나지 않았다. 연구진은 이들이 새로운 집으로 입양되어 생후 4개월, 6개월, 12개월이 될 때까지 계속 추적을 이어갔다. 각각의 시점에서 연구진은 이전과 마찬가지로 어미고양이 냄새가 나는 면봉, 낯선 암컷 고양이의 냄새가 나는 면봉 그리고 아무 냄새도 나지 않는 면봉을 제시했다. 생후 4개월 시점에서 새끼고양이들은 특별히 어떤 냄새를 선호하지는 않았다. 하지만 생후 6개월 시점과 12개월 시점에서는 다른 두 면봉에 비해 어미고양이의 냄새가 나는 면봉에 더 오래 관심을 보였다.

새끼고양이들은 어미의 냄새를 기억하고 있었던 것일까? 연구진은 이 두 시점에 이들이 자신에게 익숙한 냄새를 인식해 그것에 더 오래 반응했을 것이라고 추정했다. 이는 마치 우리가 공기 중에서 어떤 냄새를 맡았을 때 그것이 무엇을 떠올리게 하는지 궁금해하는 것과 비슷해 보인다. 새끼고양이들이 그 냄새가 어미고양이의 냄새라는 것을 인식한 것인지는 알 수 없다. 하지만 최소한 이 연구는 어미고양이에게 번식 상태와 무관하게 유지되는 고유한 냄새가 있으며, 새끼고양이들은 어미를 마지막으로 보거나 어미의 냄새를 맡은 지 10개월이 지난 상태에서도 어미의 고유한 냄새를 기억한다는 것을 말해준다.

다른 동물들이 그렇듯, 고양이도 자신의 새끼를 구분할 수 있다.[6] 어미고양이는 다른 암컷 고양이가 낳은 새끼들과 자신이 낳은 새끼들이 섞여 있을 때 냄새로 자기 새끼들을 구별해낸다. 하지만 그 뒤섞인 새끼고양이들이 모두 집을 나와 바깥에 있을 때는 자신이 낳은 새끼만을 집으로 데려오려고 하지는 않는 것 같다. 왜 그런지는 확실하지 않다. 하지만 길을 잃은 새끼고양이들이 내는 조난 발성은 매우 강력하기 때문에 어미고양이는 그게 자신의 새끼이든 아니든 집으로 데려오지 않을 수 없는 것으로 추정된다. 야생이나 거리에서 이렇게 울부짖는 새끼고양이는 포식자를 근처로 유도해 주변의 다른 새끼고양이들을 위험하게 만들 수 있다. 따라서 어미고양이가 자기 새끼인지와 상관없이 우는 새끼고양이를 빠르게 구조하는 것은 포식자의 관심을 끌지 않기 위한 좋은 전략이라고 볼 수 있다.

엘리사 하신토와 공동 연구자들의 연구에 따르면 새끼고양이들은 한배에서 났어도 시간이 지나면서 모두 냄새가 달라진다.[7] 한 마리 한 마리가 모두 자신만의 '시그니처 냄새'를 갖게 된다는 뜻이다. 연구진은 습관화/탈습관화 테스트를 통해 성묘가 각각의 새끼고양이에게서 나는 냄새에 얼마나 민감하게 반응하는지 조사했다. 이 테스트는 먼저 성묘에게 새끼고양이의 냄새(새끼고양이의 몸에 면봉을 문질러 채취했다)를 제시한 다음 성묘가 그 냄새를 얼마나 오래 맡는지 기록하는 방식으로 이뤄졌다. 연구진은 동일한 새끼고양이의 냄새로 이 실험을 두 번 더 반복했다. 습관화 단계에서 성묘가 면봉 앞에서 코를 킁킁대는 시간은 똑같은 냄새를 맡는 횟수가 늘어날수록 줄어들었다. 그 후 연구팀은 성묘에게 다른 새끼고양이의 냄새(탈습관화 냄새)가 나는 면봉을 제시했다. 성묘가 첫 번째 새끼고양이와 두 번째 새끼고양이의 냄새 차이를 감지했다면 그가 새로운 냄새를 맡는 비율은 습관화 냄새를 마지막으로 제시했을 때 냄새를 맡는 비율보다 높아야 했다.

연구 결과, 암컷이든 수컷이든 성묘는 한배에서 태어난 새끼고양이들이 생후 7주가 되기 전에도 각각의 냄새를 구별할 수 있는 것으로 나타났다. 하지만 놀랍게도 자기가 낳은 새끼들의 냄새를 제시받은 어미고양이는 새끼들 각각의 냄새를 구별하지 못했다. 이는 어미고양이가 자신이 낳은 새끼들 각각의 냄새가 아니라 새끼들 모두의 냄새 또는 자신이 머무르는 집의 전체적인 냄새를 학습하고 그 냄새에 반응하기 때문이거나, 새끼고양이들 각각의 냄새를 모두 알고 있지만 그것들 전체를 '자신에게 속한' 집단의 냄새로 생각해 모두 똑같이 반응하기 때문이라고 추정했다. 연구진은 새끼들을 매일 돌봐야 하는 어미고양이가 이런 식으로 일을 단순화할 가능성이 있다고 생각했다.

냄새는 고양이가 성체가 된 후에도 삶에서 매우 중요한 역할을 한다. 고양이는 먹이든, 다른 고양이든, 사람이든, 사물이든 어떤 대상을 마주치게 되면 먼저 냄새를 맡으면서 탐색을 시작한다. 우호적인 고양이들은 서로 얼굴을 맞대고 냄새를 맡거나 (내가 가장 좋아하는 고양이의 행동 중 하나가 바로 이 '코 비비기'다), 서로의 몸이나 엉덩이 냄새를 맡으면서 상대방에 대한 후각 정보를 얻는다. 한 연구에 따르면 자유롭게 돌아다니는 고양이들은 22가지의 사회적 행동을 보이는데, 그중 30%가 냄새 맡기와 관련된 것이었다.[8] 인간이 청각적 방법이나 시각적 방법을 선호하는 것과 달리 고양이는 다른 육식동물과 마찬가지로 후각 신호에 크게 의존해 자신의 영역을 표시하고 잠재적 짝에게 성적 상태를 알린다. 이런 냄새 표식은 고양이들이 직접 서로를 대면하지 않고도 오랫동안 정보를 전달할 수 있는 수단이다. 냄새로 표식을 남기는 능력은 단독생활을 하던 그들의 조상인 야생 고양이로부터 물려받은 것이다. 일부 고양이는 몸의 특정 샘gland에서 나오는 분비물 외에도 자신의 똥이나 오줌을 다른 고양이에게 보내는 신호로 사용하기도 한다. 이럴 경우 그들은 신호가 가장 오래 지속될 수 있고 가장 발견되기 쉬운 위치를 선택한다.

집고양이는 후각이 매우 뛰어나다. 그 이유 중 하나는 냄새 입자를 받아들이는 코 안쪽의 표면적이 크기 때문이다. 사람의 후각 표면(막)은 약 2~4제곱센티미터에 불과하지만, 고양이는 그 넓이가 20제곱센티미터나 된다. 후각 표면은 코 안의 뼈들로 형성된 복잡한 미로를 감싸고 있는 표면으로, 이 넓은 표면을 통해 고양이는 냄새 분자들을 사람보다 훨씬 더 많이 받아들일 수 있다. 후각 표면에 분포하는 냄새 수용체들이 받아들인 정보는 뇌의 앞부분에 위치한 후각 망울로 전송돼 처리된다.

고양이는 기본적으로 코를 통해 후각 정보를 감지하지만, 생후 6주부터는 코 외에도 냄새를 감지할 수 있는 다른 기관을 이용하기 시작한다. 이는 고양이들이 가진 비장의 무기라고도 할 수 있다. 고양이의 입천장을 살펴보면 위 앞니들의 뒤쪽에 좁고 긴 구멍이 하나 있다. 이 구멍은 비구개관이라는 좁은 관 두 개로 연결되는데, 두 개의 비구개관은 다시 체액으로 채워진 한 쌍의 주머니로 연결되어 서골비 기관VNO까지 이어진다. 화학 수용체로 가득 찬 VNO는 후각 망울에서 분리된 특수한 영역인 보조 후각 망울을 통해 뇌와 연결된다. 이 별도의 후각 시스템을 서골비 조직체라고 부른다.

VNO의 입구는 입천장에 있기 때문에 고양이는 냄새를 맡기 위해 윗입술을 들어 올리고 입을 살짝 벌리게 된다. 이 행동을

'플레멘flehmen'이라고 부르는데, 독일어로 '윗니를 드러내다'라는 뜻이다. 일반적으로 고양이는 먼저 코로 물체의 냄새를 맡은 다음 플레멘 반응을 보인다. 이때 고양이는 먼 곳을 바라보는 것 같은 몽환적인 표정을 짓는다. 냄새 분자는 코에서는 후각 표면에 닿아 수용체를 자극하지만, VNO로 향하는 경로는 좀 복잡하다. 냄새 분자가 입에서 VNO로 이어지는 좁은 비구개관을 통과하려면 체액을 타고 이동해야 하기 때문이다. 이때 고양이는 입을 통해 냄새의 원천과 물리적으로 접촉하는 것처럼 보이며, 냄새가 침을 타고 비구개관을 거쳐 VNO로 이동하는 동안 냄새를 '맛보는' 것이다.

VNO는 크기는 작지만 발견 직후부터 상당한 논쟁과 논란을 불러일으켰다. 이 기관은 개, 말, 뱀, 생쥐 및 기타 여러 동물에서도 발견된다. VNO를 일컫는 다른 이름인 야콥슨 기관이라는 용어는 덴마크의 의사 루드비그 레빈 야콥슨의 이름에서 딴 것이다. 야콥슨은 1813년에 발표한 〈가축화된 동물의 코에서 발견된 새로운 기관에 대한 해부학적 설명〉이라는 논문에서 다양한 포유동물에게서 발견되는 VNO의 구조를 설명했으며, 특히 말에서 발견되는 VNO의 구조는 그림까지 그려 자세하게 설명했다. VNO는 수많은 종에 걸쳐 광범위하게 존재하기 때문에 일부 연구자들은 인간에게도 VNO가 있을지 모른다고 생각하고 있다. 이에 대한 의견은 매우 다양하다. 하지만 가장 유력한 이론에 따르면 인간은 배아 상태에서는 VNO와 비슷한 구조가 발달하지만 성인이 되면서 흔적으로만 남기 때문에 뇌와 신경적으로 전혀 연결되지 않는다. 따라서 인간에게는 보조 후각 망울이 존재하지 않는다고 할 수 있다. 안타깝게도 우리는 고양이처럼 냄새를 맛볼 수 없다.

고양이도 냄새를 맡을 때는 대부분 코를 이용한다. 하지만 다른 고양이나 동물이 남긴 냄새를 만났을 때는 VNO를 사용한다. 그 예로는 고양이가 분비한 똥이나 오줌, 또는 문지르거나 긁은 표면 등을 들 수 있다. 다음 섹션에서 자세하게 설명할 이 냄새들은 고양이에게 놀라울 정도로 중요한 사회적 정보를 제공한다. 과거에는 이 냄새들의 원천을 페로몬이라고 불렀지만, 지금은 화학신호물질, 사회화학물질, 정보화학물질 같은 이름으로 부르기도 한다. 후각 시스템을 두 개나 가진다는 것은 고양이의 조상, 즉 야생 고양이에게는 엄청난 장점이었을 것이다. 그들은 먹잇감을 찾고 서로의 위치를 파악해 불필요한 접촉을 피하기 위해 후각에 크게 의존해야 했기 때문이다.

끔찍한 오줌 냄새는 집사의 숙명

소파에 걸터앉아 노트북을 들여다보고 있는 내게 존스 부인이 말했다. "우리를 괴롭히려고 일부러 그러는 것 같아요. 어제는 현관에 놓인 새 신발에도 그 짓을 했다니까요." 소파 뒤쪽에서는 고양이 한 마리가 창밖을 뚫어져라 응시하고 있었다. 세실이라는 이름

의 이 고양이는 내가 고양이 행동 상담사로 일하면서 수없이 봐왔던 '범죄', 즉 오줌을 아무데나 싸는 죄를 저지른 것이었다. 나는 존스 부인에게 왜 세실이 악의를 품고 있다고 생각하느냐고 물었다. "글쎄요, 우리가 일주일 동안 집을 비웠기 때문에 벌을 주는 것 같아요." 존스 부인이 대답했다.

조금 더 자세히 알아본 결과, 주인이 집을 비운 동안 세실은 하루에 한 번씩 들러 밥을 주던 친절한 이웃의 보살핌을 받았다는 것이 드러났다. 존스 부인은 "그 사람이 그러는데, 집에 먹이를 주러 올 때마다 밥그릇에 있던 사료가 여기저기 흩어져 있고, 집 안이 엉망이 돼 있었대요. 그때부터 우리한테 화가 나 있었나 봐요"라고 말했다. 하지만 그 말을 듣는 순간 존스 부부가 집을 비운 사이에 이웃사람 말고도 다른 사람이나 고양이가 이 집에 불쑥 찾아왔을지도 모른다는 생각이 들었다. "혹시 집 근처에서 다른 고양이를 본 적이 있나요?" 내가 물었다. "글쎄요, 머리가 크고 흰색과 까만색이 섞인 길고양이가 고양이 출입문 주위에서 어슬렁거리는 걸 보긴 했어요." 존스 부인이 말했다. 세실이 왜 화가 났는지 알 것 같았다. 주인의 보호를 받지 못하는 상황에서 동네의 (중성화되지 않은) 기회주의적 수컷이 세실의 작고 소중한 공간에 침입하려 했고, 위협을 느낀 불쌍한 세실은 집 안에 영역 표시를 해 그의 침입을 막으려 했던 것이다.

고양이가 사회적 냄새 메시지를 전파하는 가장 효과적인 방법 중 하나는 오줌을 뿌리는 것이다. (이 행동은 '오줌 메일pee-mail'이라는 말로 재밌게 표현되기도 한다.[*]) 야외에 싼 오줌 냄새는 그럭저럭 견딜 만하다. 하지만 고양이가 실내에서 오줌을 싸면 고양이와 집사 사이에 갈등의 골이 깊게 파일 수 있다. 그들이 오줌을 뿌리는 행동은 매우 독특하다. 고양이는 몸을 세우고 꼬리를 들어 올린 다음 몸을 떨면서 수직의 표면에 오줌을 분사한다. 오줌발이 수평으로 목표 위치에 뿌려지는 것이다. 이렇게 분사된 오줌은 다른 고양이의 코가 닿을 가능성이 가장 높은 높이에 묻게 되고, 그 후에는 미끄러지듯이 흘러내리면서 더 넓은 범위로 퍼진다.

이런 식의 오줌 분사는 배변 자세로 쪼그려 앉아 오줌을 싸는 것과는 매우 다르다. 고양이는 쪼그리고 앉아서 오줌을 싼 뒤에는 일반적으로 그 위에 흙이나 쓰레기를 덮는다. 반면 오줌을 분사하는 것은 다른 동물이 그 오줌 냄새를 맡을 수 있도록 의도적으로 냄새 신호를 남기는 행동이다. 이는 중성화되지 않은

[*] 국내에서는 '스프레이'라는 표현으로 잘 알려져 있다.

수컷 고양이들이 자신의 존재를 드러내기 위해 흔히 하는 행동이지만, 중성화된 수컷 고양이와 암컷 고양이도 가끔 오줌을 분사한다.

집고양이는 주로 집 밖에서 오줌을 분사하는데, 분사 위치는 대부분 울타리나 나무, 건물 가장자리의 수직 표면처럼 다른 고양이들이 쉽게 알아볼 수 있는 곳이다. 집단생활을 하는 고양이들은 근접 거리에서 시각적인 방법을 이용해 서로 소통할 수 있음에도 오줌 분사를 가장 중요한 소통 방법으로 사용한다. 중성화되지 않은 고양이 집단의 경우, 암컷이 발정기일 때 수컷과 암컷 모두 오줌 분사의 양이 늘어나는 경향이 있다. 하지만 오줌 분사는 구애나 짝짓기를 위한 것만은 아니다. 보통의 수컷 고양이는 익숙한 영역을 돌아다니며 먹잇감을 사냥하는 일상적인 상황에서도 자주 오줌을 분사한다.

집사들은 싫어하지만, 일부 반려묘, 특히 수컷 반려묘는 집 안 곳곳에 오줌을 분사해 길고양이들처럼 영역 표시를 하고 싶은 충동을 느끼기도 한다. 이런 충동은 여러 마리의 고양이가 함께 살지만 서로 특별히 친화적이지 않거나, 세실의 경우처럼 외부의 다른 고양이가 예기치 않게 집에 들어와 경쟁이 심화되고 스트레스가 증가하는 상황에서 주로 발생한다.

집 안 개조, 인테리어 변경, 새 가구 배치 등은 모두 집고양이를 불안하게 만들어 오줌 분사를 유발할 수 있다. 고양이는 변화를 정말 싫어하며, 특히 냄새의 변화를 극도로 싫어한다. 따라서 고양이가 갑자기 오줌을 분사한다면 무언가 고양이를 불안하게 만들고 있다고 해석할 수 있다. 길고양이와 마찬가지로 집고양이도 눈에 잘 띄는 수직의 표면에 반복적으로 오줌을 분사한다. 집고양이에게는 찬장 문, 문틀, 화분, 커튼, 천으로 덮인 가구의 수직 표면이 이상적인 대상이다. 오줌 분사는 컴퓨터나 식기세척기, 토스터처럼 작동 중에 따뜻해지는 전자제품이나 가전제품을 대상으로 이뤄지기도 한다. 컴퓨터를 켜거나 아침을 먹기 위해 토스터에 빵을 넣었다가 오줌이 증발되면서 냄새가 증폭돼 괴로운 경험을 한 집사들이 꽤 있을 것이다. 주인이 무심코 집에 들여놓은 물건, 즉 새로운 냄새가 나는 물건도 오줌 분사의 표적이 될 수 있다. 존스 부인이 아끼는 새 신발에 세실이 오줌을 분사한 이유도 바로 이것이다.

집이나 정원, 농장에 흩뿌려지는 고양이 오줌은 정확히 어떤 메시지를 전달하고 있을까? 고양이들이 다른 고양이가 분사한 오줌 냄새를 맡았을 때의 반응을 관찰한 결과, 오줌 자체는 고양이에게 위협적이지 않다는 것을 알 수 있었다. 고양이에게 오줌은 흥미롭지만 무서운 것은 아니며, 단지 정보를 제공하는 물질에 불과한 것 같다.

워너 파사니시와 데이비드 맥도널드는 농장 고양이가 다른 고양이의 오줌 종류와 출처에 어떤 반응을 보이는지, 즉 서로 다른 오줌들이 각각 어느 정도로 고양이의 관심을 끄는지 연구했다.[9] 이들은 수컷 고양이가 수평으로 분사한 오줌, 수컷 고양이가 쪼그리고 앉아서 싼 오줌, 암컷 고양이가 쪼그리고 앉아서 싼 오줌에 대한 고양이들의 반응을 비교했다.

실험 대상이 된 고양이들에게는 자신과 같은 무리에 속한 고양이, 인접한 무리에 속한 고양이, 낯선 무리에 속한 고양이가 싼 오줌 샘플이 제시됐다. 그 결과 고양이들은 쪼그리고 앉아서 싼 오줌에도 관심을 보였지만, 냄새를 맡는 시간 측면에서 압도적인 것은 분사된 오줌이었다. 이는 수컷과 암컷 모두에게서 공통적으로 일어난 현상이었다. 또한, 수컷 고양이들은 이 세 종류 오줌의 냄새를 맡는 시간이 달랐다(암컷들은 시간 차이가 수컷에 비해 적었다). 수컷 고양이들은 낯선 무리에 속한 고양이들이 싼 오줌의 냄새를 가장 오래 맡았고, 인접한 무리에 속한 고양이들이 싼 오줌의 냄새는 그보다 짧게 맡았다. 자신이 속한 무리의 고양이가 싼 오줌은 가장 짧게 냄새를 맡았다. 고양이가 냄새를 맡는 시간만으로 오줌에 담긴 정보의 양을 평가하는 것은 무리가 있긴 하다. 하지만 적어도 이 연구 결과는 고양이들의 오줌이 집단에 따라 다르며, 그 차이를 연구할 가치가 있다는 것을 보여줬다고 할 수 있다.

고양이들이 쪼그리고 앉아 싼 오줌과 분사한 오줌에 대해 각각 다른 반응을 보였다는 사실은 분사된 오줌이 무언가 독특한 성질을 가진다는 것을 암시한다. 실제로, 두 오줌은 화학적으로 차이가 있는 것으로 보인다. 하지만 그 원인은 아직 확실하지 않다. 고양이가 오줌을 분사할 때 항문낭*에서 분비된 물질이 함께 섞여 배출된다는 주장이 제기된 적이 있긴 하다. 하지만 사자 같은 대형 고양잇과 동물에 대한 연구에 따르면 그런 물질은 오줌에 섞여 있지 않았다. 또한 항문낭은 오줌이 배출될 때 직접 오줌과 접촉하지 않기 때문에 항문낭에서 분비되는 물질이 오줌에 섞일 가능성은 거의 없다.

한 연구팀의 분석 결과, 집고양이의 오줌은 휘발성 물질과 비휘발성 물질이 섞인 혼합물이라는 사실이 드러났다. 또한 수컷 고양이 오줌에 포함된 휘발성 물질들은 오줌이 배출된 후 공기에 노출돼 시간이 지나는 동안, 특히 배출 후 30분 동안 지속적으로 변화하는 것으로 드러났다.[10] 연구진은 습관화/비습관화 냄새 테스트를 통해 고양이가 이러한 시간적 변화를 감지할 수 있는지도 조사했다. 그들은 고양이에게 다른 개체가 싼 지 얼마 안 된 오줌을 네 번 연속으로 보여준 다음, 마지막 습관화 테스트를 위해 동일한 고양이가 오래전에 싼(24시간 전에 싼) 오줌을 보여줬다. 처음 네 번 동안의 테스트에서는 테스트가 진행될수록 고양이가 오줌 냄새를 맡는 비율이 감소했지만, 마지막에 오래된 오줌 샘플을 제시했을 때는 냄새를 맡는 비율이 증가했다. 이는 고양이가 오래된 오줌과 신선한 오줌을 구별한다는 뜻이다. 하지만 고양이가 냄새를 맡을 때 얼마나 많은 정보를 수집할

* 항문의 대략 4시 및 8시 방향에 존재하는 작은 주머니. 악취가 나는 액체가 만들어지며, 작은 관을 통해 항문으로 연결된다.

수 있는지, 즉 단순히 냄새를 맡는 것만으로 각각의 냄새 자극이 얼마나 오래되었는지를 판단할 수 있는지, 아니면 단지 서로 다르다는 것만 알 수 있는지 확인하기는 어렵다.

같은 연구에 따르면 고양이는 서로 다른 두 개체의 오줌을 구별할 수 있다. 물론 오줌이 오래될수록 구별이 힘들어지긴 한다. 고양이 오줌의 어떤 성분이 그 차이를 구분하는 데 사용되는지는 아직 미스터리다.

고양이의 이러한 후각 능력은 실내의 통제된 조건에서 테스트된 것이다. 실외에서는 온도, 비, 바람과 같은 환경적 요인이나 고양이가 오줌을 싼 표면의 종류에 따라 오줌의 특성이 변하는 속도가 달라진다. 하지만 울타리 앞에서 코를 킁킁거리거나 몽환적인 표정을 지으면서 플레멘 반응을 보이는 고양이의 모습을 볼 때 우리는 그 고양이가 다른 고양이들이 언제 그곳을 지나갔는지 알아내려 한다고 추측할 수 있다. 고양이 개체수가 많은 지역에 사는 고양이들은 이런 방식으로 다른 개체와의 충돌을 피하며, 하루 중 서로 다른 시간대에 같은 공간을 사용하는 방법을 학습하기도 한다.

고양이 오줌에서 발견되는 물질 중에는 놀랍게도 단백질이 있다. 일반적으로 포유류의 오줌에는 단백질이 섞여 있지 않으며, 단백질이 오줌에 섞여 나오는 현상은 질병의 징후로 간주된다. 하지만 고양이 오줌에는 대개 콕신이라는 단백질이 포함돼 있다.[11] 이 물질은 고양잇과에 속하는 특정 동물들에게서만 발견되는 펠리닌이라는 아미노산의 합성을 조절하며, 오줌에 섞여 배설된다. 펠리닌은 고양이가 육식을 통해서만 얻을 수 있는 두 가지 아미노산인 시스테인과 메티오닌의 합성으로 만들어진다.[12]

새끼고양이는 생후 3개월경부터 펠리닌을 분비하기 시작하며, 성체가 되면서 계속 체내 펠리닌 농도가 증가한다. 그리고 암컷이나 중성화된 수컷에 비해 중성화되지 않은 수컷 고양이의 펠리닌 농도가 더 높다. 펠리닌은 그 자체로는 냄새가 나지 않지만, 소변에 섞여 체외로 방출되면 공기와 미생물에 노출돼 분해되기 시작하면서 티올이라는 휘발성 분자를 방출한다. 티올은 황을 포함하고 있기 때문에 고양이 오줌은 황 냄새와 암모니아 냄새가 섞인 독특한 냄새를 풍기게 되며, 이는 시간이 지나면서 숙성되어 점점 강해진다.

수컷 고양이의 이런 지독한 오줌 냄새는 암컷 고양이가 짝짓기 상대를 선택할 때 매우 중요한 기준점이 되는 것으로 보인다. 특히, 생존을 위해 스스로 사냥을 해야 하는 페럴 캣에게는 더욱 중요하다. 논리적으로 생각해보자. 펠리닌은 고양이가 고기를 먹어야 합성된다. 따라서 사냥을 잘하는 수컷 고양이는 더 많은 펠리닌을 합성할 것이고, 오줌 냄새도 더 지독할 것이다. 고양이뿐만 아니라 대부분의 동물에게서 오줌 냄새는 건강 상태를 알려주는 신호 역할을 한다.[13] 암컷들은 최선의 짝짓기 상대를 고르기 위해 이 신호를 적극적으로 활용한다.

대부분의 사람들은 방에 들어섰을 때 고양이 오줌 냄새가 나면 견디기 힘들어한다. 집사들도 매우 독특하면서도 엄청나게 강력한 이 냄새를 아주 끔찍히 여긴다. 우리가 고양이의 오줌 냄새를 맡을 수 있다는 점에는 의심의 여지가 없지만, 그것이 전달하는 메시지에 대한 인간의 반응은 대체로 그리 바람직하다고 할 수 없다. 사람들은 무언가가 고양이를 괴롭혀 오줌을 분사하게 만들었다는 것 외에는 그 메시지를 제대로 이해하지 못한다. 또한 다른 고양이처럼 관심을 가지고 냄새를 맡기보다는 그 자리를 씻거나 다른 향기로 덮어 최대한 빨리 냄새를 없애려고 한다.

요즘은 깨끗한 청소를 위해 사용할 수 있는 제품이 많기 때문에 대부분의 집사들은 그런 제품을 사용해 고양이가 오줌 싼 곳을 청소한다. 문제는 그것들 대부분에 암모니아가 들어 있고, 고양이 오줌에도 암모니아가 포함된다는 것이다. 따라서 '소나무향'이 나는 암모니아 성분의 제품으로 오줌 냄새를 가리면 우리에게는 그 공간이 노르웨이의 숲속처럼 느껴지겠지만, 고양이는 다른 고양이가 침입해 오줌을 남겼다고 생각할 수도 있다. 그러면 고양이는 자신의 오줌으로 불쾌한 암모니아 냄새를 덮어버리고 싶다는 강한 충동을 느끼게 된다. 결국 집사들은 고양이 오줌 냄새를 제대로 제거하는 데는 실패하면서 고양이와 '냄새를 통한 대화'를 하게 되는 상황에 직면하는 것이다.

고양이 오줌 자국을 제거하는 더 좋은 방법은 효소 기반 제품을 사용하는 것이다. 집사들을 위해 특별히 만들어진 세제를 구입해 사용해도 되고, 집에서 직접 생물학적 세제와 따뜻한 물을 섞어 사용해도 된다. 이런 제품이나 수제 용액에 들어 있는 효소는 고양이 오줌 안에서 역겨운 냄새를 내는 물질들을 더 효과적으로 분해할 수 있다. 고양이가 같은 위치에 반복적으로 오줌을 싸는 것을 막으려면 고양이의 잠자리를 다른 곳으로 바꾸거나 먹이 그릇의 위치를 옮기는 것이 좋다.

흥미로운 것은 사람들이 고양이 오줌 냄새와 특정한 식물 또는 음식의 냄새가 비슷하다고 느낄 때가 많다는 것이다. 냄새에 대한 상상을 너무 많이 해서 그런 걸까? 그건 아닌 것 같다. 고양이 오줌에서 냄새를 발생시키는 티올 성분이 소비뇽 블랑이라는 청포도 품종이나 블랙커런트* 등에도 포함돼 있다는 것이 밝혀졌기 때문이다. 특정한 홉으로 만든 맥주, 갓 짜낸 자몽 즙에도 이 '고양이' 성분이 포함돼 있다. 티올 분자는 고농도로 존재할 때는 지독한 냄새를 풍기지만, 아주 낮은 농도로 존재할 때는 산뜻한 맛이 나는 소비뇽 블랑에서처럼 과일 향을 낸다.

고양이의 똥 냄새는 사람에게는 끔찍하게 여겨질지 몰라도 고양이에게는 아주 흥미로운 냄새다. 대부분의 고양이는 푸석푸석한 땅이나 고양이 전용 화장실에서 배변을 한 뒤 흙이나 모래를 긁어모아 자신이 싼 똥을 덮으려고 한다. 하지만 중성화되지 않은 수컷 고양이, 특히 군집에 속해 있거나 넓은 시골 지역

* 까치밥나무과의 관목으로, 검은색의 작고 둥근 열매가 달린다.

에 사는 수컷 고양이는 자신의 영역 가장자리에 자신이 싼 똥의 일부를 그대로 노출시키기도 한다. 이는 다른 고양이들에게 후각 신호를 보내기 위한 것으로 추정된다. 고양이들은 오줌과 마찬가지로 서로의 똥에서도 많은 정보를 얻는다. 한 연구에서 고양이에게 세 가지 똥 샘플, 즉 자신의 똥, 친숙한 개체의 똥, 낯선 개체의 똥을 제시했을 때 고양이는 다른 두 가지 똥에 비해 낯선 고양이의 똥 냄새를 훨씬 오래 맡았다.[14] 낯선 고양이의 똥에 더 큰 흥미를 느낀 것이 분명했다. 하지만 시간이 지남에 따라 그에 대한 관심도 줄어들었다.

고양이 똥을 더 자세히 분석한 한 연구에 따르면 고양이 특유의 아미노산인 펠리닌은 오줌뿐만 아니라 똥에도 포함돼 있다.[15] 연구진은 이전에는 오줌에만 존재한다고 생각되던 펠리닌이 간에서 만들어지는 담즙에 섞여 똥으로 들어간다는 것을 밝혀냈다. 오줌에서와는 달리, 펠리닌은 수컷 고양이와 암컷 고양이의 똥에 동일한 비율로 포함돼 있다. 하지만 수컷 고양이의 똥에는 '3-메르캅토-3-메틸-1-부탄올MMB'이라는 화합물이 훨씬 더 많이 들어 있다. 흥미롭게도 이 화합물은 펠리닌에서 유래한 것이다.[16] 펠리닌 중 일부는 대장에서 분해돼 MMB로 변한 다음 다른 펠리닌과 함께 똥에 섞여 배출되는 것으로 보인다. 수컷은 암컷보다 더 많은 펠리닌을 MMB로 분해하기 때문에 똥 속에 더 많은 MMB가 섞여 있는 것이다. 똥에 포함된 MMB의 양은 시간이 지나면서 변화한다. 따라서 고양이 똥에 남아 있는 MMB의

양을 측정하면 고양이가 언제 똥을 쌌는지, 똥을 싼 고양이가 암컷인지 수컷인지를 알아낼 수 있다. 또한 고양이 똥은 개체에 따라 포함된 지방산의 비율이 다르기 때문에, 똥 냄새를 맡으면 그 똥을 싼 고양이가 어떤 집단에 속해 있는지 알아낼 수 있다.

고양이가 소파를 긁는 진짜 이유

표면을 긁는 행동은 오줌을 분사하는 것만큼이나 집사들이 싫어하는 행동이다. 한 설문조사에 따르면 집고양이의 52%가 집 안에서 주인이 '부적절하다'라고 생각하는 물건들을 긁는다.[17] 하지만 긁는 행동은 고양이에게 지극히 정상적이고 필요한 행동이며, 실용적인 목적이 있고, 미묘한 의사소통 수단이기도 하다.

고양이의 발톱은 끊임없이 자란다. 이 과정에서 바깥쪽의 죽은 발톱이 느슨해지면서 떨어져 나가야 하는데, 고양이는 발톱으로 표면을 긁음으로써 바깥쪽 발톱, 즉 껍질을 제거한다. 하지만 고양이의 긁는 행동에는 이외에도 다양한 목적이 있다. 어떤 물건의 표면을 긁는 고양이는 두 가지 방식으로 의사소통을 시도한다고 볼 수 있다. 먼저, 긁혀서 표면에 파인 홈은 시각적 신호다. 이 신호는 다른 고양이들에 의해 인식되고, 무엇보다 집에서는 사람에 의해 인식된다. 표면 긁기의 두 번째 메시지는 이보다 좀 미묘하다. 고양이의 발가락 사이에는 분비샘이 있는데, 표면을 긁을 때 이 분비샘에서 냄새 나는 물질이 분비된다. 성분

분석 결과, 이 물질은 지방산이 혼합된 일종의 페로몬, 즉 정보화학물질이라는 것이 밝혀졌다.

페럴 캣이든 집 밖으로 나갈 수 있는 반려묘든, 고양이는 눈에 잘 띄는 곳에 긁은 자국을 남기는 경향이 있다. 보통 자신의 영역 경계 부분보다는 영역 안에서 자주 다니는 경로상에 있는 물체를 선호하며,[18] 나무로 만든 울타리나 나무 몸통처럼 수직 표면을 가진 물체들을 긁는다. 또한 대개 껍질이 딱딱한 나무보다는 부드러운 나무를 선호한다. 실내에 사는 반려묘들도 긁을 대상으로 특정한 성질을 가진 표면을 선호하며 대개는 발톱으로 잡기 쉬운 천을 선택한다. 반려묘는 잠에서 깨어날 때 무언가를 긁는 경향이 있으며, 긁는 동안 기지개 펴는 것을 좋아하기 때문에 잘 쓰러지지 않는 튼튼하고 수직인 물체를 선호한다. 집사들은 잘 알겠지만, 고양이들은 주로 거실 소파나 천이 덮인 의자를 긁는다. 어떤 고양이들은 카펫, 사이잘* 현관 매트 등 수평 표면을 긁는 것을 좋아하기도 한다.

고양이는 집 안에서 긴장과 갈등을 느끼면 평소보다 더 많이 표면을 긁을 수 있다. 긁은 자국을 남기고 싶은 충동을 느끼기 때문이다. 따라서 사람들이 긁지 말라고 소리를 지르는

* 열대성 식물인 용설란 잎에서 원료를 뽑아 가공한 천연소재.

것은 장기적으로는 별 효과가 없으며, 오히려 고양이에게 스트레스만 줘 상황을 더 악화시킬 수 있다. 고양이는 배가 고프거나 좌절감을 느낄 때 주인의 관심을 끌기 위해 물체의 표면을 긁기도 한다. 일부 집사는 이를 참지 못해 발톱 절제술을 감행한다. 하지만 이 수술은 발톱뿐만 아니라 발톱 끝 관절을 완전히 제거하는 작업이기 때문에 고양이들이 엄청난 고통을 받을 수밖에 없다. 현재 발톱 절제술은 대부분의 나라에서 불법이다.

고양이가 긁는 것을 막으려 하기보다는 대체할 수 있는 긁기 대상을 제공하는 것이 좋다. 고양이가 긁어도 괜찮은 물건, 이전에 긁던 것보다 더 좋은 물건을 제공하는 쪽으로 해결 방향을 바꿔야 한다. 삼베, 사이잘 로프 또는 카펫으로 덮인 단단한 스크래치 기둥을 고양이가 이전에 긁었던 곳이나 잠자는 곳 옆, 자신의 존재를 표시해야 한다고 느낄 수 있는 출입구 근처에 놓는 것이 가장 이상적이다. 고양이가 일단 스크래치 기둥을 긁기 시작하면 표면이 거칠어져 더 매력적으로 변하는 데다, 기둥에 자신의 냄새가 배기 때문에 이후에도 다시 그것을 찾을 가능성이 높다. 스크래치 아이템을 새로 구입하거나 교체할 때 가장 어려운 점은 고양이가 처음에 그것에 관심을 갖도록 유도하는 것이다. 이때 캣닙 스프레이를 뿌리는 것도 좋은 방법이다. 고양이는 캣닙에 반응하기 때문에 새로운 물건에서 캣닙 냄새가 나면 좋아서 얼굴을 문지르거나 기둥을 발로 감싸면서 그것을 긁기 시작할 것이다.

=ᴥ=

5장에서 자세히 설명하겠지만, 집고양이가 다른 고양이나 사람에게 뺨, 옆구리, 꼬리를 문지르는 것은 고양이끼리 서로 그루밍하는 행동처럼 일종의 촉각적인 사회적 유대감을 형성하는 행위다. 또한 고양이는 특정한 사회적 환경에서 시각적인 신호를 보내기 위해 사물에 몸을 문지르는 경우가 많다. 반려묘가 자주 문지르는 찬장이나 문틀 모서리를 자세히 살펴보면 종종 얼룩이 묻어 있는 것을 볼 수 있다. 이는 고양이의 뺨, 관자놀이, 귀, 입가에 있는 땀샘에서 분비된 왁스 같은 물질로 인해 생긴 것이다. 고양이는 턱 가장자리부터 귀밑까지 얼굴 전체를 눈에 띄는 수직면을 따라 앞뒤로 여러 번 문지르기도 하고, 때로는 몸 전체를 문지르기도 한다. 고양이가 바닥보다 낮은 위치에 있는 사물을 문지를 때는 턱 아래에 위치한 또 다른 분비샘인 '입 주위 샘'에서 분비물이 배출된다.

다른 고양이가 문지른 자국을 발견한 고양이는 때로는 길게 냄새를 맡은 뒤 도망가는 반응을 보일 수도 있다. 발정기에 있는 암컷 고양이는 수컷 고양이보다 문지르기를 더 자주 하며, 이때 수컷 고양이는 그 자국에 큰 관심을 보인다. 이는 문지름 자국이 암컷 고양이의 성적 상태에 대한 정보를 전달한다는 것을 암시하며, 과학적으로는 아직 밝혀지지 않은 다른 사회적 의미가 여기에 담겨 있는 것 같다. 고양이가 사람의 다리에 몸을 문지르는 행동에 대해 마크 트웨인은 "당신이 허락한다면 고양이는 당신의 다리에 온통 사인을 남길 것이다"라고 아름답게 표현했다. 고양이는 이런 행동을 통해 사람을 향한 애정과 유대감을 드러내는 것이다.

집사의 후각도 그렇게 나쁘진 않아

7월의 따스한 햇살을 즐기려고 뒷문을 열고 밖으로 나갔을 때, 주방에서 나를 지켜보던 부치가 늘 그랬듯 캣 플랩*을 이용하지 않고 뒷문을 통해 슬쩍 빠져나왔다. 뒤뜰 데크에 서 있는데 좋은 냄새가 났다. 옆집 사람이 잔디를 깎고 있었다. 잔디 냄새를 맡으니 어린 시절 아버지가 잔디를 깎으며 깔끔하고 곧은 녹색 줄무늬를 만들던 모습과, 옆에서 그것을 구경하던 행복한 기억이 떠올랐다. 나는 부치가 공기, 땅, 다양한 식물의 냄새를 맡으며 정원을 돌아다니는 모습을 지켜봤다. 부치는 어떤 냄새의 향연을 경험하고 있었을까?

포유류의 감각 중에서 후각이 독특한 이유는 후각 망울에서 수용되는 정보가 (감정과 밀접한 관련이 있는) 편도체와 (기억을 관

* 고양이가 드나들 수 있도록 문이나 벽, 창문에 설치하는 덮개가 있는 작은 구멍.

장하는) 해마를 포함하는 뇌 변연계로 전달된다는 사실에 있다. 사람들은 갓 깎은 잔디나 갓 구운 따뜻한 브라우니 냄새를 맡으면서 오랫동안 잊고 지냈던 과거의 기억을 떠올리곤 한다. 과학자들은 이를 후각 기억이라고 부른다. 냄새로 과거를 떠올리는 순간은 이 경험을 처음 글로 묘사한 프랑스 작가 마르셀 프루스트의 이름을 따서 프루스트적 순간이라고 부르기도 한다. 고양이에게도 후각 기억이 있는지는 아직 알 수 없지만, 앞서 설명한 것처럼 고양이도 어미의 체취와 같은 과거의 냄새를 인식하는 능력이 있는 것으로 보인다.

일반적으로 사람들은 인간의 후각이 형편없다고 생각한다. 후각 능력에 상당히 많이 의존하는 다른 포유류 종들과 인간을 비교하기 때문이다. 우리는 뛰어난 후각과 추적 능력을 가진 탐지견을 이용해 우리가 직접 맡을 수 없는 냄새를 찾아낸다. 부치가 정원을 돌아다니는 모습을 보면, 고양이들은 확실히 우리가 맡지 못하는 다양한 냄새를 맡을 수 있다고 짐작할 수 있다. 고양이는 자신이 우리 발목에 몸을 문지르면서 남긴 냄새도 당연히 맡을 수 있다.

1879년, 뇌와 언어에 관한 연구로 유명한 신경해부학자 폴 브로카는 인간의 후각 망울이 뇌의 다른 부위에 비해 작은 편이라는 것을 알아냈다. 브로카는 인간의 전두엽이 다른 동물의 전두엽보다 훨씬 더 커지는 과정에서 후각 망울이 위축됐다고 주장했다.[19] 따라서 오랫동안 인간에게는 '비후각성 동물' 또는 '냄새를 잘 못 맡는 동물'이라는 꼬리표가 붙어 있었다.

하지만 현대에 이르러 존 맥간 같은 과학자들은 이런 생각을 '19세기의 잘못된 믿음'이라고 평하며 기존의 통념에 도전장을 던졌다.[20] 실제로 새로 개발된 등방성 분할 기술*을 적용해 확인한 결과, 인간의 후각 망울은 크기는 작지만 그 안에 있는 신경세포의 수는 냄새를 잘 맡는 동물들에 못지 않게 많다는 것이 드러났다. 또한 인간의 후각 망울은 시간이 지나면서 실제로 그 크기가 줄어든 것이 아니라 후각 망울을 제외한 나머지 뇌 부분이 커져 상대적으로 작아 보이게 된 것이라는 연구 결과도 발표되었다.

과학자들은 인간이 1조 개가 넘는 다양한 후각 자극을 구별할 수 있으며, 후각을 더 집중적으로 사용하는 다른 포유류에 필적하는 후각 능력을 가지고 있다는 사실도 발견했다.[21] 미국과 이스라엘의 신경과학자와 엔지니어로 구성된 팀이 설계한 실험을 통해 이를 더욱 재미있게 확인할 수 있다. 연구진은 실험에 참여한 지원자들의 눈과 귀를 가린 채 들판에 내보내 연구진이 미리 뿌려놓은 냄새의 흔적을 추적하게 만들었다. 그들은 10미터마다 매혹적인 초콜릿 향이 나는 에센셜 오일**을 흩뿌려두었다.

* 고정된 생체조직을 균질화해 만든 용액에서 세포핵을 회수하는 새로운 세포 계수 기술을 뜻한다.

** 식물이나 허브의 잎, 줄기, 열매, 꽃, 뿌리, 목피, 씨 등 다양한 부분에서 추출한 방향족 화합물.

실험 결과, 지원자의 3분의 2가 개가 냄새를 추적할 때처럼 경로를 지그재그로 이동하면서 에션셜 오일의 냄새를 찾아내는 데 성공했다. 사전 훈련이나 연습을 하지 않은 상태였음에도 말이다.[22] 인간의 후각은 개나 고양이만큼 발달하지는 않았지만, 이 정도면 그리 한심하다고 할 수 없다.

후각 연구자들의 가장 큰 관심사는 인간도 다른 포유류와 마찬가지로 사회적 상황에서 냄새를 이용해 서로 소통하는지, 그리고 서로 다른 종들 사이에서도 후각적 의사소통이 이뤄지는지에 있다. 서양 사회에서는 다른 사람의 냄새를 대놓고 맡는 것이 금기시된다. 만나는 사람의 냄새를 일부러 맡는 것은 '동물'이나 하는 부적절한 행동으로 간주되기 때문이다. 하지만 후각에 관련된 연구들에 따르면 냄새는 우리가 생각하는 것보다 사회적으로 훨씬 더 중요한 의미를 가진다. 우선, 고양이와 마찬가지로 우리 몸에도 땀, 피지, 냄새를 분비하는 샘이 있다. 고양이가 사람에게 코를 대고 킁킁대는 것을 보면 사람의 몸에서도 꽤 많은 종류의 냄새가 난다는 것을 알 수 있다. 그리고 실제로 우리는 비누, 탈취제, 향수 같은 것들로 체취를 숨기는 데 엄청난 시간과 돈을 소비한다.

오늘날 인간의 후각 사용에 대한 연구는 재발견의 시대로 접어들었다. 우리는 다양한 감정을 경험하면 그에 상응하는 냄새의 변화가 일어난다는 것을 알게 됐다. 어떤 사람이 방금 두려운 경험을 했는지를 냄새로 알 수 있게 된 것이다. 지금은 사람들이 자신이나 다른 사람의 냄새를 맡는 모습을 잘 볼 수 없다. 하지만 최근 연구에 따르면 사람들이 실제로 이런 행동을 하지 않는 것은 아니며, 그저 서로의 눈에 띄지 않게 하고 있을 뿐이다. 한 설문조사에서 19개국 400명을 대상으로 자신의 손이나 겨드랑이 냄새를 맡아본 적이 있는지 묻자, 응답자의 90% 이상이 그런 경험이 있다고 답했다. 94%는 가까운 사람의 냄새도 맡았다고 답했으며, 60%는 낯선 사람의 냄새도 맡았다고 답했다.[23]

이렇듯 우리는 은밀하고 의식적으로 자신과 타인의 냄새를 맡기도 하지만, 때로는 자신도 모르게 그런 행동을 하는 것으로 보인다. 한 흥미로운 실험은 악수라는 상호작용적 행동이 인간이 비밀리에 화학 신호를 주고받는 방식인지에 초점을 맞췄다. 그 결과, 실험에 참여한 사람들은 같은 성별을 가진 사람과 악수한 후 자신의 오른손 냄새를 평소보다 두 배 더 많이 맡는다는 사실이 밝혀졌다. 또한 이 연구진은 악수하는 동안 여러 종류의 휘발성 분자, 즉 잠재적인 화학 신호가 한 사람에게서 다른 사람으로 전달된다는 사실도 발견했다.[24]

우리는 의식하든 그렇지 않든 손을 통해 많은 정보를 다른 사람과 공유한다. 고양이를 대할 때도 이 점을 염두에 두는 것이 좋다. 고양이와 대화를 시작하는 가장 좋은 방법 중 하나는 고양이를 향해 부드럽게 손을 내미는 것인데, 손을 뻗어 만지려고 하는 느낌을 주지 않도록 손가락을 살짝 아래로 말아서 내미는 것이 바람직하다. 고양이가 먼저 당신의 손에 다가와 냄새를 맡을 수 있게 시간을 충분히 줘야 한다. 당신에게서 나는 모든 냄새를 오랫동안 천천히 맡을 수 있게 해주는 것이 중요하다.

개와 말을 대상으로 한 연구에 따르면, 이들은 행복한 상황과 두려운 상황에 있는 사람의 체취를 구분할 수 있다. 고양이에 대한 실험은 아직 이뤄지지 않았지만, 고양이도 후각 신호를 통해 사람의 미묘한 기분을 알아차릴 수 있는 것으로 보인다.

그렇다면 사람도 고양이에게서 나는 다양한 냄새를 구분할 수 있을까? 이 의문을 집중적으로 탐구한 한 소규모 연구에 따르면 사람은 그럴 수 없다. 고양이 주인들에게 자신이 키우는 고양이와 낯선 고양이의 냄새를 맡게 했을 때 그들이 정답을 맞힌 비율은 무작위적인 선택에 비해 높지 않았다.[25] 이 결과는 다른 실험에서 개 주인이 냄새로 자신이 키우는 개를 식별해낸 비율이 88.5%에 이른 것과는 대조적이다. 고양이는 자신의 몸을 매우 열심히 그루밍하기 때문에 개보다 냄새가 덜 난다는 데 그 이유가 있는 것 같다. 반려묘는 사람이 고양이 냄새를 잘 식별하지 못한다는 것을 알고 있는 것이 분명하다. 그렇기 때문에 촉각 신호, 시각 신호 등 다양한 신호를 이용해 사람의 주의를 끌려고 하는 것이다. 냄새를 맡는 방법으로 고양이와 상호작용하기란 쉬운 일이 아니다.

저항할 수 없는 캣닙의 유혹

고양이는 초육식동물 또는 절대적 육식동물이라고 불릴 정도로 확실하게 육식을 하는 동물이다. 고양이의 삶에서 가장 중요한 것은 단연 고기라는 뜻이다. 하지만 신기하게도 고양이들은 특정한 식물에 강한 집착을 나타낸다. 이들은 그 식물을 먹이로 여기는 것이 아니라 가끔씩 상호작용을 하면서 즐거움을 얻을 수 있는 대상으로 생각하는 것 같다.

식물학자 필립 밀러가 1768년에 쓴 《정원사 사전The Gardeners Dictionary》이라는 아주 오래된 책이 있다. 식물과 정원에 관련된 모든 것을 포괄적으로 다룬 이 책에는 개박하라는 식물에 대한 다음과 같은 간단한 설명이 포함돼 있다. "이 식물은 캣민트라고도 불린다. 고양이들이 매우 좋아하기 때문이다. 그들은 이 식물이 시들어 마르면 그 위에서 몸을 구르기도 하고, 잎과 줄기를 조각조각 찢어 씹으면서 좋아서 어쩔 줄을 모른다."

이는 캣닙이 집고양이들에게 미치는 영향에 대한 거의 최초의 설명으로 보인다. 작고 흰 꽃을 피우는 다년생 식물인 이 캣민트는 고양이들이 매력을 느끼지 않는 다른 종류의 캣민트와 구별하기 위해 현재는 캣닙이라는 이름으로 불린다.

밀러의 이 간단한 설명은 대부분의 고양이들이 캣닙을 접했을 때 보이는 수없이 다양한 행동의 일부만을 설명한 것이다. 고양이는 캣닙 냄새를 맡을 때 때때로 플레멘 반응을 보이기도 하지만, 연구에 따르면 이 냄새는 VNO 시스템이 아닌 후각 시스템에 의해 처리된다는 것이 밝혀졌다.[26] 캣닙 냄새를 맡았을 때 고양이는 대개 캣닙이 포함된 물건에 얼굴을 문지르면서 그것을 핥거나 빨고 침을 흘리며, 황홀경에 빠져 몸을 구르기도 한다. 오늘날의 고양이들 대부분은 캣닙을 채운 작고 부드러운 장난감을 통해 캣닙 냄새를 맡는다. 말린 캣닙은 오래전부터 고양이의 놀이를 유도하는 장난감을 만드는 데 사용됐다. 캣닙에 대한 고양이의 행복한 반응은 보통 약 10분에서 15분 정도 지속되다 점점 약해지며, 1시간 정도가 지나면 거의 사라진다. 하지만 캣닙을 좋아하는 고양이의 집사라면 똑같은 캣닙 장난감을 나중에 소파 밑에서 꺼내면 고양이가 다시 달려들어 재미있게 논다는 것을 잘 알고 있다.

이 흥미로운 식물은 과학자들의 관심을 끌 수밖에 없었다. 1967년에 유전학자 닐 토드는 캣닙에 대한 고양이의 반응이 우성 유전자를 통해 유전되며, 전체 고양이의 3분의 2만이 캣닙에 반응한다는 사실을 발견했다.[27] 새끼고양이는 캣닙에 반응하는 유전자를 가지고 태어나도 최소 생후 3개월이 지나야 그 모습을 드러내기 시작하며, 대부분은 생후 6개월이 될 때까지도 반응을 보이지 않는다. 캣닙의 비밀 성분은 네페탈락톤이라는 화합물로 밝혀졌다. 호랑이, 오셀롯🐾, 사자 등 몸집이 큰 고양잇과 동물

🐾 고양잇과에 속하는 육식동물로 겉모습이 고양이와 비슷하다.

들도 캣닙 냄새를 맡으면 비슷한 행동을 한다. 즉 캣닙에 대한 반응은 고양잇과 동물 전체에 걸쳐 광범위하게 나타난다고 할 수 있다. 하지만 네페탈락톤이 왜 그런 반응을 일으키는지는 아직 수수께끼로 남아 있다.

시간이 지나면서 캣닙 외에도 고양이가 특별히 매력을 느끼는 식물들이 더 발견됐다.[28] 타타리아 인동덩굴, 길초근, 일본 개다래 같은 식물이다. 과학자들은 캣닙에 들어 있는 네페탈락톤과 비슷한 물질인 네페탈락톨이 일본 개다래에 들어 있다는 사실을 밝혀냈다.[29]

잘 알려진 논문은 아니지만, 1964년에 발표된 〈캣닙, 그 존재의 이유〉에서 코넬 대학교의 토머스 아이스너는 네페탈락톤이 특정한 곤충들을 퇴치하는 효과가 있다고 설명했다.[30] 그는 캣닙에 포함된 네페탈락톤이 곤충이 그 식물을 먹지 못하도록 만드는 보호 기능을 가지고 있을 것이라고 추정했다. 과학자들은 아이스너의 연구 결과에 기초해 고양이를 대상으로 개다래의 효과를 시험했고, 고양이들이 개다래 잎에 머리와 얼굴을 문지르는 방법으로 모기를 피한다는 것을 알게 됐다. 연구진은 고양이가 개다래를 미친 듯이 좋아하는 것은 그 행동이 우연에 의한 것이라고 해도 실제로 이점이 있기 때문이라는 결론을 내렸다. 이 결론은 이들의 후속 연구에 더 많은 동기를 부여해줬다.

셰바가 새끼를 낳은 지 8주가 되었을 때다. 대부분의 집고양이가 그렇듯이 셰바도 여섯 마리의 새끼들이 주위에서 미친 듯이 뛰어다니고 뒹굴자 새끼들에 대한 애정을 잃기 시작했다. 새끼들은 셰바가 누워 있는 틈을 타 젖을 빨려 했고, 그럴 때면 셰바는 빠르게 새끼들을 떨쳐냈다. 새끼고양이들은 이제 완전히 젖을 뗀 상태라 어미의 보살핌 없이도 거의 완벽하게 생활할 수 있었다. 그들은 내가 먹이 접시를 놓아줄 때마다 사료 냄새에 흥분해 정신없이 달려들었고, 나는 그 모습을 안타깝게 지켜볼 수밖에 없었다. 그들은 곧 새로운 집으로 입양됐다. 나는 그들이 어미와 함께 지내던 상자에서 어미의 냄새가 밴 담요를 잘라 함께 보냈다. 그 조각들이 낯선 냄새가 나는 새집에서 엄청난 변화와 도전을 겪어야 할 새끼고양이들에게 도움이 될 것이라는 생각에서였다.

3장
고양이는 오늘도 말한다

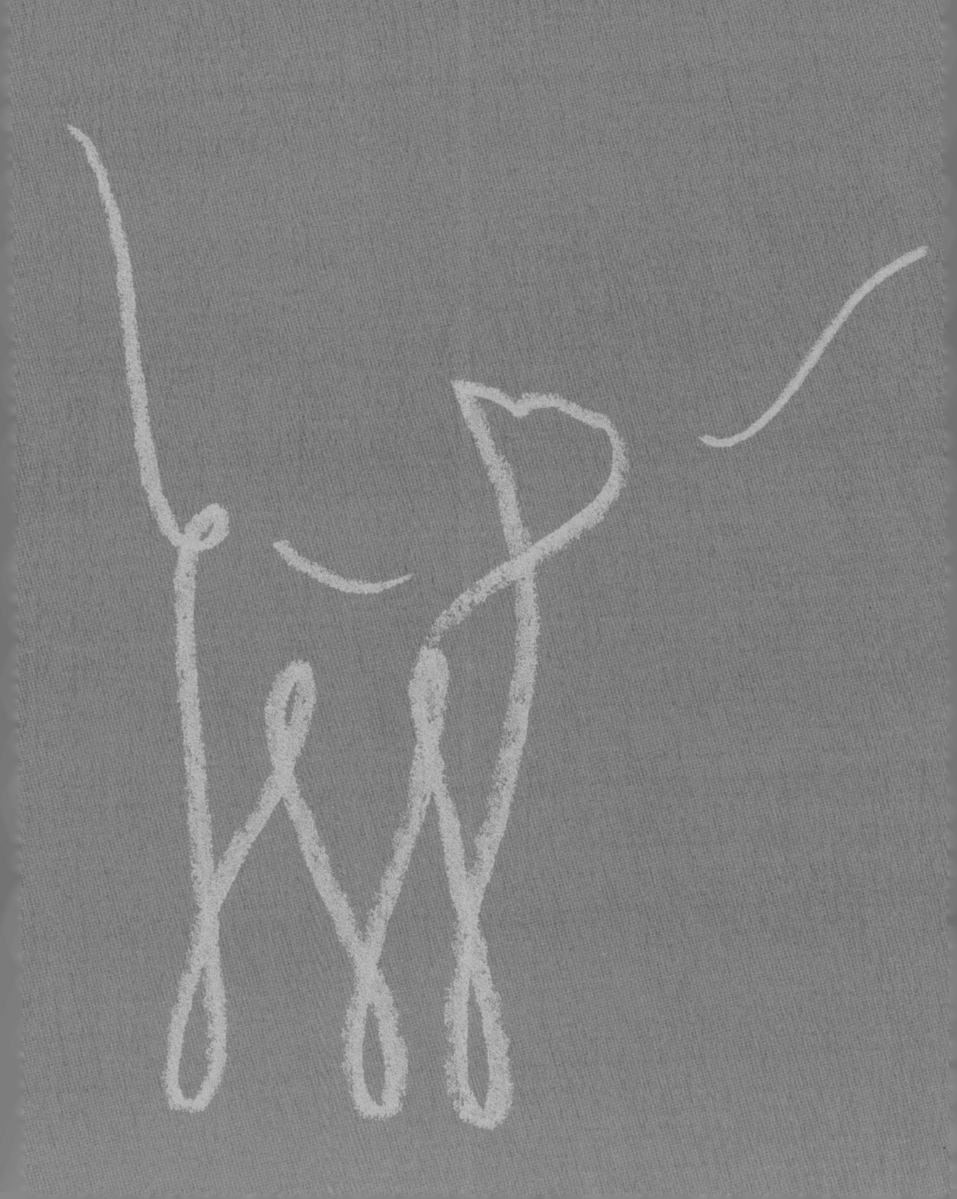

고양이는 자신이 원하는 바를 얼마든지 요구해도 전혀 문제가 되지 않는다고 생각하는 것 같다.
— 조지프 우드 크러치

"저기 앉아서 하악질하고 있는 녀석이에요." 학교 경비원이 오래된 학교 건물 밑에 있는 구멍을 가리키면서 말했다. 나는 몸을 웅크리고 지저분하고 비쩍 마른 그 작은 고양이를 들여다보며 "안녕!"이라고 말했다. 그러자 고양이는 곧바로 온 힘을 다해 "쉿" 소리를 내며 하악질을 했다.

나중에 히싱 시드라는 애칭으로 불리게 된 이 고양이는 그 학교에서 구조된 페럴 캣 중 한 마리다. 당시 그들은 학교의 골칫거리가 되고 있었다. 구조된 고양이들은 구조 센터에서 중성화 수술을 받은 뒤 농장으로 옮겨졌고, 그중 새끼고양이는 모두 새로운 집으로 입양됐다. 농장에 남은 고양이들은 몇 년 동안 우리가 만든 헛간에 살면서 내 삶의 일부가 됐다. 고양이들은 점점 나를 신뢰하

게 됐고, 나와 의사소통할 수 있는 새로운 방법을 찾기 시작했다. 하악질을 줄이고 우리가 귀여워하는 다정한 고양이들처럼 소리를 내어 대화하기 시작한 것이다.

냄새가 가장 중요한 세계에 살던 고양이들은 처음 사람의 말을 들을 때 무척 당혹할 것이다. 인간은 서로를 향해 수많은 낯선 소리를 내고, 때로는 당황스럽게도 고양이에게도 그렇게 말을 건다. 인간은 말소리를 매우 중요하게 생각하기 때문에 만나는 모든 사람, 심지어는 동물이나 사물에게도 말을 건다. 여기서 멈추지 않고 고양이의 '말소리'가 어떤 의미를 갖는지 궁금해진 사람들은 고양이의 발성을 연구하기 시작했다. 그런 노력이 최초로 기록된 문서는 나폴리의 갈리아니 신부가 쓴 1772년 3월 21일자 일기일 것이다.

이 일기에서 그는 "고양이 두 마리를 키우며 그들의 습성을 연구하고 있는데, 이는 완전히 새로운 과학적 관찰 분야다. 이들은 수컷과 암컷인데, 동네의 다른 고양이들과 격리시켜서 면밀히 관찰하고 있다. 믿기 힘들겠지만, 내 고양이들은 구애나 교미를 할 때 한 번도 야옹 소리를 내지 않았다. 나는 고양이의 야옹 소리는 사랑의 언어가 아니라 부재중인 사람에게 보내는 신호임을 알게 됐다"라고 적었다.[1]

갈리아니 신부가 야옹 소리의 의미를 정확하게 파악했다고 할 수는 없다. 하지만 적어도 자신의 고양이들이 서로에게는 야옹거리지 않는다는 것을 정확하게 관찰함으로써 이 분야에서 선구적인 역할을 했다. 야옹 소리의 진정한 목적은 그로부터 몇 세기가 지나 고양이에 관한 대규모 과학적 연구가 가능해지고 나서야 밝혀졌다.

그 몇 세기 동안 소위 고양이 문학은 고양이의 명백한 언어적 능력을 파헤치기 위한 기이하고 신비한 여로에 올랐다. 작가들은 인간의 언어 발성에 기초해 고양이 발성의 자음과 모음 패턴을 찾아내려고 했고, 고양이의 말소리에서 인간이 사용하는 글자들을 추출하려고 했다. 18세기의 박물학자 뒤퐁 드 느무르는 고양이와 개의 차이점을 연구한 뒤 "고양이의 언어에서도 개의 언어에서 쓰이는 모음이 똑같이 사용된다. 게다가 고양이는 m, n, g, h, v, f의 여섯 개 자음도 발음할 수 있다"라고 썼다.[2]

일부 작가들은 여기서 한 걸음 더 나아가 고양이가 실제로 인간의 단어를 사용한다고 말하기도 했다. 1895년에는 음악가이자 고양이 애호가인 마빈 R. 클라크가 《고양이 그리고 고양이의 언어Pussy and Her Language》[3]라는 약간 당혹스럽지만 흥미로운 제목의 책을 출간했는데, 이 책에는 알퐁스 레옹 그리말디라는 프랑스 교수가 쓴 것으로 추정되는 〈고양이 언어에 대한 놀라운 발견에 관한 논문〉의 내용이 포함돼 있다. 여기서 그리말디는 고양이 언어를 해독했다고 주장하며, 고양이가 사용하는 모음과 자음(그리말디는 고양이들이 '앙증맞게' 이 자음들을 사용한다고 주장했다), 문법, 단어, 숫자에 대한 심층적인 분석 결과를 제시했다.

그리말디가 고양이에게 가장 중요하다고 꼽은 17개의 단어는 다음과 같다.

그리말디의 고양이 사전

아엘리오Aelio	먹이
라에Lae	우유
파리에레Parriere	열린
알릴로Aliloo	물
블Bl	고기
프틀레블Ptlee-bl	쥐 고기
블레메블Bleeme-bl	익힌 고기
파드Pad	발
레오Leo	머리
프로Pro	손톱 또는 발톱
투트Tut	팔다리
파포Papoo	몸
올리에Oolie	털
미오우Mi-ouw	조심 또는 경계
푸리에우Purrieu	만족
요우Yow	박멸
미에오우Mieouw	여기

또한 그리말디는 "고양이 언어에서는 명사나 동사를 문장의 첫머리에 배치하는 것이 규칙이다. 이는 듣는 쪽이 그다음에 나올 단어에 대해 마음의 준비를 할 수 있도록 하기 위한 것이다"

라고 설명했다. 또 여기서 그치지 않고 고양이의 숫자 세는 능력에 대해서도 설명했다. 그가 제시한 엄청난 길이의 리스트에 따르면 고양이에게 '아임Aim'은 1, '줄레Zule'는 수백만을 뜻한다.

그리말디의 '고양이 언어 번역'에 대한 반응은 당연히 엇갈렸고, 연구자 대부분은 이를 말도 안 되는 소리라고 일축했다. 하지만 다소 이상해 보이는 그의 설명 중 일부는 사람들에게 공감을 불러일으키기도 했다. 분노한 고양이에 대한 묘사가 그중 하나다.

"고양이가 '예우yew'라는 소리를 폭발적으로 낸다면 가장 강력한 증오를 나타내면서 선전포고를 하고 있는 것이다."

1944년에 밀드러드 묄크는 자신이 키우는 고양이의 발성을 음성학적으로 깊게 탐구해 고양이 언어 연구에 혁명을 일으켰다.[4] 묄크의 접근 방식은 집고양이의 발성을 생성 방식에 따라 세 가지 주요 범주로 나누는 것이었다. 첫 번째 범주는 고양이가 입을 다물고 내는 소리로, '가르랑purr', '우르르르trill', '쯧쯧chirrup', '웅얼웅얼murmur' 등이 이에 해당한다. 두 번째 범주는 입을 벌렸다가 서서히 닫으면서 내는 소리로, '야옹meow', 암컷과 수컷이 짝짓기할 때 내는 소리, 공격적인 하울링 소리 등이 있다. 세 번째 범주는 입을 계속 벌리고 있는 상태에서 내는 소리로, 일반적으로 고양이의 공격성, 방어성 또는 통증과 관련된다. 여기에는 으르렁거리는 소리, 울부짖는 소리, 하악질 소리, 침 뱉는 듯한 소리, 강력한 짝짓기 소리, 고통에 울부짖는 소리

등이 포함된다.

하지만 이런 발성 분류는 사실 쉬운 일이 아니다. 고양이마다 발성 방식이 다른 데다, 한 고양이가 내는 소리도 상황에 따라 수없이 다양하기 때문이다. 이와 관련해 묄크는 "집고양이에게는 사람과 달리 정해진 언어 모델도 없고, 반드시 따라야 하는 발음 규칙도 없다"라고 우아하게 표현하기도 했다. 묄크의 연구는 이후 고양이 발성 분석의 기초로 사용됐다. 연구자 중 일부는 묄크가 사용한 음성학적 기준을 사용해 고양이의 발성을 분류하려고 했고, 다른 이들은 음향적 특성과 행동적 맥락에 더 집중했다.

고양이는 매우 다양한 소리를 낼 수 있지만, 자기들끼리 상호작용할 때는 보통 세 경우에만 소리를 낸다. 짝짓기할 상대를 찾을 때, 싸울 때, 어미와 새끼가 의사소통을 할 때다. 밤에 들을 수 있는 시끄러운 고양이 소리는 일반적으로 첫 번째와 두 번째 범주에 속한다. 소름 끼치는 이 새된 울음소리들은 듣는 이로 하여금 밖으로 뛰어나가 그 출처를 확인해보거나 귀를 틀어막게 만든다. 인간과 소통할 방법을 찾는 과정에서 고양이들은 어미와 새끼 간의 의사소통 소리처럼 부드러운 소리가 사람의 마음을 가장 잘 사로잡는다는 사실을 영리하게 알아낸 것 같다.

갓 태어난 새끼고양이는 가르랑거리고 침을 뱉는 소리와 함께 몇 가지 단순한 '뮤mew' 소리를 낸다. 적어도 우리한테는 이 소리가 매우 단순하게 들린다. 하지만 사람의 귀에 단순히 끽끽거리는 것으로만 들리는 새끼고양이의 울음소리는 사실 매우 다양한 소리로 구성되어 있다. 새끼고양이는 배가 고플 때 우는 것 외에도 불안한 이유에 따라 음색, 길이, 음량이 제각각 다른 조난 신호음을 낸다.[5] 추위에 떨 때 가장 높은 소리를 내며, 집에서 나와 길을 잃었을 때 가장 큰 소리를 낸다. 가장 긴급하고 끈질긴 울음소리는 어떤 식으로든 갇혔을 때 내는 소리다. 이는 어미가 젖을 물리기 위해 옆으로 누워 있다가 실수로 새끼고양이를 몸으로 눌렀을 때 들을 수 있다. 울음소리의 유형에 따라 어미고양이는 잃어버린 새끼고양이를 찾거나 자세를 약간 바꾸는 것으로 반응한다.

비프케 코너딩과 공동 연구자들은 새끼고양이가 내는 두 유형의 울음소리를 녹음해 수컷과 암컷 성묘에게 들려준 뒤 그들의 반응을 면밀히 조사했다.[6] 첫 번째 유형은 '낮은 각성' 상황, 즉 새끼고양이가 집에서 벗어나 어미와 공간적으로 분리된 상황에서 내는 울음소리였고, 두 번째 유형은 '높은 각성' 상황, 즉 새끼고양이가 어미로부터 분리되었을 뿐만 아니라 실험자가 새끼고양이를 안고 있는 상황(새끼고양이가 실험자에게 잡혀 행동에 제약을 받고 있는 상황)에서 녹음한 울음소리였다. 울음소리를 들은 암컷 성묘는 덜 긴급한(집에서 벗어난) 새끼고양이 울음소리보다 더 긴급한(잡힌) 새끼고양이의 울음소리가 나는 스피커에 빨리 반응해 몸을 그쪽으로 움직였다. 이는 암컷 성묘가 이 두 가지 울음소리를 구별한다는 뜻이다. 이런 반응은 그 암컷 성묘가 새끼고양이를 직접 키운 적이 있는지의 여부와 관계없이 나타났다.

반면 수컷 성묘는 새끼고양이 울음소리에 반응하긴 했지만, 두 가지 울음소리에 각각 다른 반응을 보이지는 않았다. 따라서 수컷 성묘는 새끼고양이의 조난 신호를 잘 식별하지 못한다고 볼 수 있다. 관련 연구에 따르면 새끼고양이마다 고유한 버전의 울음소리가 발달하며,[7] 나이가 들어도 이 울음소리는 일정하게 유지되는 것으로 나타났다.[8] 어미고양이가 울음소리만으로 자신의 새끼를 식별할 수 있는지는 아직 밝혀지지 않았다.

한편, 어미고양이는 새끼고양이와 상호작용할 때 매우 특별한 유형의 울음소리를 사용한다. 흔히 '쯧쯧'으로 묘사되는 이 부드러운 소리는 '우르르르' 소리와도 비슷하다. 묄크는 음성학적으로 이 소리를 'mhrn(비둘기가 내는 '꾸꾸르르르' 소리의 떨리는 부분인 '르르르' 부분과 비슷하다)'라고 표기하기도 했다. 19세기 작가 라프카디오 헌이 "부드럽고 경쾌한 울음소리, 순수한 애무 소리"라고 묘사했을 정도로 섬세하고 쾌활한 소리다.[9]

사람에게는 어미고양이가 내는 이 소리가 모두 거의 똑같이

들린다. 하지만 새끼고양이는 생후 4주만 되어도 어미가 내는 '쭛쭛' 소리를 구별할 수 있다. 또한 자기 어미의 야옹 소리뿐만 아니라 다른 어미고양이들의 '쭛쭛' 소리와 야옹 소리도 구분한다. 이 사실은 연구진이 생후 4주 된 새끼고양이들이 자기 어미와 다른 어미고양이들의 소리에 어떻게 반응하는지 녹화하면서 밝혀졌다.[10] 실험자들은 먼저 어미고양이의 발성을 녹음한 뒤, 어미가 방에 없는 상태에서 새끼고양이들에게 그 소리를 들려줬다. 새끼고양이들은 어미의 야옹 소리와 새끼를 반기는 '쭛쭛' 소리, 그리고 다른 어미의 야옹 소리와 '쭛쭛' 소리를 들었다. 이 낯선 어미고양이는 실험 대상 새끼고양이들처럼 생후 4주 된 새끼들의 어미였다.

관찰 결과, 새끼고양이들은 야옹 소리보다 '쭛쭛' 소리에 더 기민하게 반응하는 것을 확인했다. 또한 다른 어미고양이들에 비해 자기 어미의 '쭛쭛' 소리를 들었을 때 더 빨리 스피커에 접근해 훨씬 더 오래 그 주변에 머물렀으며, 집중 상태도 오랫동안 유지했다. 이는 새끼고양이가 이제 막 움직이며 세상을 탐색하기 시작한 시기임에도 불구하고 인지 수준이 상당히 높다는 것을 뜻한다. 어쩌면 야생에서 어미고양이가 사냥을 하러 나갈 때 어미에 의해 숨겨진 새끼고양이들이 살아남기 위해 적응한 결과일 수 있다. 어미가 돌아왔을 때 안심하라며 내는 '쭛쭛' 소리는 새끼고양이들에게 밖으로 나와도 안전하다는 것을 알리는 신호다.

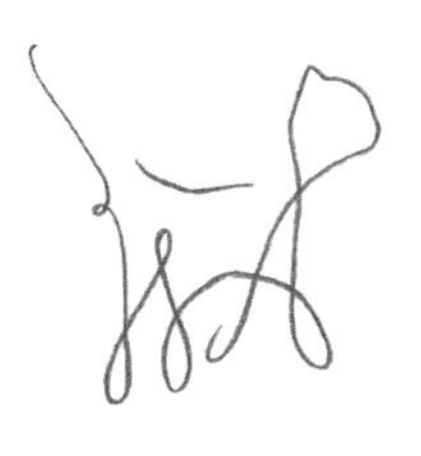

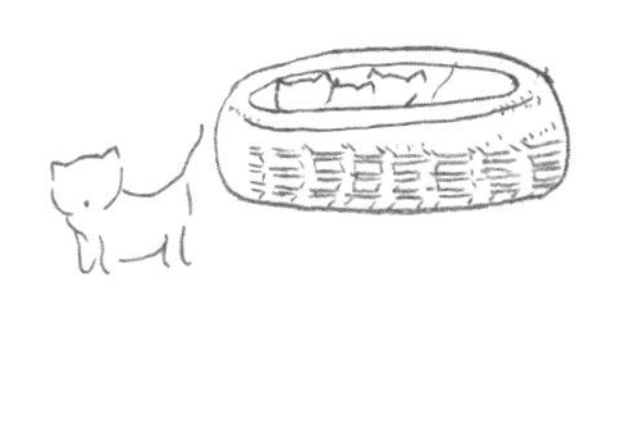

새끼고양이가 성묘로 성장하고 성대가 발달함에 따라 미세한 '뮤' 소리는 우리가 '야옹'이라고 묘사하는 정교한 소리로 변화한다. 나는 병원과 농장에 있는 성묘들을 연구하다가 이들이 서로에게 야옹 소리를 내지 않는다는 것을 처음 발견했다. 이는 1772년에 갈리아니가 기록한 내용과 일치했다. 고양이들은 서로에게 가끔 하악질을 하거나 조용히 가르랑대기는 했지만 그 외의 다른 소리는 내지 않았다. 연구 끝에 성묘들이 내는 전형적인 야옹 소리는 고양이와 사람 사이의 상호작용을 위해서만 거의 독점적으로 사용된다는 사실이 확인됐다. 안락한 인간의 집이 아닌 야생에 사는 새끼고양이는 자라면서 점차 '뮤' 소리를 내지 않게 된다. 하지만 집고양이는 인간을 향해 점점 더 많이 야옹거린다. 집고양이는 야옹 소리를 낼 때 가끔 가르랑대거나 '우르르' 소리를 같이 내기도 한다. 사람과 마찬가지로 어떤 고양이는 다른 고양이보다 더 수다스럽다. 어떤 순종들, 그중에서도 특히 버미즈나 샴처럼 동양에서 유래된 고양이들은 매우 수다스럽기로 유명하다. 그렇긴 해도 집에서 흔히 키우는, 종이 섞인 고양이 대부분도 주인에게 뭔가를 바라며 하루 종일 야옹거리기만 한다.

그렇다면 고양이는 왜 우리에게 야옹거리는 걸까? 고양이들은 인간과 1만 년이라는 긴 세월을 함께하면서 인간이 냄새, 꼬리나 귀의 움직임으로 발하는 미묘한 신호들, 즉 고양이의 언어를 잘 이해하지 못한다는 것을 알게 된 모양이다. 고양이들은 사람의 주의를 끌기 위해서는 소리를 내야 한다는 것을, 그것도 많이 내야 한다는 것을 알게 되었다. 적응력이 뛰어난 고양이에게 새끼고양이 시절 어미의 관심을 끌기 위해 냈던 발성을 사용하는 것보다 더 효과적인 방법은 없었을 테다.

야옹 소리는 정확히 무엇일까? 이 의문에 답하기는 쉽지 않다. 누구에게 물어보느냐에 따라 답이 달라질 수 있기 때문이다. 코넬 대학교의 니컬러스 니카스트로는 야옹 소리의 의미를 광범위하게 연구해 다음과 같은 설명을 제시했다. 전문 용어로 가득 찬 이 설명은 야옹 소리의 음향학적 특성에 집중하고 있다.

> 하나 이상의 음조 에너지 대역이 성도聲道의 공명 특성에 의해 강화돼 발생하는 준주기적(거의 주기적인) 소리. 지속 시간은 1초 미만인 경우도 있고, 몇 초에 이르는 경우도 있다. 시간에 따른 소리의 높낮이 변화는 일반적으로 아치형 패턴을 보인다. 이는 공명에 의해 주파수 대역이 변화한 소리로, 이중모음과 소리 특성이 비슷하다… 대부분의 경우 이 울음소리에는 음조가 분명하지 않은 소리들과 일종의 장식음('우르르르' 또

> 는 '으르렁' 같은 소리)이 동반되는데, 이는 이 유형에 속하는 울음소리 각각을 지각적으로 구분하기 위해서다.[11]

이 설명보다 훨씬 간단한 음성학적 설명도 있다. 스웨덴 룬드 대학교의 주잔네 쇠츠와 공동 연구자들이 '야옹 프로젝트Meowsic project'를 진행한 뒤 제시한 다음과 같은 설명이다. "(야옹 소리는) 입을 벌렸다 다물면서 내는 유성음으로, 두 개 이상의 모음 소리(예를 들어 앞에 'm'이나 'w' 소리가 먼저 나온 뒤 그 소리와 결합하는 '에오eo'나 '이아우iau' 소리)를 포함한다."[12]

'어반 딕셔너리'🐾의 정의는 훨씬 간결하면서도 핵심을 정확하게 짚는다. "야옹은 고양이가 내는 소리다. 또한 인간이 고양이 흉내를 낼 때 내는 소리이기도 하다."[13]

사람의 귀에 야옹 소리는 친근한 소리, 무언가를 요구하는 소리, 슬픈 소리, 단호한 소리, 설득하려는 소리, 끈질긴 소리, 불평하는 소리, 사랑스러운 소리, 짜증스러운 소리 등으로 들릴 수 있다. 일부 연구자는 현재까지도 야옹 소리를 세분화하기 위한 시도를 이어오고 있지만, 고양이가 내는 다른 소리들처럼 야옹 소리도 고양이에 따라 크게 다르며, 심지어 같은 고양이라도 시간에 따라 다른 야옹 소리를 내기 때문에 어려움을 겪고 있다. 하지만 이런 변동성에도 불구하고 거의 모든 인간 언어에는 야

🐾 영어권의 각종 속어에 대해 설명해주는 사이트.

옹 소리를 나타내는 단어들이 존재하는 듯하다. 예를 들어 덴마크어에서는 '므야우mjav', 일본어에서는 '냐nya'라고 표현한다.

우리가 어떻게 말하고 철자를 쓰든 고양이가 야옹 소리를 내는 것만은 확실하다. 야옹 소리는 인간의 아기가 우는 소리와 비슷하게 들리기도 한다. 두 소리 모두 후두에서 성대의 진동에 의해 발생하며, 특히 기본 주파수, 즉 초당 발생하는 소리의 진동수가 서로 놀라울 정도로 비슷하다. 듣는 사람은 이 주파수를 소리의 높낮이로 인지한다. 주파수가 높을수록 소리도 높다. 다양한 연구에 따르면 건강한 아기의 울음소리는 평균 400~600Hz의 주파수를 가지며, 울음소리가 계속될 때 이 주파수는 하강하는 패턴 또는 상승-하강하는 패턴을 갖는 것으로 나타났다.[14] 성체 반려묘의 울음소리는 매우 다양하지만, 니카스트로에 따르면 평균 609Hz의 주파수를 가진다. 쇠츠를 비롯한 몇몇 연구자도 비슷한 수치를 제시했다.[15]

고양이의 야옹 소리와 아기 울음소리의 음높이는 거의 같으며, 둘 다 무시하기 힘들다는 공통점이 있다. 많은 연구를 통해 아기의 울음소리는 성인에게 경계심과 고통을 유발하는 것으로 나타났다. 실제로 토론토 대학교의 요안나 듀덱과 공동 연구자들은 아기의 울음소리를 들으면 다른 작업을 수행하는 능력에 영향을 받는다는 사실을 입증했다.[16] 고양이의 야옹 소리도 같은 효과가 있는지 실험한 사람은 아직 없지만, 아기 울음소리와의 청각적 유사성과 고양이가 지닌 창의적인 능력을 고려할 때 야옹 소리도 상당히 주의를 분산시킬 것이라고 추정할 수 있다.

고양이를 무시하기 힘든 이유가 바로 여기에 있는 것일까? 고양이는 아기처럼 우리의 뇌를 자극해 긴급한 요구에 반응하게 만드는 것일까?[17] 그럴 수도 있겠지만, 고양이에게 그런 특별한 의도가 있지는 않은 것 같다. 어쩌면 인간은 고양이를 집에 들이는 과정에서 가장 설득력 있는 야옹 소리를 내는 고양이, 즉 아기의 울음소리와 가장 비슷한 야옹 소리를 내는 고양이를 저도 모르게 선택했는지도 모른다.

나카스트로의 연구에 따르면 사람들은 집고양이의 야옹 소리가 아프리카들고양이(집고양이의 조상)의 야옹 소리보다 훨씬 더 듣기 좋다고 생각한다.[18] 이는 아프리카들고양이는 울음소리의 평균 주파수가 255Hz인 데 비해 집고양이 울음소리의 평균 주파수는 609Hz로 그보다 훨씬 높다는 사실과 관련 있어 보인다. 페럴 캣과 집고양이의 울음소리를 비교한 또 다른 연구에 따르면 페럴 캣이 내는 울음소리의 평균 음높이도 집고양이가 내는 울음소리의 평균 음높이보다 훨씬 낮다.[19] 니카스트로의 연구에서 페럴 캣의 야옹 소리는 아프리카들고양이의 야옹 소리와 더 많이 비슷한 것으로 나타났다. 이 연구 결과들은 인간과 어울린 경험이 집고양이의 야옹 소리를 어떤 식으로든 변화시켰음을 알려준다.

재미있는 사실은 인간의 보살핌을 받기 시작했을 때는 야옹 소리를 거의 내지 않던 페럴 캣들이 구조 대원들과 지내는 시간이 길어질수록 점점 더 많이 야옹거린다는 것이다. 내가 농장에서 관찰했던 페럴 캣 중 일부도 내가 농장을 나서기 직전에 먹이를 줄 때만 아주 잠깐 옆으로 오곤 했지만 시간이 지나면서 조금씩 야옹 소리를 내는 법을 배우기 시작했다. 고양이는 학습 속도가 매우 빠르다.

고양잇과 야생동물인 마게이는 다른 종을 조종하기 위해 발성을 매우 의도적으로 변형시킨 것으로 보인다. 이 사실은 파비아노 데 올리베이라 칼레이아와 공동 연구자들이 브라질 아마존 열대우림에서 수행한 연구에서 밝혀졌다.[20] 연구진은 이 지역의 다양한 야생 고양이 종에 대한 배경 정보를 얻기 위해 정글에 사는 현지인들을 인터뷰했는데, 이 인터뷰를 통해 퓨마, 재규어, 오셀롯이 아구티*나 새 같은 먹잇감이 내는 소리를 모방해 그들을 유인한다는 사실을 알아냈다.

얼룩무늬타마린**을 추적 연구하던 연구진은 어느 날 마게이 한 마리가 새끼 타마린의 울음소리를 흉내 내어 망을 보던 타마린의 관심을 끄는 장면을 목격했다. 당황한 타마린은 나무를 오르내리며 새끼가 어디에서 우는지 확인하려 했고, 같은 집단의 타마린들에게도 이를 알렸다. 마게이의 이런 전략은 칼레이아와 동료들이 관찰한 날에는 성공하지 못했다. 하지만 연구진은

* 몸길이가 평균 60센티미터인 설치류 동물.

** 타마린은 다람쥐 크기의 비단원숭이과 타마린속(Saguinus)에 속하는 신세계원숭이의 총칭이다.

마게이가 먹잇감이 내는 소리를 모방해 자신이 공격하기 쉬운 위치로 그들을 유인하는 전략을 쓴 것이라고 추정했다. 또한 마게이가 아마존 현지인들이 인터뷰에서 언급한 모든 먹잇감의 소리를 흉내 낼 수 있다는 것도 알게 됐다. 먹잇감의 새끼들이 내는 울음소리를 모방하는 전략은 매우 기발하다. 인간도 새끼의 울음소리에는 거의 확실하게 반응하기 때문이다.

야생동물은 대체로 매우 조용하다. 이는 생존에 필수적인 공포 반응이 내재되어 있기 때문이다. 짝을 유인하거나, 적을 퇴치하거나, 경보를 울리기 위해 소리가 필요할 때도 있지만, 대부분의 야생동물은 포식자에게 발각되지 않기 위해 냄새나 시각적 신호로 의사소통을 한다. 이는 집고양이의 조상인 아프리카들고양이에게도 적용되는 원리다. 아프리카들고양이도 먹잇감에 조용하게 접근해야 사냥과 포식의 가능성을 높일 수 있었다. 사실 소리를 내는 것은 인간처럼 쫓겨서 잡아먹힐 염려가 없거나 먹이를 얻기 위해 쫓아다닐 필요가 없는 종만 누릴 수 있는 사치다.

곁에 있을 때 좋은 반응을 보이고 인간을 덜 두려워하는 동물은 가축화 과정에서 어떤 이로움을 얻는다. 공포가 사그라든 동물은 조용했던 성향이 바뀌어, 새롭거나 달라진 환경에서 소리를 내는 일도 가능해진다. 다윈도 "가축화된 동물 중 일부는 가축화되기 전에 내지 않던 소리를 낸다"라고 지적한 바 있다. 개를 예로 들어보자. 개의 조상인 늑대는 새끼 때와 달리 자라면 잘 짖지 않아, 소리 전체에서 짖는 소리가 차지하는 비율이 약

2%로 떨어진다. 짖으면 원치 않는 관심을 끌거나 먹잇감이 도망갈 수 있음을 알기 때문이다. 하지만 도시의 주거 지역에 사는 사람이라면 누구나 알다시피, 개들은 커서도 아주 많이 짖는다. 드물게 성체 늑대가 짖는다면, 이유는 딱 둘밖에 없다. 영역을 지키거나 다른 늑대들에게 경보를 보내기 위해서다. 반면 개는 일반적으로 더 많이 짖을 뿐만 아니라 다양한 상황에서 짖는 소리를 통해 의사를 표현한다.[21]

무슨 말을 하는 걸까

> 왜 야옹거리냐면요… 배가 고파요… 밥그릇에 먹이가 있으면 좋겠어요… 당장 말이에요… 나가고 싶어요… 집에 가고 싶어요… 털을 빗겨주세요… 장난감 좀 소파 밑에서 빼줘요… 모래 좀 갈아줘요… 서랍 안에 장난감 쥐를 빠뜨렸어요… 꽃병은 내가 안 깼어요… 나무에서 나 좀 내려줘요… 옆집 개 좀 없애줘요… 안녕하세요… 안녕히 가세요.
>
> — 헨리 비어드

우리는 고양이의 야옹 소리를 듣는 것만으로 그들이 무엇을 원하는지 알 수 있을까? 많은 사람이 야옹 소리를 들으며 고양이의 말을 이해한다고 느낀다. 하지만 엄밀한 실험 결과가 보여주듯이 우리는 고양이의 의도를 살필 때 소리에만 의존하는 것 같지는 않다. 니컬러스 니카스트로는 먹이를 원할 때, 빗질에 짜증이 났을 때, 관심을 끌고 싶을 때, 밖으로 나가고 싶을 때, 차 안에서 스트레스를 받을 때 고양이가 내는 야옹 소리를 녹음한 뒤 그것을 사람들에게 들려줬다. 그 결과 사람들이 고양이가 각각의 야옹 소리를 낸 상황을 무작위적으로 알아맞혀야 했을 때보다는 잘 식별해냈지만, 시각적인 단서가 주어지지 않은 상황에서 울음소리만 들어서는 추측에 상당한 어려움을 느낀다는 사실을 발견했다.[22] 이러한 결론은 비슷한 후속 연구들에서도 도출됐다.

그 연구들의 결론에 따르면 고양이의 야옹 소리는 자신이 원하는 것이 무엇인지 구체적으로 전달하는 수단이 아니라, 인간의 관심을 끌어 무언가에 대한 자신의 욕구나 요구를 알리는 수단이다. 니카스트로에 따르면 고양이는 "행동을 구체적으로 지정하기 위해서가 아니라 이끌어내기 위해" 야옹 소리를 낸다. 즉 일단 야옹 소리를 내 주의를 끈 다음 시각적 또는 촉각적 신호를 보내 무엇이 당장 필요한지 알린다. 자신의 머리와 옆구리를 사람의 다리에 문지른 뒤 먹이를 보관해둔 찬장 문에 비비거나 앉아서 집 뒷문을 응시하는 것이다.

오랫동안 연구자들은 개가 짖는 소리에 대해서도 같은 생각을 해왔다. 하지만 그들은 결국 개가 짖는 소리는 상황에 따라 다른 음향을 가지고 있음을 알게 됐다.[23] 예를 들어 개가 초인종에 반응해 짖는 소리는 놀거나 혼자 있을 때 짖는 소리보다 더 거칠고, 낮고, 길고, 반복적이다.

그렇다면 고양이의 야옹 소리는 그저 주의를 끌기 위한 무의미한 소리일까? 끽끽거리며 새된 야옹 소리를 내는 새끼고양이와 마찬가지로 성묘도 자신만의 야옹 소리 레퍼토리를 가지고 있다. 사람들이 야옹 소리의 맥락을 구분하기 어려운 이유 중 하나다. 일부 연구자들은 이러한 다양함이 인간 언어와 방언의 다양함과 비슷할 수 있다고 생각했다.

니카스트로의 연구는 좀 더 깊이 파고들어 개가 짖는 소리의 경우처럼 야옹 소리 해석의 전체상도 그리 단순하지 않음을 알아냈다. 고양이와 함께 지낸 경험이 야옹 소리의 맥락을 파악하는 능력을 향상시킨다는 것이 드러났다. 이후 세라 엘리스와 공동 연구자들이 진행한 연구에서도 고양이 주인은 낯선 고양이의 야옹 소리를 들었을 때보다 자신이 키우는 고양이의 야옹 소리를 들었을 때 맥락을 더 잘 구별하는 것으로 나타났다.[24] 또 다른 연구에서는 여성이 남성에 비해 다양한 유형의 야옹 소리를 더 잘 식별하는 것으로 나타났는데, 이는 고양이에 대한 공감 수준에서 여성이 더 높은 점수를 받은 것과 관련이 있을 수 있다.[25]

대체적으로 볼 때 야옹 소리를 식별하는 것이 쉽지는 않지만, 불가능한 일은 아니라는 것이 공통된 의견이다. 시간이 지나면서 주인이 고양이가 내는 모든 소리에 귀를 기울이고 각각의 다양한 의미를 인식하게 되면 반려묘는 다양한 야옹 소리를 내는 법을 배우게 될 수 있다. 니카스트로는 이를 두 종의 구성원이 사회적 상호작용을 반복함으로써 서로의 행동을 점진적으로 형성하는 '개체발생적 의식화' 과정의 예로 들었다.

인간이 고양이와 함께하면서 야옹 소리를 해독하는 법을 배운다면, 야옹 소리에 실제로 정보가 포함되어 있다고 할 수 있을 것이다. 현재 여러 연구자가 많은 동물의 '언어' 발성이 몇몇 면에서 비슷하다는 데 동의한다. 타마스 파라고와 공동 연구자들은 인간이 개의 음성 표현을 들을 때, 타인의 발성을 듣고 감정을 평가할 때 선천적으로 활용하는 청각 법칙을 마찬가지로 활용한다는 것을 밝혀냈다.[26] 이 연구 결과는 1872년에 다윈이 제기한 주장과도 맞아떨어진다. "목소리의 높낮이가 특정한 감정 상태와 어느 정도 관련이 있다는 점은 매우 명확하다."[27] 따라서 감정적인 내용을 해석하는 일은 우리가 고양이를 포함한 다양한 종의 발성을 들을 때 자각하지 못하는 사이에 자연스럽게 행하는 행위일 수 있다.

오늘날 연구자들은 야옹 소리의 음향적 특성을 더 자세히 연구하고 있다. 한 연구에 따르면 즐거운 상황(간식을 받을 때)에서 녹음된 야옹 소리가 불쾌한 상황(캐리어에 갇혔을 때)에서 녹음된 야옹 소리보다 평균 음정이 더 높은 것으로 나타났다.[28] 주잔네 쇠츠와 공동 연구자들도 상황에 따라 야옹 소리가 미묘하게 다르며, 고양이의 기분이 야옹 소리를 내는 동안의 음조와 변화 패턴에 영향을 미친다는 사실을 발견했다.[29] 따라서 긍정적인 야옹 소리(사람들에게 인사를 건넬 때나 먹이를 요청할 때 내는

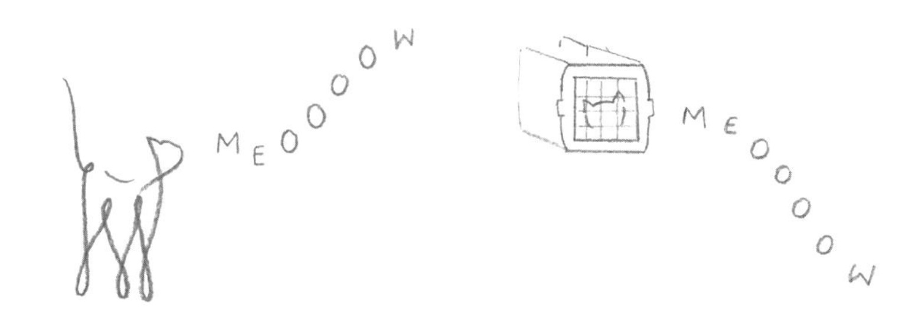

야옹 소리)는 음정이 점점 올라가다 끝에서 더 올라가는 반면, 기분이 안 좋거나 스트레스를 받을 때(캐리어로 운반될 때)의 야옹 소리는 음정이 점점 내려간다.

인간은 '먹이를 요청하는 상황'과 '관심을 요청하는 상황'처럼 서로 다른 상황에서 녹음된 두 가지 긍정적인 야옹 소리 사이의 미묘한 차이를 구분하는 데 어려움을 겪을 수 있다. 하지만 쇠츠의 또 다른 연구에 따르면, 긍정적이고 행복한 상황(먹이를 요청하거나 인사를 건네는 상황)과 부정적이고 슬픈 상황(동물병원에 있는 상황)에서 고양이가 내는 야옹 소리의 차이를 구분하라고 하자 사람들은 무작위적으로 추측할 때보다 훨씬 더 높은 수준의 구분 능력을 보였다. 또한 니카스트로의 이전 실험에서처럼, 고양이와 함께한 경험이 있는 사람이 그렇지 않은 사람에 비해 이 과제를 더 잘 해결했다.[30] 따라서 우리는 고양이의 야옹 소리들을 듣고 기본적인 감정 정보를 식별하는 법을 익힐 수 있는 것으로 보인다.

파스칼 벨린과 공동 연구자들은 고양이의 긍정적인 야옹 소리(먹이가 관련되었거나 우호적일 때의 야옹 소리)와 부정적인 야옹 소리(스트레스를 받을 때의 야옹 소리)에 대한 사람들의 인식을 연구하면서 재미있는 것을 발견했다. 연구진은 야옹 소리를 녹음한 음원을 사람들에게 들려주면서 기능적 자기공명영상을 이용해 듣는 사람의 뇌 활동을 측정했다. 그 결과, 듣는 사람이 야옹 소리가 긍정적인지 부정적인지 판단하지 못하는 경우에도 각각의 소리가 뇌에서 다르게 인식된다는 사실을 발견했다. 부정적인 발성은 이차 청각 피질 영역에서 더 큰 반응을 일으킨 반면, 긍정적인 발성은 측하 전두엽 피질의 일부에서 더 큰 반응을 보였다. 따라서 긍정적, 부정적 감정에 대한 이런 인식(엄밀하게 말하면 인식이 아닐 수도 있지만)은 뇌에서 실제로 일어나는 일과 의식적으로 행하는 행동 사이에 어떤 형태로든 내부적인 단절이 있음을 보여준다고 할 수 있다.[31]

사람들은 슬픈 발성에 특히 더 민감하게 반응하는 것 같다. 반려동물에 대한 사람들의 느낌을 연구한 광범위한 설문조사에 따르면 반려동물을 키우는 성인은 반려동물을 키우지 않는 성인보다 고통스러워하는 동물의 발성을 더 슬프게 느끼는 것으로 나타났다.[32] 특히 고양이 보호자는 괴로워하는 고양이의 발성에 민감하게 반응하는 것으로 나타났다. 고양이의 '슬픔'에 대한 이러한 민감성은 고양이의 소리를 더 잘 이해하기 위해 집사들이 치르는 대가일 수 있다. 이는 꼭 단점인 것만은 아니다. 고양이는 질병과 스트레스를 잘 숨기기로 악명 높기 때문에 고양이의 슬픔에 최대한 귀를 기울이는 것이 그들의 행복을 위해 매우 중요하다.

사람들이 흔히 슬프다고 느끼는 고양이의 특별한 발성이 있다. 바로 '소리 없는 야옹'이다. 이 발성은 매우 효과적이며, 폴 갈리코가 재미있고 매력적인 책 《멍청한 인간들과 공존하는 몇 가지 방법The Silent Miaow》[33]에서 다루기도 했다. 고양이는 최대한 인간의 심금을 울려야 하는 순간을 위해 '소리 없는 야옹'을 비축해두는 모양이다. 일단 사람의 시선을 끈 뒤 소리 없이 입만 뻐끔거리며 애원하는 눈빛을 보낸다. 갈리코는 이 책에서 고양이들에게 다음과 같은 장난기 어린 조언을 남겼다. "남용해서는 안 되며, 적절한 순간을 위해 아껴두어야 한다." 고양이는 이 부분에 있어서는 전문가다. 고양이는 '소리 없는 야옹'과 거의 같은 효과를 내는 다른 버전도 가지고 있다. 그것의 이름을 나는 '이렇게 희미하게 끼익거리는 소리밖에 못 내겠어요'라고 붙였다.

고양이에게 말 거는 법

> 그런데 고양이에게는 어떻게 말을 걸지?
> — T. S. 엘리엇, 〈고양이에게 말 걸기The Ad-dressing of Cats〉, 1939년

사람들은 말하는 것을 좋아한다. 고양이가 인간에게 야옹거리

기 위해 새끼고양이 시절의 울음소리를 얼마나 창의적으로 변형시켰는지 생각해보면, 고양이도 분명 말하기를 좋아한다고 할 수 있을 것이다. 사람들은 고양이와 대화하는 것도 좋아한다. 많은 집사가 마치 사람과 대화하듯 하루 종일 고양이와 대화를 나눈다. 한 설문조사에 따르면 집사 중 96%는 매일 고양이와 대화를 나눈다. 또한 응답자 대부분은 고양이에게 고민이나 중요한 사건에 대해 털어놓는다고 흔쾌히 인정했다.[34] 장기간 집을 비웠다 돌아온 집사들은 짧은 시간 집을 비웠다 돌아왔을 때에 비해 더 오랫동안 고양이와 대화를 나눈다.[35] 마치 사람을 대할 때처럼 말이다.

집고양이가 우리에게 말을 걸 때 야옹 소리를 더 달콤하고 높은 음조로 바꾸는 것처럼, 집사들도 고양이와 대화할 때 목소리 톤과 말투를 바꾼다. 응답자 대부분이 고양이에게 이야기할 때 그들을 마치 사람처럼, 특히 어린아이처럼 대한다고 답했다. 이는 우리가 어린아이와 대화할 때 쓰는 특별한 방식을 연상시킨다. '엄마 말투Motherese'로 알려진 이 방식은 주로 인간의 아기와 관련된 개념으로 연구되고 있다. 엄마 말투는 여러 언어와 문화권에서 볼 수 있고, 엄마뿐만 아니라 다른 남성과 여성 모두 사용한다. 엄마 말투는 일반적인 말보다 음정이 높고 음역대가 넓으며, 더 느리고 반복적인 경향이 있다.

또한 사람들은 아기에게 "안녕?"이라고 말할 때 "안녀어어어어엉?"이라고 모음을 길게 늘여 발음하기도 하며, 말 자체를 단순하고 과장되게 하기도 한다. 관련 연구에 따르면 사람들은 반려동물에게 말을 걸 때 모음을 길게 발음하지는 않아도 대체로 엄마 말투와 비슷한 말투를 사용한다.[36]

사람들이 아기와 고양이에게 이런 식으로 말한 지는 꽤 오래됐지만, 그 이유는 아직 밝혀지지 않았다. 1897년에 출간된 대담하고 흥미로운 책 《가축과 대화할 때 사용하는 언어The Language Used in Talking to Domestic Animals》[37]에서 H. 캐링턴 볼턴은 이런 말투를 매우 비판적으로 설명했다.

> 자신의 의사를 이해시키기 어렵다고 느끼는 사람들은 자신이 사용하는 언어를 동물의 언어 수준으로 낮추려고 한다. 이는 젊은 엄마들이 '베이비 토크Baby Talk'라고 알려진 우스꽝스러운 말투를 사용하는 것과 어느 정도 비슷하다. 왜 아기들과 가축이 일반적인 말소리보다 불분명한 말소리를 더 잘 이해한다고 생각하는지는 설명하기 힘들다. 하지만 "귀는 말의 리듬과 어조에 의해 진정된다"라는 자크베니뉴 보쉬에*의 말이 그 이유를 설명할지도 모른다.

보쉬에의 흥미로운 생각을 인용한 볼턴의 주장은 사실에 가까웠다. 한 연구에 따르면 아기들은 일반적으로 성인이 쓰는 말보

* 17세기 프랑스의 가톨릭 신학자.

다 베이비 토크를 선호한다.[38] 엄마 말투는 아기들이 특히 민감하게 반응하는 '행복한' 리듬과 어조로 이루어져 있다. 이는 아기의 언어 학습에 도움을 주며, 화자와 정서적 유대감을 형성하는 데에도 한몫할 수 있다. 어쩌면 우리는 고양이와 이런 방식으로 대화하면서 무의식적으로 그들을 아기처럼 대하고 있는 걸지도 모른다. 아니면 저도 모르게 비슷한 고음을 내며 고양이의 야옹 소리를 따라하고 있는 것일 수도 있다. 어떤 사람들은 여기서 한 걸음 더 나아가 눈앞의 고양이의 발성을 모방하기도 한다. 고양이와 활발하게 놀아주는 젊은 사람들이 주로 이런 행동을 한다.[39] 이는 고양이 주인에게서만 나타나는 특이한 행동으로, 다른 반려동물을 키우는 사람은 이런 행동을 잘 하지 않는다.

고양이가 엄마 말투 같은 것에서 무엇을 감지하는지는 확실하지 않지만, 적어도 이런 말투는 어느 정도 고양이의 주의를 끄는 듯하다. 언어를 연구하는 많은 학자가 이런 방식으로 발성을 바꾸는 것이 동물들에게 우리가 말을 걸고 있음을 인식시키는 데 도움을 준다고 생각한다.

집고양이가 다양한 말투에 어떤 반응을 보이는지 조사한 어느 소규모 연구는 그들이 의도적으로 자신을 겨냥한 말투와 성인들끼리 사용하는 평범한 말투의 차이를 구분해낸다는 사실을 밝혀냈다.[40] 하지만 화자가 자신의 주인일 때만 가능한 것으로, 낯선 사람이 말을 할 때는 두 유형을 구분하지 못했다. 이는 특히 낯선 사람에 대한 노출이 적은 실내 반려묘의 경우, 고양이와 주인이 의식적으로 점점 더 많이 의사소통하는 것이 중요하다는 사실을 다시 한번 드러낸다.

사실 고양이가 들을 수 있도록 우리가 음정을 조절할 필요는 없다. 고양이의 가청 범위는 포유류 중에서도 매우 높은 10.5옥타브에 이르며, 사람의 9.3옥타브에 비해 훨씬 높기 때문이다.[41] 고양이는 저음역대 소리는 인간과 비슷하게 들을 수 있지만, 고음역대는 인간을 훨씬 뛰어넘어 쥐 같은 먹잇감의 울음소리도 들을 수 있다. 게다가 귀를 180도까지 회전할 수 있기 때문에 소리가 나는 곳을 매우 정확하게 찾아낸다. 그러므로 고양이가 우리의 말을 무시할 때 변명의 여지는 없다.

고양이는 종종 우리가 부르는 소리를 듣지 못하는 것처럼 보인다. 하지만 자세히 살펴보면 실제로는 사람의 목소리를 매우 잘 알아듣는다는 것을 알 수 있다. 연구자들은 습관화/탈습관화 기법을 사용해 다양한 소리에 대한 고양이의 반응을 연구하고 있다. 사이토 아쓰코와 시노즈카 가즈타카는 여러 사람이 이름을 부를 때 고양이가 어떤 반응을 보이는지 관찰했다.[42] 일종의 청각 식별 퍼레이드 같은 이 실험에서 고양이들은 낯선 사람 세 명이 각각 30초 간격으로 자신의 이름을 부르고, 이어서 주인이 자신의 이름을 부르는 녹음을 들었다. 낯선 사람들은 모두 주인과 동성이었으며, 연구진은 이들에게 최대한 주인과 비슷한 방식으로 고양이의 이름을 불러 달라고 요청했다. 고양이가 그들의 목소리를 듣는 모습을 촬영한 동영상을 분석한 결과, 낯선 사람이 자신의 이름을 계속 부르면 반응이 점점 감소하는 것으로 나타났다(습관화). 하지만 주인이 부르는 소리를 들으면 다시 반응을 해(탈습관화) 이들이 주인의 목소리를 인식했다는 것이 드러났다. 고양이들은 호응하는 소리를 내거나 명백한 몸짓을 보이지는 않았지만, 주인의 목소리를 들었을 때는 귀나 머리를 미묘하게 움직이는 방식으로 반응했다.

이후 사이토와 공동 연구자들은 습관화/탈습관화 기법을 다시 사용해 고양이가 자신의 이름을 구조와 발음이 비슷한 네 가지 일반 명사와 구별할 수 있는지 테스트했다. 그 결과 연구자들은 일반 단어를 들을 때는 점차 주의를 잃던 고양이가 자신의 이름을 들으면 다시 반응을 보이는 것을 발견했다.[43] 고양이가 이렇게 자신의 이름을 식별한다는 것은 목소리 이해 능력을 얼마간 가지고 있음을 나타낸다. 일반적으로 이 능력은 사람의 말을 듣고 이해하고 기쁘게 해주려는 열의를 가진 개에게 있다고 여겨져왔다. 고양이의 특성으로 이런 열정은 거의 언급되지 않는다.

집사를 매료하는 목소리

고양이는 주로 야옹 소리를 통해 사람과 의사소통하지만, 몇 가지 다른 소리로 우리를 매료하기도 한다. 그중 하나가 '우르르르' 소리다. 어미고양이가 새끼고양이에게 내는 부드러운 울음소리를 연상시키는 이 소리는 고양이가 사람에게 인사할 때 자주 사용된다. 또한 한동안 보지 못한 주인에게 다가갈 때, 사람이 건네는 인사에 반응할 때도 이런 소리를 낸다. 고양이는 야옹 소리와 '우르르르' 소리를 결합해 매우 긴 소리를 내기도 한다. 폴 갈리코가 정확하게 관찰한 것처럼 이 소리는 행복을 느낄 때 내는 친근한 발성이다. 갈리코는 《멍청한 인간들과 공존하는 몇 가지 방법》에서 고양이들이 이 소리에 대해 이렇게 생각한다고 묘사했다. "왠지는 모르겠지만 사람들은 이 소리를 들으면 기분이 좋아지는 것 같아."

이 소리를 고양이가 창문이나 유리문 바깥의 손이 닿지 않는 새나 먹잇감을 볼 때 내는 독특한 채터링 소리와 혼동해서는 안 된다. 이빨을 맞댄 채 입을 옆으로 벌리고 빠르게 움직이면서 내는 이 '캭캭' 비슷한 소리에는 때때로 성대를 사용한 소리도 포함된다. 채터링 소리의 목적은 아직 미스터리로 남아 있는데, 일부 연구자는 고양이가 아마존에 사는 마게이처럼 새의 울음소리를 흉내 내 먹잇감의 관심을 끌려고 하는 것으로 추정하고 있다.

고양이가 내는 가장 매혹적인 소리는 아마도 가르랑거리는 소리일 것이다. 마크 트웨인은 "나는 고양이, 특히 고양이의 가르랑거리는 소리를 거부할 수 없다"라고 말하기도 했다. 고양이가 어떻게 이 소리를 내는지, 이 소리가 실제로 무엇을 의미하는지는 오랫동안 미스터리로 남아 있다. 초기 이론 중 하나는 혈액이 가슴의 정맥을 통해 흐르며 가르랑 소리를 낸다는 것이었다. 하지만 시간이 지나면서 연구자들은 이 소리가 목구멍에서 나온다는 사실을 알게 됐고, 현재 우리는 후두 근육에 신호를 보내는 뇌의 신경 발진기, 즉 '가르랑 센터'에 의해 제어된다는 것을 알고 있다.[44] 이 가르랑 센터는 고양이가 숨을 들이쉬고 내쉴 때 성대 사이의 공간인 성문을 빠르게 열고 닫음으로써 초당 25~150회의 속도로 진동을 일으킨다. 그 결과 거의 연속적으로 가르랑 소리가 나오는 것이다.

이 인상적인 소리는 집고양이뿐만 아니라 치타 같은 대형 야생동물 중 많은 동물이 낼 수 있다. 재미있는 사실은 고양잇과의 큰 종들 중 가르랑거리는 종은 포효할 수 없고, 포효하는 종, 예를 들어 사자 같은 종은 가르랑 소리를 낼 수 없다는 것이다. 이는 부분적으로는 성대 구조의 차이 때문인 것으로 보인다. 포효하는 고양잇과 동물의 성대는 포효하지 못하는 고양잇과 동물의 성대보다 훨씬 더 크고 살이 많기 때문이다. 집고양이들은 야옹 소리를 낼 때와 마찬가지로 가르랑 소리를 낼 때도 들숨과 날숨 단계에 따라 자기만의 개성적인 소리를 내는 것으로 보인다.

고양이가 왜 가르랑대는지는 아직 알 수 없다. 집고양이는 새끼고양이 시절부터 이 소리를 낼 수 있다. 그들은 어미고양이의 털 사이에서 형제자매와 함께 젖을 빨며 가르랑거리는 소리를 낸다. 나중에는 사람이나 다른 고양이와 친근하게 접촉할 때, 졸릴 때, 따뜻함과 아늑함을 느낄 때도 가르랑거리는 소리를 낸다. 한 연구에서 주인이 30분 동안 집을 비웠을 때와 4시간 동안 집을 비웠을 때 고양이가 보인 행동을 녹화했다. 그 결과 연구진은

주인이 오랫동안 집을 비웠다가 돌아왔을 때 고양이가 훨씬 더 많이 가르랑댄다는 사실을 발견했다.[45]

고양이와 관련된 이야기는 언제나 그렇듯이 그렇게 간단하지 않다. 집고양이는 사람의 무릎 위에서 편안하게 웅크리고 있을 때를 비롯한 수많은 상황에서 가르랑댄다. 한편 동물병원 방문과 같이 스트레스를 많이 받는 상황에서도 가르랑대곤 한다. 한 동물병원에서 실시한 설문조사에 따르면 고양이의 18%가 수의사에게 진찰을 받는 동안 가르랑대는 것으로 나타났다. 동물병원에 있는 것은 고양이에게 따뜻하고 아늑한 상황이 아닌 것이 분명하다. 일부 고양이는 고통스러울 때나 심지어 죽어갈 때에도 가르랑댄다. 그 이유에 대한 명확한 설명은 아직 제시되지 않았지만, 고양이가 가르랑 소리를 내는 것은 어떤 식으로든 자신을 진정시키기 위한 것일 가능성이 높다.

가르랑대기의 본래 목적이 무엇이든, 집고양이가 인간과 소통할 때 이 소리를 유리하게 활용하고 있는 것은 확실해 보인다. 일부 고양이의 가르랑거리는 소리에는 고음의 야옹 발성이 포함되어 있어 음악적인 느낌을 주기도 한다. 고양이는 배가 고파 주인에게 먹이를 달라고 요청할 때도 이런 소리를 내는 경향이 있다.

서섹스 대학교의 캐런 매콤과 공동 연구자들은 다양한 상황에서 녹음된 가르랑 소리의 음향적 특성을 분석해 '가르랑 소리에 내재된 메시지'를 찾아냈다.[46] 이 연구에서 사람들은 녹음된 가르랑 소리를 들을 때 일반적인 가르랑 소리와 야옹 소리가 포함된 가르랑 소리를 구분할 수 있었다. 야옹 소리가 포함된 가르랑 소리가 그렇지 않은 가르랑 소리보다 더 긴박한 상황이나 무언가를 요구하는 상황, 유쾌하지 않은 상황을 나타낸다는 것도 알 수 있었다. 가르랑 소리에 섞인 야옹 소리는 일반적인 야옹 소리처럼 아기의 울음소리와 청각적으로 비슷하다. 따라서 '먹이를 달라고 요구하는' 가르랑 소리를 무시하기란 쉬운 일이 아니다.

아직 할 말이 남았다옹

고양이들이 지금까지 해낸 일을 살펴보면 놀라지 않을 수 없다. 기회주의적인 집고양이는 새끼 시절의 울음소리를 조금 변형해 우리의 뇌를 자극하고 심금을 울리는 법을 배웠으며, 자신도 모르게(그렇지 않을 수도 있지만) 인간의 아이 흉내를 내고 있다. 이에 대한 반응으로 우리도 말투를 바꿔 마치 고양이가 아기인 것처럼 말을 건다. 우리는 고양이가 즐거운지 슬픈지 대략적으로는 알 수 있다. 그럼에도 대체로 고양이는 일단 야옹 소리를 내서 우리의 주의를 끈 다음, 몸짓으로 자신이 무엇에 대해 말하고 있는지 보여줘야 한다. 하지만 그들은 조금만 노력하면 우리를 훈련시켜 자신들을 더 잘 이해하게 만들 수 있다. 고양이들은 분명 드러나는 것에 비해 우리의 말을 훨씬 잘 이해하고 있고 우리의 끊임없는 대화 속에서 가장 중요한 단어(자신의 이름)를 알아들으면서 뭔가 좋은 일이 자신에게 일어날 거라고 기대한다.

그게 다일까? 고양이와 인간의 음성 의사소통은 이제 발전할 만큼 발전했을까? 아니면 여전히 진화하고 있을까? 진화론적으로 볼 때, 고양이와 인간이 서로 교감하기 시작한 지 불과 1만 년밖에 되지 않았다. 여기에 고양이가 선천적으로 단독생활을 하는 종이며 목소리를 사용하는 데 익숙하지 않다는 사실을 더하면, 우리가 음성으로 고양이와 의사소통할 수 있다는 것은 기적과도 같은 일이다. 고양이는 아직 할 말이 너무 많기 때문에 앞으로도 계속 우리에게 말을 걸 것이다.

검은색과 흰색 털이 섞인 작은 고양이 한 마리가 헛간 문밖에서 나를 기다리고 있었다. 이 고양이는 학교 운동장에서 구조된 지 약 1년이 지나면서 살이 많이 찌고 털도 두꺼워져 건강하고 깨끗해진 상태였다. 히싱 시드라는 이름의 이 고양이는 중성화 수술 전후의 사진이 고양이 잡지에 실리면서 중성화 수술의 장점을 홍보하는 일종의 '홍보대사'가 됐다. 나는 녀석과 눈을

마주치지 않기 위해 조용히 헛간 문을 열고 고양이들의 저녁을 준비하기 시작했다. 그때 히싱 시드가 내 발 앞에 앉았다.

히싱 시드는 우렁찬 모터보트 엔진 소리를 내고 있었다. 내가 말을 걸자 그는 나지막한 야옹 소리를 내며 인사를 건넸다. 마침내 나와 대화하는 기술을 배운 것 같았다. 적어도 저녁 식사 시간에는 그래 보였다. 흥분한 나는 히싱 시드를 보면서 허리를 숙이고 부드럽게 손을 내밀어 냄새를 맡을 수 있도록 했다. 하지만 히싱 시드는 냄새를 맡으려다 갑자기 하악질을 하기 시작했다. 오래된 습관은 고치기 힘든 모양이다.

4장
수다스러운 꼬리와 표정이 풍부한 귀

꼬리의 언어는 고양이의 감정을 그대로 드러내기 때문에 잘못 해석하는 것이 불가능하다.
— 알퐁스 그리말디, 1895년

병원 고양이들이 점심을 먹는 정오 무렵이었다. 주방으로 통하는 경사로 위쪽 문이 열리자 남은 음식이 담긴 쟁반이 미끄러져 내려왔다. 그날 메뉴는 스크램블드에그였다. 병원에 사는 큰 수컷 고양이 프랭크는 아침 산책을 마치고 오는 길이었고, 암컷 고양이 중 한 마리인 베티가 프랭크에게 빠르게 다가갔다. 베티는 프랭크에게 다가가면서 꼬리를 높이 치켜세웠다. 나는 관찰노트에 '꼬리 치켜세우기'라고 적었다.

그날 오후 병원 정원을 산책하면서 다른 고양이들(관찰 그룹에 속하지 않은 고양이들)의 위치를 파악하고 있을 때, 사근사근한 플로가 내게 다가왔다. 인사를 건네려고 허리를 굽히는 순간, 나는 내 발목에 몸을 부비고 있는 플로의 꼬리도 위로 곧게 치켜세워진 것을 발견했다.

고양이가 꼬리를 치켜세우는 모습을 포착한 것은 별로 대단한 발견은 아니었지만, 집으로 돌아가는 길에 곰곰이 생각해보니 의문이 생겼다. 플로는 왜 베티가 프랭크에게 그랬던 것처럼 나에게 꼬리를 치켜들었을까? 나를 몸집이 크고 다리가 두 개인 고양이로 생각했던 것일까? 그렇다면 우리는 동등한 존재였을까? 그전에 나는 새끼고양이들이 꼬리를 위로 쭉 뻗은 채 어미에게 달려가는 모습을 본 적 있었다. 플로는 나를 약간 이상하게 생긴 어미고양이라고 생각했을까? 고양이에게 꼬리 치켜세우기는 어떤 의미일까? 의도적인 신호일까, 아니면 우리가 불안할 때 입술을 깨물거나 기분이 좋을 때 미소를 짓는 것처럼 무의식적인 행동일까?

나는 꼬리 치켜세우기를 비롯한 고양이의 수많은 행동에 매료됐고, 근처 농장에 사는 페럴 캣 무리로 연구를 확장했다. 그리고 거의 1년 동안 두 집단을 관찰하고 그들의 행동을 기록하면서 고양이들의 상호작용에 대해 연구했다. 물론 꼬리 치켜세우기도 그 대상 중 하나였다.

동물 종들이 다양한 생태적 틈새에 서식하도록 진화함에 따라 꼬리는 다양한 모양과 스타일을 갖게 됐다. 그중에는 몸의 나머지 부분과 전혀 비례하지 않는 것처럼 보이는 거대한 꼬리, 잡는 꼬리,* 털로 뒤덮여 있는 가늘고 부드러운 꼬리, 흔적으로만 남은 꼬리 등 다양한 형태가 존재한다. 인간의 경우는 꼬리가 완전히 사라진 상태다.

꼬리의 기능도 모양과 스타일만큼 다양하게 진화했다. 물고기처럼 팔다리가 없는 생물에게 꼬리는 필수적인 이동 수단이다. 이동을 위한 다리가 생긴 후에도 많은 동물은 여전히 꼬리를 이용해 몸의 균형과 조화를 유지한다. 예를 들어, 다람쥐는 나무에서 나무로 점프할 때 푹신한 꼬리를 이용해 몸의 균형을 잡는다. 캥거루는 풀을 뜯거나 천천히 움직일 때 꼬리를 여분의 다리처럼 사용한다는 사실이 발견되기도 했다.[1]

일부 종의 꼬리는 주변의 물체들을 잡아 몸이 그 꼬리에 매달릴 수 있도록 진화했다. 멧밭쥐**는 꼬리를 이용해 풀 줄기를 기어오르며, 해마는 바닷속에서 헤엄치다 꼬리를 해초 줄기에 감고 휴식을 취한다. 원숭이는 새로운 먹이를 찾기 위해 나무에서 나무로 이동할 때 꼬리로 전체 체중을 지탱한다. 특히 잡는 꼬리는 신세계 영장류에서 크게 발달했다. 꼬리가 힘을 견디면서 유연해지기 위해서는 꼬리 안의 뼈와 근육의 구조가 상당히 큰 진화적 변화를 겪어야만 했다.[2]

많은 동물의 꼬리는 이동과 균형 유지를 넘어서 더 다양한 기

* 어떤 물건을 움켜쥐거나 붙잡기 위해 적응한 꼬리.
** 들쥐의 일종인 작은 쥐.

능을 하도록 진화했다. 예를 들어, 천산갑,* 고슴도치, 땅돼지, 도마뱀은 꼬리를 무기로 사용해 포식자에게 대항한다.

다른 동물의 먹이가 될 가능성이 높은 동물 중에는 포식자를 발견했을 때 꼬리를 사용해 신호를 보내는 경우도 있다. 이런 행동은 같은 종에 속하는 동물에게 포식자가 접근하고 있다고 경고하고, 포식자에게는 기습의 이점이 상실됐다는 것을 알리는 행동이다. 캘리포니아땅다람쥐는 뱀이 숨어 있는 것을 발견하면 꼬리를 흔들어 다른 다람쥐들에게 경고 신호를 보내는데, 이 행동은 뱀이 공격을 포기하고 숨어 있던 장소에서 떠나게 만든다.[3]

과학자들은 꼬리의 움직임이 동물의 감정을 드러낼 수 있다는 점에 특히 주목하고 있다. 이런 정보는 동물 복지를 개선하기 위한 다양한 연구의 기초가 되기도 했다. 개를 대상으로 한 연구에서는 꼬리 흔들기가 우리가 생각했던 것보다 훨씬 더 다양한 의미를 가진다는 사실이 밝혀졌다. 안젤로 콰란타와 공동 연구자들은 개 30마리에게 네 가지 다른 자극, 즉 주인, 낯선 사람, 낯선 고양이, 낯선 우두머리 개를 각각 제시한 다음, 그들이 각각의 자극에 반응해 꼬리를 흔드는 모습을 촬영했다. 그 결과 연구진은 개들이 주인을 보면서 기뻐하고 흥분했을 때 꼬리를 오른쪽으로 더 많이 흔든다는 것을 발견했다. 그보다는 정도가 약했지만 개들은 낯선 사람을 볼 때도 오른쪽으로 꼬리를 흔들었

* 유린목에 속하는 포유류의 총칭으로 머리와 다리, 꼬리 등이 경화된 큰 비늘에 덮여 있다.

다. 고양이를 볼 때는 꼬리의 흔들림이 훨씬 줄어들었지만, 여전히 주로 오른쪽으로 꼬리를 흔들었다. 하지만 낯선 개를 마주했을 때는 왼쪽으로 꼬리를 더 많이 흔들었다.[4]

꼬리 흔들기 동작에서 이런 오른쪽 또는 왼쪽 편향 패턴이 나타나는 것은 그 감정들이 각각 뇌의 다른 부분을 자극하기 때문인 것으로 보인다. 뇌의 왼쪽 부분이 활성화돼 꼬리가 오른쪽으로 흔들리는 것은 접근 유형 반응과 관련이 있다. 개가 주인이나 낯선 사람 또는 고양이를 볼 때는 뇌의 왼쪽 부분이 자극되는 것으로 추정된다. 하지만 낯선 개를 볼 때는 뇌의 오른쪽 부분이 활성화되고, 꼬리를 왼쪽으로 흔들면서 뒤로 물러나게 된다.

마르첼로 시니스칼키와 공동 연구자들은 개들이 이런 비대칭적 꼬리 흔들기를 인식하는지 알아내기 위해 실험 대상 개들에게 왼쪽 또는 오른쪽으로 꼬리를 흔드는 개들의 영상을 보여줬다. 그 결과, 왼쪽으로 꼬리를 흔드는 개의 영상을 본 실험 대상 개는 오른쪽으로 꼬리를 흔드는 개를 봤을 때에 비해 심장박동수가 높아지고, 스트레스 행동과 불안 행동을 많이 보인다는 것이 확인됐다.[5] 이는 개들이 후퇴 모드에 있는 다른 개의 꼬리 움직임을 인식할 수 있다는 뜻이다. 개들은 이런 유용한 능력을 이용해 위험할 수도 있는 상황을 피하는 것으로 보인다.

농장동물도 자신이 처한 상황과 감정에 따라 미묘하게 꼬리의 움직임을 변화시킨다. 예를 들어 소는 줄 지어 서 있을 때는 꼬리를 움직이지 않으며, 먹이를 먹을 때는 꼬리를 몸 쪽으로 흔들고, 브러시가 몸에 닿으면 꼬리를 격렬하게 흔드는 경향이 있다.[6] 돼지를 대상으로 한 관찰에서는 이보다 조금 더 놀라운 것이 발견되었다. 연구자들은 우리 안에서 말았던 꼬리를 풀거나 꼬리를 몸 안쪽으로 집어넣는 돼지가 많아지는 현상이 동족 간에 꼬리를 물어뜯는 살육전의 확실한 예고 지표라는 사실을 알아냈다.[7]

꼬리가 말하는 것들

품종에 따라 다르긴 하지만, 집고양이의 꼬리에는 자유자재로 움직이는 척추뼈가 최대 23개 있으며, 다양한 근육과 신경이 분포되어 있다. 이런 뼈와 근육, 신경의 조합 덕분에 고양이는 꼬리를 상하좌우 거의 모든 방향으로 움직일 수 있다. 고대 그리스인들은 고양이의 유연성에 주목해 고양이를 '아일루로스αἴλουρος'라고 불렀는데, 이는 '움직이는'이라는 뜻의 '아이올로스αἰόλος'와 '꼬리'라는 뜻의 '우라οὐρά'를 합쳐 만든 단어다. 현대의 집고양이는 인공번식의 결과로 길고 마른 꼬리부터 푹신한 털로 풍성하게 덮인 꼬리, 꼬불꼬불하게 꼬인 꼬리, 유난히 짧은 꼬리, 털이 짧고 곱슬곱슬한 꼬리까지 매우 다양한 꼬리 유형을 갖게 됐다.

고양잇과에 속하는 야생동물들은 친척인 집고양이처럼 다양한 형태의 꼬리를 가지지는 않지만, 기본적으로 몸의 구조가 유연하며 몸의 균형을 잡을 때 꼬리가 상당히 큰 역할을 한다. 치타가 빠른 포식자가 된 이유 중 하나는 꼬리를 이용해 빠르고 안정적으로 움직일 수 있다는 사실에 있다. 로봇을 개발하는 과학자들은 이런 치타의 기동성을 인위적으로 재현해 로봇 설계에 반영할 수 있다는 사실에 흥미를 느끼기도 했다. 아미르 파텔 박사는 치타의 꼬리가 상당히 두껍고 무거워 보이지만 실제로는 놀라울 정도로 가벼우며, 부피가 커 보이는 것은 많은 양의 털 때문이라는 사실을 발견했다. 파텔은 풍동* 실험실에 치타의 꼬리를 매달아 움직임을 관찰했는데, 그것이 동물이 움직일 때 방향을 바꾸고 안정시키는 공기역학적 특성을 가지고 있다는 사실을 발견했다.[8]

야생 고양이와 마찬가지로 집고양이도 균형을 잡을 때 꼬리의 도움을 받는다. 비록 아프리카 평원을 가로지르면서 영양을 추격하기 위해서가 아니라 좁은 정원 울타리 위나 집 안 선반을 따라 발끝으로 걷기 위해 사용되기는 하지만, 그럼에도 여전히 매우 정밀한 도구라고 할 수 있다.

고양잇과 동물은 피포식자 종보다는 포식자 종에 가깝다. 따라서 그들의 꼬리는 사냥을 당하는 동물의 것과는 기능이 매우 다르다. 표범, 사자, 집고양이는 몸을 구부린 자세로 먹잇감을 추격하면서 꼬리 끝을 좌우로 가볍게 흔든다. 연구자들은 이 꼬

* 고형의 물체 표면 또는 주변에 대한 공기 움직임의 효과를 연구하기 위한 도구.

리가 먹잇감의 주의를 포식동물의 얼굴, 특히 턱으로부터 분산시키는 일종의 '미끼' 역할을 한다고 추정한다. 물론 꼬리의 이런 움직임은 좌절감이나 먹이에 대한 기대를 반영하는 행동일 가능성도 있다.

꼬리를 이용하는 대형 고양잇과 동물에 대한 가장 혁신적인 기록은 1946년 E. W. 거저가 남겼다.[9] 거저의 이 논문은 1830년에서 1946년 사이에 브라질 남부의 강과 아마존 상류에 이르는 넓은 지역에서 원주민들과 탐험가들이 목격한 재규어의 생태를 다뤘다. 그에 따르면 재규어는 물고기를 잡기 위해 열매가 달린 나뭇가지가 강물 위에 늘어진 곳을 찾는다. 그런 다음 물에 잠긴 다른 나뭇가지나 통나무에 웅크리고 앉아 나뭇가지로 발을 쭉 뻗는다. 그러면 탐바키*를 비롯한 나무열매를 먹는 물고기들이 열매가 물에 떨어지는 소리를 듣고 물 밖으로 나오는데, 재규어는 이때 나오는 물고기들을 잡아먹는다. 재규어는 나뭇가지 위에 앉아 있는 동안 꼬리를 위아래로 움직여 꼬리 끝으로 강물의 표면을 가볍게 치는데, 이 행동은 나무열매가 물에 떨어질 때 나는 소리를 흉내 내기 위한 것이다. 물고기가 이 소리를 듣고 물 위로 올라오면 재규어는 잽싸게 그 물고기를 낚아챈다. 정말 기발한 전략이다.

고양이의 꼬리도 개의 꼬리처럼 감정을 표현하는 도구로 활

* 남아메리카에 서식하는 잡식성 어류의 총칭.

용된다. 집고양이는 마치 깃발로 신호를 보내는 것처럼 우아하게 꼬리를 움직여 자신의 다양한 감정을 표현한다. 19세기의 신학자이자 고양이 애호가였던 헨리 패리 리든은 고양이의 꼬리가 시시각각 변하는 고양이의 기분을 반영하는 "고양이미터 Catometer"라고 표현하기도 했다. 이 표현은 정확했다. 과학이 발전하고 고양이의 꼬리 신호를 잘못 읽어 고양이에게 손을 긁히는 경험이 축적되면서 우리는 고양이의 다양한 꼬리 움직임이 어떤 의미를 가지는지 알게 됐기 때문이다.

내가 가장 좋아하는 동작이자, 사람들에게 친숙하면서 가장 많이 연구된 꼬리 움직임이 있다. 바로 오래전 어느 날 베티가 프랭크에게 다가가면서, 그리고 학교 운동장에서 플로가 내게 다가오면서 보였던 꼬리 치켜세우기다. 고양이는 다른 고양이나 사람을 향해 다가가면서 꼬리를 세울 때는 꼬리를 부풀리지 않고 수직으로 세운다. 이때 꼬리 끝이 약간 말려서 공중에서 흔들릴 수도 있다. 가끔은 치켜세운 꼬리가 떨릴 때도 있는데, 이는 고양이가 수직 표면에 소변을 분사할 때 취하는 자세를 연상시킨다. 하지만 다행히도 고양이들은 이 두 상황을 혼동하지 않는다.

병원과 농장 고양이들을 장기간 관찰한 끝에 나는 고양이들이 꼬리를 사용해 의사소통하

는 방식을 대체적으로 파악하기 시작했다.[10] 서로에게 다가갈 때 꼬리를 치켜세우는 고양이들은 서로를 향해 공격성을 거의 나타내지 않았다. 반면, 꼬리를 내린 채 서로에게 접근하는 고양이들은 어떤 모습을 보일지 예측하기 힘들었다. 이런 경우에는 두 마리가 친근하게 서로의 냄새를 맡은 다음 함께 조용히 앉아 있는 경우도 있었고, 서로에게 적대적인 행동을 보이기도 했다. 따라서 나는 고양이가 꼬리를 치켜세우고 다른 고양이에게 접근하는 것은 상대에게 우호적으로 상호작용할 의사가 있음을 알리는 것이라고 생각하게 됐다.

고양이들은 다른 고양이가 꼬리를 치켜세우고 접근하면 자신도 꼬리를 치켜세우면서 화답하는 경우가 많았다. 이 경우 두 고양이는 머리나 몸을 서로에게 문지르는 등 친근한 행동을 보였다(그림 참조). 어떤 고양이는 다른 고양이가 꼬리를 치켜세우고 접근하는 것을 보고도 자신은 그럴 기분이 아닌지 상호작용을 하지 않기도 했다. 하지만 대부분의 경우 꼬리를 치켜세운 채 접근하는 고양이들은 서로에게 적대적인 행동을 할 가능성이 거의 없었다.

나의 초기 연구[11] 이후, 사우샘프턴 대학교의 샬럿 캐머런-보몬트가 간단하면서도 우아한 실험을 진행했다. 집고양이에게 다른 고양이의 실루엣을 보여주고 반응을 알아보는 실험이었다. 실험을 위해 꼬리를 수직으로 치켜세운 고양이와 아래쪽으로 늘어뜨린 고양이의 실루엣이 제시됐다. 집고양이들은 꼬리

꼬리를 치켜세우고 만나는 두 고양이의 전형적인 상호작용

1. 더스티가 군집의 핵심 영역으로 걸어 들어간다.

2. 페니가 꼬리를 치켜세우고 더스티에게 다가간다.

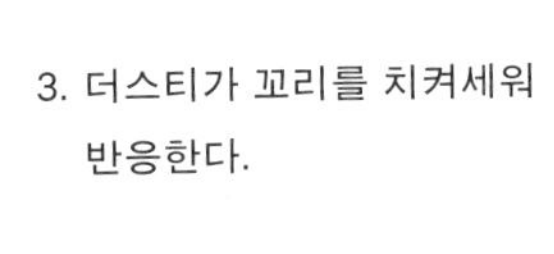

3. 더스티가 꼬리를 치켜세워 반응한다.

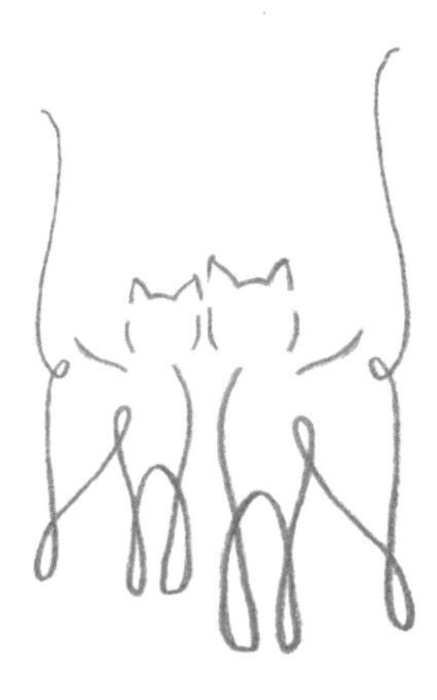

4. 더스티와 페니가 서로 머리를 부빈다.

를 아래로 늘어뜨린 고양이의 실루엣을 봤을 때에 비해 꼬리를 치켜세운 고양이의 실루엣을 봤을 때 실루엣에 더 빨리 다가갔다. 또한 꼬리를 치켜세운 고양이의 실루엣에 반응해 자신의 꼬리를 치켜세울 확률이 높았다. 꼬리를 아래로 늘어뜨린 고양이의 실루엣을 봤을 때는 꼬리를 휘두르거나 몸 쪽으로 밀어 넣는 행동을 보이기도 했다. 이는 그 실루엣에 짜증이 났거나 두려움을 느꼈음을 암시하는 행동이다. 이 연구는 고양이들이 치켜세운 꼬리를 우호적인 접근을 나타내는 신호로 받아들인다는 것을 확인시켜줬다고 할 수 있다.[12]

그 후 연구자들은 고양이 집단 내에서 꼬리 치켜세우기가 특정한 패턴을 따르는지, 즉 정확히 어떤 경우에 꼬리 치켜세우기 행동이 이뤄지는지 본격적으로 연구하기 시작했다. 이탈리아의 연구자 시모나 카파초와 에우제니아 나톨리는 로마에 사는 중성화된 고양이 집단을 대상으로 꼬리 치켜세우기 행동이 어떻게 이용되는지 연구했다. 연구진은 서로 다른 개체 쌍 간의 공격적인 만남의 결과에 따라 고양이들의 서열 순위를 매기고, 이를 꼬리 신호 사용 방식과 비교했다. 그 결과 서열이 낮은 고양이는 꼬리 치켜세우기를 많이 하는 반면, 서열이 높은 개체는 꼬리 치켜세우기를 적게 하는 경향이 있다는 것이 확인됐다.[13]

하지만 이는 단순히 하나의 경향일 뿐 절대적인 규칙은 아니다. 공격적인 만남을 기준으로 고양이의 순위를 매기는 것은 관계를 지나치게 단순화할 위험이 있기 때문이다. 특히 고양이들이 가능한 한 공격적인 만남을 피하는 경향이 있는 대규모 군집에서는 이런 위험성이 더 높아진다.

존 브래드쇼는 이 로마 고양이들에 대한 연구 결과를 다른 관점에서 살펴봤다. 그는 이 집단의 암컷들이 서열이 확실하게 정해졌음에도 불구하고 서로에게 꼬리를 치켜세우는 일이 거의 없다는 사실에 주목했다. 또한 그는 꼬리 치켜세우기가 대부분 암컷이 수컷에게, 어린 수컷이 성체 수컷에게 하는 행동이라는 관찰 결과에도 주목했다. 이런 분석을 통해 브래드쇼는 대체로 꼬리 치켜세우기는 나이가 어리거나 몸집이 작은 고양이가 나이가 많거나 몸집이 큰 고양이에게, 새끼가 어미에게, 새끼가 성체에게, 암컷이 수컷에게 보내는 우호적인 신호라는 결론을 내렸다.[14] 이런 각각의 범주에서 꼬리 치켜세우기가 어떤 방식으로 사용되는지는 분명하지 않다. 하지만 그 방식은 아마도 각 개체의 성격이나 두 고양이 사이의 특정한 과거 이력과 관련이 있는 것 같다.

야외에서 생활하는 모든 집고양이가 내가 관찰한 병원과 농장의 고양이들처럼 먹이가 충분한 곳에 사는 것은 아니다. 그리고 수백만 마리에 이르는 집고양이 중 일부는 사람의 집에서 다른 고양이들과 함께 지낸다. 이런 반려묘 중 일부는 평생을 실내에서 지내고, 일부는 실외를 자유롭게 돌아다닌다. 이로 인해 다양한 문제가 발생할 수 있다. 고양이는 밖에서 이웃 고양이와 의사소통해야 할 수도 있고, 집 안에서는 함께 사는 다른 고양이를 피하기 위해 고군분투해야 할 수도 있다. 게다가 이들은 사람도 상대해야 한다. 애지중지 키워지는 집고양이의 경우, 때로는 혼잡한 야외 서식지에 사는 페럴 캣만큼이나 명확한 의사소통이 필요하다.

대부분의 반려묘는 한두 마리의 다른 고양이와 함께 생활한다. 하지만 한집에서 함께 생활하는 열네 마리의 집고양이를 대상으로 삼은 연구도 있다. 이 집단은 일반적인 집고양이 집단보다 규모가 훨씬 컸을 뿐만 아니라 실내에만 갇혀 지내고 있었다. 하지만 공격성 수준은 예상보다 훨씬 낮았다. 야외 서식지에서 생활하는 고양이보다 50배나 높은 밀도에서 생활했음에도 불구하고 말이다. 관찰 결과, 꼬리 신호가 동족 간의 공격성을 낮추는 데 중요한 역할을 하는 것으로 나타났다. 페니 번스틴과 미키 스트랙은 이렇게 분석했다.

> 꼬리 신호는 각각의 개체가 어느 정도 상호작용이 가능한지, 어느 정도 공격적인지 드러내는 역할을 한다. 꼬리는 멀리서도 확인할 수 있기 때문에 다른 개체의 꼬리 신호를 보고 자신이 보일 반응을 미리 선택할 수 있다.[15]

병원 마당에서 내게 다가오던 플로의 모습에서 알 수 있듯이, 고양이는 사람과 상호작용할 때도 꼬리 치켜세우기 행동을 이용한다. 고양이는 다른 고양이에게 꼬리를 치켜세우는 것과 거의 동일한 방식으로 사람에게 신호를 보내며, 사람이 시야에 들어오자마자 꼬리를 치켜세운다. 꼬리 신호를 사용해 사람과 상호작용하는 것은 고양이에게도 유리하다. 사람은 고양이가 보내는 미묘한 냄새 신호는 잘 알아차리지 못하지만 꼬리 신호에는 쉽게 주목하기 때문이다. 또한 고양이는 관심을 더 확실하게 끌기 위해 희미하게 야옹 소리를 내거나 꼬리를 떨기도 한다. 반려묘는 먹이를 기다릴 때 꼬리를 치켜세우는 경우가 많다. 새끼가 어미에게 젖을 달라고 애걸하면서 꼬리를 치켜세울 때처럼 말이다.

하지만 고양이가 이런 경우에만 꼬리 치켜세우기 신호의 사용을 늘리는 것은 아니다. 박사 학위 과정에서 나는 고양이가 먹이와 관련되지 않은 상황에서 친숙한 사람과 상호작용할 때 꼬리 치켜세우기와 문지르기 행동을 어떻게 이용하는지 알아봤다(이 실험은 5장에서 자세히 다룰 것이다). 실험은 두 가지 조건에서 진행됐다. 한 실험에서 고양이는 자신과 어떤 식으로도 상호작용하지 않는 친숙한 사람이 서 있는 방에 들여보내졌다('접촉 없음' 조건). 다른 실험에서는 동일한 절차를 따르되, 사람이 1분에 20초 동안 고양이를 쓰다듬고 자유롭게 말을 걸었다('접촉' 조건). 그리고 고양이와 사람의 활동을 5분 동안 비디오로 촬영해 상호작용의 세부 사항을 기록했다. 그 결과 고양이들은 사람이 쓰다듬고 말을 걸었을 때보다 무시했을 때 훨씬 더 오래 꼬리를 치켜세우고 있는 것으로 나타났다. 이는 고양이가 사람과 상호작용할 때 꼬리를 치켜세우는 것을 중요하게 여긴다는 것을 의미한다. 아마도 고양이들은 교류 중에 자신의 우호적인 의도를 드러낼 필요성을 느끼는 것 같다.[16]

반려묘는 꼬리를 치켜세운 상태에서 몸을 문지르는 경향이 있다. 이들은 대체로 주인의 다리에 몸을 문지른 다음 꼬리를 다리 주위에 휘감는다. 친숙한 사람에게 꼬리를 치켜세우는 행동은 새끼고양이 때부터 인간에게 사회화된 고양이에게서 훨씬 더 자주 나타난다. 또한 부모로부터 과감한 성향을 물려받은 고양이들에게서도 많이 나타난다(이에 대해서는 7장에서 자세히 다룰 것이다).

꼬리를 치켜세우는 행동의 기원

꼬리를 치켜세우면서 보내는 인사 신호의 가장 흥미로운 측면은 이 신호가 고양잇과에 속하는 41개 종(야생종 40종과 집고양이 1종)을 통틀어 집고양이와 사자에 의해서만 이용되는 것으로 보인다는 점이다.[17] 다른 야생 고양잇과 종들은 이런 신호를 보내지 않는 것으로 관찰됐다. 이와 관련해서 조프루아고양이, 카라칼, 정글고양이, 아시아사막고양이 또는 인도사막고양이의 포획 개체군에 대한 비교 연구가 수행됐다.[18] 앞의 두 종은 고양잇과에 속하지만 집고양이와 완전히 다른 혈통이고, 뒤의 두 종은 고양잇과에 속하며 집고양이와 혈통도 매우 비슷하다. 이들은 집고양이와 비슷하게 행동함에도 불구하고 꼬리 치켜세우기 행동은 보이지 않는다. 집고양이의 조상 종인 아프리카들고양이도 새끼 때는 집고양이처럼 어미에게 꼬리를 치켜세우지만, 성체가 되어서는 이런 행동을 거의 보이지 않는다.

다른 거의 모든 고양이 종과 달리 왜 성체 집고양이만 꼬리를 치켜세우는 행동을 할까? 연구자들은 아프리카들고양이가 완벽하게 단독생활을 하는 종에서 오늘날의 가축화된 사교적인 고양이로 변화하는 과정에서 꼬리 치켜세우기 행동을 하게 됐을 가능성이 높다고 본다. 고양잇과 동물 중 유일하게 집단생활을 하는 동물인 사자도 꼬리 치켜세우기 행동을 한다. 이는 이 행동이 집고양이와 사자에게서 각각 독립적으로 진화한 사회적 신호이며, 가축화에 의한 것이 아니라 집단생활의 필요성에 의해 진화된 행동이라는 추정을 가능하게 한다.

아프리카들고양이는 다른 고양이들과의 관계에서 시각적 신호가 거의 필요하지 않았을 것이다. 짝짓기를 위한 만남이나 어미와 새끼 간의 상호작용을 제외하고는 대부분 후각으로 의사소통했을 것이기 때문이다. 아프리카들고양이에게는 다른 고양이들이 지나갈 때 감지할 수 있도록 오래 지속되는 냄새 신호를 남기는 것이 훨씬 더 안전하게 자신의 의사를 전달하는 방법이었을 것이다.

약 1만 년 전 야생 고양이들은 인류의 도움으로 더 큰 먹이 공급원 주변에 모여들기 시작했고, 이 과정에서 서로 충돌을 피할 방법을 찾아야 했다. 하지만 고양이는 경쟁 상대인 개보다 훨씬 더 큰 소통 문제를 안고 있었던 것으로 보인다. 논란의 여지가 있지만, 개는 고양이에 비해 우리의 삶에 훨씬 일찍, 아마 1만 5,000년에서 2만 5,000년 전에 들어온 것으로 보인다. 개는 무리 지어 살았던 조상 종인 늑대로부터 사회적 기술을 물려받았고, 완전히 발달된 신호 레퍼토리를 갖추고 있었다. 이런 늑대와 비교할 때 아프리카들고양이는 상대적으로 표현력이 부족했으며, 이들이 선호했던 후각적 의사소통 방식은 새로운 대면 상황에서 작동하기에는 너무 느렸다. 다른 고양이와 마주치는 빈도가 높아지면서 더 쉽고 빠르게 읽을 수 있는 신호를 개발해야 했다. 따라서 꼬리를 활용하는 것은 자연스러운 선택이었을 것이다.

그렇다면 꼬리 치켜세우기 신호는 실제로 어떻게 진화했을까?[19] 일부 과학자는 이 신호가 암컷 고양이가 짝짓기를 받아들일 때 하는 행동의 변형으로 진화했다고 주장한다. 요추전만이라는 이름으로 알려진 이 행동은 암컷 고양이가 두 앞발을 뻗어 상체를 바닥에 붙인 채 엉덩이를 들어 올리고, 꼬리를 한 쪽으로 살짝 치켜세움으로써 수컷 고양이의 노골적인 유혹을 받아들이는 행동이다. 시간이 지나면서 이 '프레젠테이션 의식'이 꼬리를 치켜세워 인사하는 행동으로 발전했을 가능성이 있다. 세렝게티 초원에서 서식

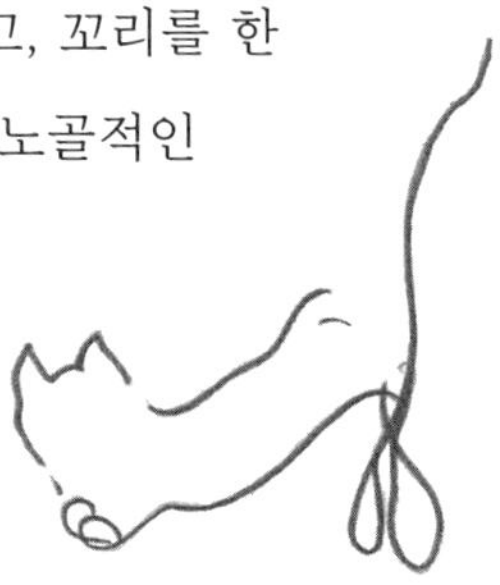

하는 사자를 연구한 조지 샬러는 암사자의 성적 표현과 이런 인사 행동의 유사성을 지적했다.[20] 그는 사자의 인사 패턴이 의식화된 형태의 성적 행동일 가능성이 있다고 결론지었다. 학자들 중에는 이런 성적인 행동이 암컷에게서만 확인되기 때문에 꼬리 치켜세우기 행동이 암수 모두의 인사 행동의 기원이 되기는 어렵다며 샬러의 이론에 의문을 제기하는 사람들도 있다.

꼬리 치켜세우기 행동은 신호와 전혀 관계없는 꼬리 움직임으로부터 진화한 것일 가능성도 있다. 표범, 몸집이 매우 작은 모래고양이, 아프리카들고양이, 집고양이 등 다양한 종류의 고양이잇과 동물은 자신의 영역을 표시하기 위해 오줌을 분사할 때 꼬리를 치켜세운다. 하지만 이들은 오줌 분사가 끝나는 즉시 꼬리를 내리며, (다행히도) 꼬리를 치켜세운 상태에서 오줌을 분사하며 걸어다니지 않는다. 그럼에도 일부 연구자는 꼬리 치켜세우기가 이런 식으로 시작돼 신호로 발전했을 수 있다고 주장한다. 눈표범은 이와 비슷한 방식으로 오줌을 분사하며 가까이 있는 물체에 머리를 문지를 때가 많은데, 이 두 가지 행동의 조합이 아프리카들고양이에게도 존재했고, 그 조합이 오늘날 집고양이에게서 볼 수 있는 행동, 즉 꼬리를 치켜세운 채 물체나 사람에게 머리를 문지르는 행동으로 진화했을 가능성도 있다. 정말 그럴지도 모른다.

하지만 가장 간단하고 논리적인 설명은 고양이가 새끼 시절에 효과가 있었던 행동을 성묘가 되어서도 계속한다는 사실이다. 새끼고양이는 어미에게 다가갈 때 본능적으로 꼬리를 치켜세우는 것으로 보인다. 이들은 꼬리를 깃대처럼 높이 치켜들고 어미에게 달려든 뒤 어미의 뺨 주변에 몸을 비빈다. 이 행동에 대한 보상으로 어미의 젖을 빨거나 어미가 주는 먹이를 먹을 수 있다. 이들은 먹이를 공유하는 성묘들에게 둘러싸여 있는 상황에서 꼬리를 계속 치켜세우는 것을 당연한 행동으로 생각하는 것 같으며, 다른 고양이들도 이 행동을 우호적인 신호이자 존중의 표시로 인식하는 것으로 보인다. 새끼고양이는 어미와 형제자매를 떠나 반려묘로 살면서도 본능적으로 사람에게 똑같은 행동을 한다.

이처럼 어릴 때의 행동이 성체가 되어서도 유지되는 현상을 유형성숙幼形成熟이라고 부른다. 이는 가축화된 종에서 자주 발생하는 현상으로, 대부분의 개가 성체가 되어서도 계속 놀기를 좋아하는 것을 예로 들 수 있다. 고양이의 경우 가르랑거리기, 발로 반죽하기('비스킷 만들기'라고도 한다) 등의 행동을 자라서도 계속한다. 이는 꼬리 치켜세우기 같은 사회적 신호는 아니지만, 고양이가 성체가 될 때까지 지속하는 일종의 안심 행동 또는 자기 위안 행동으로 보인다.

과학자들은 야생 고양이가 언제 꼬리 신호를 학습했는지, 다른 고양이나 사람과의 근접 의사소통에 동시에 적응한 것인지 의문을 품기 시작했지만 답을 찾기 어려웠다.

이런 변화는 매우 느리게 일어났을지도 모른다. 야생 고양이들은 절대적으로 필요한 경우가 아니면 서로에게 적극적으로 사회화되기를 선택하지 않았을 것이기 때문이다. 사우디아라비아 지역의 아프리카들고양이들은 야생으로 돌아간 집고양이들과 동일한 먹이 공급원 주변에 모여 산다.[21] 하지만 야생으로 돌아간 집고양이들, 즉 페럴 캣들과는 달리 아프리카들고양이들은 집단을 이루면서 사회화되는 모습이 관찰된 적이 없다. 아프리카들고양이들은 단순히 서로의 존재를 견디고 있는 것으로 보인다. 다른 많은 동물이 그렇듯, 혼자 생활하는 것을 선호하면서 말이다.

과거의 야생 고양이들은 서로를 피하거나 서로에게서 도망칠 수 없는 밀집생활을 강요당한 후에야 새로운 신호를 사용하기 시작했다. 고양이 연구자 패트릭 베이트슨과 데니스 터너는 이런 강제적 집단생활이 언제 처음 시작되었는지 탐구했다. 1장에서 설명한 것처럼 고대 이집트인들은 바스테트 같은 고양이 여신을 섬겼으며, 고양이를 해치거나 수출하는 것을 금지하는 법을 통과시킬 정도로 고양이를 숭배했다. 하지만 기이하게도 그들은 이와는 완벽하게 모순돼 보이는 일을 하기도 했다. 여신에게 제물로 바치기 위해 수천, 수만 마리의 고양이를 희생시킨 것이다. 해당 지역의 광대한 고양이 묘지에서 나온 증거에 따르면 그 불운한 고양이들은 신전에 공물로 바쳐지기 전 어린 나이에 목이 부러졌다. 베이트슨과 터너는 그 고양이들이 사육당하던 밀집 번식 집단에서 "꼬리 치켜세우기 신호가 빠르게 진화해 이

런 집단에서 흔히 볼 수 있었던 공격성을 억제했을 것"이라고 추측했다.[22]

고양이가 언제부터 사람을 향해 꼬리를 치켜세우기 시작했는지는 확실하지 않다. 키프로스의 인간 유골 옆에 묻힌 고양이 유골을 보면 고양이가 1만 년 전부터 사람 주위를 맴돌았던 것으로 보이지만, 실제로 그들이 반려동물로 살았는지는 확실하지 않다. 고대 이집트인들이 약 3,500년 전에 그린 무덤과 사원의 예술적인 고양이 벽화 외에는 그전에 인간이 고양이를 실제로 길렀던 흔적이 발견되지 않았다. 어쩌면 고양이와 고양이, 고양이와 인간의 관계에서 꼬리 치켜세우기 신호가 진화한 것은 바로 이 고대 이집트 시기였을지도 모른다.

머리부터 꼬리까지, 온몸으로 말해요

꼬리 치켜세우기가 언제 어떻게 시작되었든, 이 행동은 확실히 지금도 지속되고 있다. 고양이가 (진화적 관점에서) 비교적 최근에 길들여졌다는 점을 고려하면, 앞으로 시간이 지나면서 다른 고양이 그리고 사람과 소통하기 위해 더 많은 시각적 신호를 진화시킬 가능성도 있다. 한편, 고양이의 꼬리 움직임은 친근한 인사 신호 외에도 다양한 의미를 지닌다. 고양이는 종종 무뚝뚝하고 말이 없는 것으로 묘사되지만, 우리가 생각하는 것보다 훨씬 더 많은 것을 말하고 있다. 꼬리 움직임도 마찬가지다. 그동안 꼬리의 움직임을 해석하려는 많은 연구가 이뤄져 왔는데, 그중 일부는 약간 지나친 해석을 보여주기도 했다. 마빈 R. 클라크의 책 《고양이 그리고 고양이의 언어》에서 인용된 알퐁스 그리말디의 설명에는 고양이 꼬리의 예언적 특성에 대한 그의 다소 야심찬 생각이 담겨 있다. 그리말디는 “고양이 꼬리가 불 쪽을 향하고 있으면 비가 온다는 뜻이고, 문 쪽으로 향하고 있으면 주인이 우산 없이 쇼핑하러 갔을 수 있다는 뜻이다”라고 주장했다.[23]

실제로 고양이의 꼬리가 이런 예언을 하지는 않지만, 꼬리 치켜세우기로 신호를 보낼 때 말고도 고양이가 항상 꼬리를 움직이는 것은 사실이다. 그들은 꼬리를 씰룩거리고, 휘젓고, 몸 안쪽으로 집어넣고, 털을 부풀린다. 하지만 사람에게 보낸 신호는 대부분의 경우 별 소용이 없다. 사람들은 이런 움직임을 무시하거나 놓치기 때문이다. 그러면서도 고양이에게 다가가 상호작용하려는 욕구를 버리지 못한다. 따라서 고양이의 신호를 무시하다 손에 상처를 입는 결말은 당연하다. 고양이는 보통 꼬리 신호를 보낼 때 몸의 위치도 함께 바꾸기 때문에, 이런 꼬리 움직임은 다른 시각적 신호와 함께 발생하기도 한다. 고양이의 의도를 파악하는 데 특히 유용한 지표는 몸의 다른 쪽 끝인 귀에 있다.

고양이 표정 연구에서 흥미로운 진전은 얼굴에 있는 근육에 따라 얼굴의 움직임을 설명하는 방법을 개발했다는 것이다. 이는 인간을 위해 고안된 얼굴동작코딩시스템Facial Action Coding System, FACS에서 영감을 얻은 것이다.[24] 이 시스템은 다양한 영장류 그리고 개, 말을 포함한 여러 동물 종에 적용됐으며, 현재는 'CatFACS'라는 이름으로 고양이에게도 적용되고 있다.[25] 각각의 얼굴 동작에는 근육과 관련된 고유 코드가 부여되는데, 그중 일부는 인간과 고양이에서 거의 비슷하다. 예를 들어 '아랫입술 내림' 현상은 고양이와 사람 모두에게서 일어나며, 동일한 기저 근육에 의해 발생한다.

하지만 고양이의 귀 움직임에 관해서는 FACS를 참고할 수 없다. 인간은 귀 근육이 잘 발달되지 않아 귀를 움직이는 게 거의 불가능하기 때문이다. 반면 고양이는 귀에 복잡한 근육들이 많이 분포해 있어 귀를 매우 잘 움직일 수 있다. 실제로, CatFACS 시스템의 귀 움직임 목록에는 앞으로 구부리기, 몸 안쪽으로 구부리기, 평평하게 만들기, 회전시키기, 아래로 늘어뜨리기, 뒤로 구부리기, 귀 수축시키기 등의 움직임과, 이것들이 각각 다른 강도로 조합돼 만들어지는 여러 움직임이 포함돼 있다. 이런 세부적인 움직임들은 다양한 상황에 처한 고양이의 영상을 오랫동안 심층적으로 분석해 확인한 것이다. 하지만 이런 움직임들을 사람이 실시간으로 구분하기는 매우 어렵다. 깨어 있는 상태의 고양이는 다른 방향에서 들려오는 소리를 잘 포착하기 위해 귀를 끊임없이 씰룩거리고 약간씩 회전하기 때문이다. 게다가 고양이의 두 귀는 서로 독립적으로 움직일 수 있기 때문에 상황이 더 복잡해진다.

고양이의 귀는 단순히 소리에 반응하는 것뿐만 아니라 감정을 표현하기도 한다. 따라서 다른 고양이들과 의사소통할 때 유용한 수단이다. 이 점에서 고양이는 말이나 양, 개와 비슷하다. 이 동물들은 모두 상황이 긍정적인지, 부정적인지에 따라 귀를 다양하게 움직인다. 따라서 우리가 고양이의 다양한 귀 움직임에 대한 지식을 어느 정도 갖고 있다면 고양이가 어떤 감정을 느끼는지 파악할 수 있을 것이다.

의식이 명료한 상태에서 긴장을 풀고 있는 고양이의 귀는 쫑긋 세워진 상태로 앞을 향하는 중립적인 위치를 유지한다. 이런 모습은 고양이가 일상적인 활동을 할 때, 예를 들어 집 안이나 마당을 돌아다닐 때 주로 관찰된다. 이때 고양이가 걷고 있다면 꼬리는 대개 수평 방향으로 뻗어 있거나 바닥과 45도 각도를 유지한다. 앉아 있는 경우라면 꼬리를 느슨하게 몸 주위로 말고 있을 가능성이 높다. 이런 모습은 특정한 사람이나 사물과의 상호작용에 집중하지 않는 중립적인 상태를 의미한다고 할 수 있다.

때로는 고양이가 앉아서 무언가를 보고 있을 때 꼬리가 씰룩거릴 수도 있다. 이는 약간의 자극을 받고 있거나 즐거움 또는 흥분을 느낀다는 것을 뜻한다. 짜증을 내거나, 놀거나, 포식 행위를 하기 직전에 꼬리가 씰룩거리는 경우도 있다.

꼬리 씰룩거리기는 더 격렬한 동작인 꼬리 흔들기로 발전하기도 한다. 이는 먹잇감이나 장난감이 갑자기 고양이를 더 감질나게 할 때처럼 자신에게 가해지는 자극의 정도가 커지거나 짜증을 더 많이 느낄 때 일어나는 현상이다. 만약 무릎 위에 앉은 고양이를 쓰다듬을 때 꼬리가 씰룩거리다 갑자기 격렬하게 흔들리기 시작한다면 고양이가 과도한 자극을 받고 있다는 뜻이므로 당장 쓰다듬기를 멈춰야 한다. 그렇지 않으면 손을 물릴 수도 있다. 알퐁스 그리말디가 말했듯 "고양이 꼬리가 좌우로 격렬하게 움직이는 것은 죽기 아니면 살기로 싸우겠다는 뜻"이다. 이런 흥분 상태에서 고양이는 귀도 매우 활발하게 움직인다.

대부분의 고양이들은 때때로 대결을 해야 하는 상황에 놓인다. 다른 고양이와의 심각한 영역 다툼일 수도 있고, 예상치 못하게 출현한 개나 지나치게 열정적이어서 고양이를 놀라게 하는 사람과의 대결일 수도 있다. 이런 상황에서 체내 아드레날린이 급증하면 꼬리와 귀의 움직임이 평소와 크게 달라질 수 있다. 화가 난 상태에서 방어 행동 또는 공격 행동을 하는 고양이는 꼬리를 들어 올려 아치 형태, 즉 거꾸로 된 U자 모양으로 만든다. 꼬리털을 비롯한 몸의 털이 부풀어

오르기도 한다. 이때 고양이는 상대 고양이나 개에게 미치는 영향을 극대화하기 위해 몸의 옆면을 보이며 서 있기도 한다. 만약 어떤 행동을 할지 아직 결정을 내리지 못한 상태라면 고양이의 귀는 얼굴 뒤쪽으로 젖혀지지만 여전히 약간 곤두서 있게 된다. 이런 몸짓은 더 가까이 다가가면 공격할 가능성이 높다는 것을 암시하므로 고양이와 거리를 유지하는 것이 좋다. 희한하게도 새끼고양이는 같이 태어난 형제들과 어울려 놀 때도 이런 자세를 취하는데, 이를 '사이드 스텝'이라고 부른다.

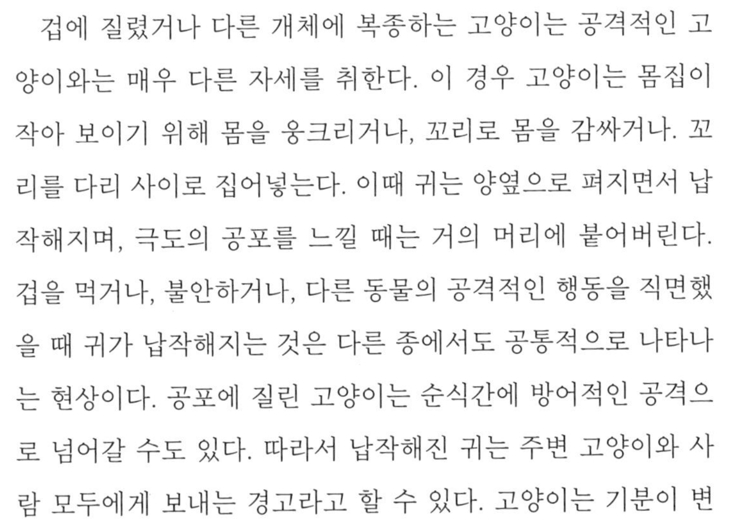

겁에 질렸거나 다른 개체에 복종하는 고양이는 공격적인 고양이와는 매우 다른 자세를 취한다. 이 경우 고양이는 몸집이 작아 보이기 위해 몸을 웅크리거나, 꼬리로 몸을 감싸거나, 꼬리를 다리 사이로 집어넣는다. 이때 귀는 양옆으로 펴지면서 납작해지며, 극도의 공포를 느낄 때는 거의 머리에 붙어버린다. 겁을 먹거나, 불안하거나, 다른 동물의 공격적인 행동을 직면했을 때 귀가 납작해지는 것은 다른 종에서도 공통적으로 나타나는 현상이다. 공포에 질린 고양이는 순식간에 방어적인 공격으로 넘어갈 수도 있다. 따라서 납작해진 귀는 주변 고양이와 사람 모두에게 보내는 경고라고 할 수 있다. 고양이는 기분이 변함에 따라 귀와 꼬리, 몸의 움직임을 매우 빠르게 변화시킨다.

꼬리가 보내는 의외의 메시지들

나의 초기 연구와 후속 연구는 고양이의 의사소통에서 꼬리의 위치, 특히 꼬리를 치켜세우는 자세가 중요하다는 사실을 밝혀냈다. 또한 상호작용이 시작될 때의 꼬리 위치가 상호작용의 결과를 예측하는 데 중요하다는 것도 보여줬다. 프랑스의 베르트랑 드퓌트와 공동 연구자들은 한 고양이가 다른 고양이에게 다가갈 때 꼬리와 귀의 위치가 어떤 역할을 하는지, 그리고 이것이 이후 만남의 패턴에 어떤 영향을 미치는지 알아보기 위해 상호작용이 시작되는 순간을 더 자세히 조사했다.[26]

연구진은 구조 센터에 사는 고양이 무리를 연구하면서 그들이 서로 상호작용할 때 나타나는 꼬리와 귀의 위치 변화를 관찰했다. 각각의 고양이에 대해 연구진은 꼬리가 위로 향하는지(수직 방향) 아래로 향하는지(수평 방향 또는 아래 방향) 기록했고, 귀가 중립적인 상태(직립 상태)를 유지하는지, 납작해지는지, 아래로 늘어져 몸 뒤쪽을 향하는지도 기록했다. 귀의 이런 세 가지 상태에 대해서는 앞에서 언급한 바 있다. 일부 연구에서는 귀가 납작해진 상태와 아래로 늘어져 몸 뒤쪽을 향하는 상태를 묶어 '비직립' 상태로 분류하기도 한다.

이 연구 결과 중 특히 흥미로운 것은 두 고양이가 모두 꼬리를 내리고(수평 방향 또는 아래 방향) 접근한 뒤 일어나는 상호작용에 관한 것이다. 내가 이전에 시행한 연구에서는 꼬리를 내리고 서로에게 접근한 고양이 중 일부는 우호적인 상호작용을 보였지만 일부는 비우호적인 상호작용을 보였다. 나는 그들이 서로에게 접근하는 동안 귀의 움직임이 어떻게 변하는지는 기록하지 않았기 때문에 이 연구에서 제시된 패턴이 매우 흥미로울 수밖에 없었다. 그에 따르면 먼저 다가가는 고양이의 꼬리 위치와 상관없이, 서로에게 접근하는 두 고양이 모두 귀를 세웠고 먼저 다가가는 고양이에 반응하는 고양이가 꼬리를 내리고 있으면 상호작용의 결과가 긍정적일 가능성이 높았다. 반면 두 고양이가 모두 꼬리를 내린 상태에서, 먼저 다가가는 고양이는 귀를 세웠지만 상대방은 귀를 세우지 않은 경우 만남의 결과가 부정적일 가능성이 매우 높았다. 이런 패턴을 보면 귀의 움직임이 매우 중요한 것 같다.

연구진은 귀의 위치에만 집중해 그들을 다시 관찰했고, 상호작용 중에 두 고양이 모두 귀를 세우고 있으면 상호작용의 결과가 우호적일 가능성이 높으며, 두 고양이의 귀 위치가 서로 다르거나 둘 다 귀를 세우지 않은 경우 상호작용이 비우호적일 가능성이 높다는 것을 알아냈다.

이 연구의 결론은 고양이들의 만남에서 꼬리보다 귀의 위치가 더 중요하며, 귀의 위치를 살피는 것이 상호작용의 결과를 예측하는 데 더욱 도움이 된다는 것이다. 하지만 내 생각에 고양이는 자신에게 접근하는 고양이를 평가할 때 시각적 단서들을 최대한 많이 사용하려고 하는 것 같다. 프랑스에서 진행된 한 연구에 따르면 꼬리를 치켜세우고 다른 고양이에게 접근하는 고양이는 모두 귀를 세우고 있었다. 귀를 세우는 행동이 상호작용의 긍정적인 결과를 예측하는 지표로 확인된 것이다. 이는 꼬리를 치켜세우고 먼저 다가가는 고양이는 귀를 부정적인 위치로 움직이는 경우가 거의 없다는 뜻이다. 다만 이 상황에서 상대 고양이는 귀를 세우지 않을 수도 있다. 만약 먼저 다가가는 고양이의 꼬리가 모호한 위치에 있다면 상대가 그 고양이의 귀 위치를 잘 읽어내는 것이 중요할 것이다.

드퀴트와 공동 연구자들은 위의 연구에서 실험 대상이 됐던 고양이들과 사람들 사이의 상호작용도 조사했다. 연구진은 이 상호작용의 97% 이상에서 고양이가 꼬리와 귀를 세운 채 사람에게 다가가는 것을 포착했다. 이는 고양이끼리의 상호작용에서 22.4%만이 꼬리를 치켜세운 자세로 서로 접근한 것에 비해 매우 높은 비율이다. 그 이유에 대해 연구진은 고양이 간의 상호작용에서는 꼬리보다 귀의 위치가 더 중요하지만, 사람과 상호작용할 때는 꼬리만이 활용되는 경향이 있기 때문이라고 설명했다. 사람은 고양이의 꼬리 위치와 귀 위치의 조합이 어떤 뜻인지 잘 이해하지 못한다. 따라서 고양이는 꼬리를 치켜세우는 행동이 사람에게 다가갈 때 가장 확실하게 자신의 의사를 전달할 수 있는 방법이라고 생각하게 된 것으로 보인다.

어쩌면 이는 고양이와 사람의 신체적 차이와 관련이 있을 수도 있다. 고양이는 사람이 자신보다 몸집이 크다는 이유만으로 꼬리와 귀를 세우는지도 모른다.

사람들이 개의 행동을 어떻게 해석하고 묘사하는지 연구한 결과에 따르면 사람들은 대개 꼬리의 움직임을 가장 중요한 단서로 생각한다.[27] 하지만 고양이의 경우 꼬리 치켜세우기를 제외하고는 그들의 다양한 꼬리 위치가 가지는 의미를 잘 알아채지 못하는 것 같다. 흥미롭게도 개는 고양이와 완전히 다른 언어를 사용할 뿐만 아니라 일부 행동 패턴은 두 종에서 정반대의 의미를 가진다. 예를 들어 개가 꼬리를 흔들거나 휘두르는 행동은 친근감 또는 복종을 뜻하는 신호지만, 고양이가 꼬리를 흔드는 행동은 강도에 따라 포식 행동 또는 공격적인 행동이 임박했다는 경고 신호일 수 있다. 꼬리를 흔들거나 휘두르는 고양이와 개가 만나면 재앙이 일어날 수 있는 것이다.

이를 고려할 때 개와 고양이가 상대방이 무슨 말을 하는지 알아듣는다는 것은 매우 놀라운 일이다. 한 연구에서 같은 집에 사는 고양이와 개가 서로 반대되는 네 가지 행동을 하는 것을 관찰한 결과, 고양이는 개가 하는 행동의 80%에 적절하게 반응하는 것으로 나타났다. 개 역시 고양이가 하는 반대 행동의 75%에 적절하게 반응했다. 이 연구는 동물이 생후 6개월 이전에 다른 종을 처음 만나면 그 종의 언어에 대한 이해력이 높아진다는 것도 밝혀냈다.[28]

물론 이런 일에는 시간이 걸릴 수 있다. 래브라도 종인 우리 집 강아지 레지는 처음 집에 데려온 후 8개월 동안 꼬리를 치켜세우고 다가온 부치(고양이)의 엉덩이에 코를 대고 킁킁대곤 했다. 그럴 때마다 부치는 짜증을 내면서 꼬리를 휘둘러 레지의 코를 때렸다. 그러던 어느 날, 레지는 결국 이 문제의 해결책을 찾아냈다. 부치가 꼬리를 치켜세우고 다가오자 레지는 부치의 코에 자신의 코를 대고 냄새를 맡았고, 만족한 부치는 레지의 옆을 지나가면서 몸을 비비기 시작했다. 실제로 위의 연구에서는 같은 집에 사는 고양이와 개의 75%가 서로 코를 맞대고 냄새를 맡는다는 사실이 발견되기도 했다. 우리는 길들여진 반려동물에게서 배울 점이 많다.

플로가 꼬리를 치켜세운 이유는 이제 분명해졌다. 정말 간단했다. 오래전에 병원 마당에서 처음 만났을 때 플로는 나를 한 마리의 고양이로 대했던 것이다. 내가 두 발로 걷고 (다행히도) 실제로 고양이를 닮지 않았음에도 말이다. 플로는 내게 다가와 살펴 본 결과 내가 자기보다 나이가 많고 덩치가 크다는 것을 알아차리고는 나와의 충돌을 피하기 위해 꼬리를 치켜세웠다. 즉 이 행동은 평화롭게 상호작용하자는 신호이자 나를 존중한다는 표시였던 것이다.

5장
스킨십의 마법

우리는 터치의 힘을 과소평가할 때가 너무 많다.
— 리오 부스칼리아

가족들과 집에서 저녁을 먹고 있을 때였다. 부치가 식탁 근처에 앉아 간절히 먹이를 기다리고 있을 때, 외향적이고 자신감 넘치는 동생 스머지가 동네 한 바퀴를 돈 뒤 캣 플랩을 열고 들어와 부치의 목을 열렬히 핥았다. 우리는 이 정겨운 모습을 지켜보면서 즐거워했다. 그때 부치가 발로 스머지의 머리를 때리더니 급하게 그 자리를 떴다. “부치!” 우리는 모두 분개해 부치에게 소리를 쳤다. 사실 이 일은 매일 똑같이 반복되었다. 일반적으로 고양이들이 서로 그루밍할 때는 이런 일이 일어나지 않는다. 따뜻한 햇살 아래, 두 마리의 고양이가 함께 웅크리고 앉아 서로를 핥아주며 만족스러운 표정을 짓는 목가적인 모습은 어디로 사라진 것일까?

같은 종에 속하는 다른 개체를 그루밍하는 행동을 알로그루밍Allogrooming이라고 한다. 처음에 연구자들은 동물들이 손이나 발이 닿기 힘든 신체 부위를 서로 깨끗하게 해주기 위해 이런 행동을 한다고 생각했다. 알로그루밍 방식은 종마다 다르다. 새는 부리로 서로의 털을 손질해주고, 말은 이빨로 서로의 털을 정리해주며, 영장류는 손을 이용해 서로의 털을 골라준다. 집고양이 같은 고양잇과 동물은 혀에 가시처럼 생긴 돌기인 실유두들이 돋아 있다. 이 실유두는 먹잇감의 뼈에서 살을 효율적으로 발라내기 위해 진화한 것으로 보인다. 고양이는 이렇게 거친 혀를 빗처럼 사용해 상대의 털을 다듬는다.
가끔은 앞니를 이용해 상대의 털에 붙어 있는 지저분한 것이나 기생생물 등을 뜯어내기도 한다.

다양한 동물의 사회적 행동을 연구한 과학자들은 그들이 청결을 유지하는 데 필요한 것보다 훨씬 더 많은 시간을 그루밍에 소비한다는 것을 밝혀냈다. 영장류를 대상으로 이를 연구한 로빈 던바는 "일반적으로 자연선택은 생명체에게 필요 이상의 여유를 용납하지 않는 효율적인 과정이다. 따라서 동물이 하루 중 많은 시간을 다른 동물을 그루밍하는 데 사용한다는 사실은 그루밍으로 인해 얻는 이득이 상당

히 크다는 것을 시사한다"라고 말한다.[1]

연구자들은 일부 영장류 종의 경우 소속 집단의 크기가 클수록 알로그루밍이 더 많이 이뤄지는 경향이 있다는 사실을 발견했다. 또한 알로그루밍은 연구 대상 집단들에서 무작위로 이뤄지지는 않는다는 사실, 즉 집단 내 모든 개체가 주고받는 행동이 아니라 특정 개체들 사이에서 일어나는 행동이라는 사실도 밝혀졌다.

오늘날 알로그루밍에는 위생 차원을 넘어서는 훨씬 중요한 기능이 있다는 것이 알려진 상태다. 일부 동물은 서로를 꼭 만져야 하는 것으로 보인다. 고양이, 소, 미어캣, 원숭이, 까마귀, 들쥐, 흡혈박쥐 등 다양한 동물 집단에서 알로그루밍은 사회적 관계 유지에 매우 중요한 역할을 한다. 특히 집단의 특정한 구성원들로 이루어진 하위 집단이 집단의 핵심 개체들과 일정 기간 동안 분리됐다 나중에 다시 복귀하는 특성이 있는 '분열-융합' 집단에서 알로그루밍이 중요한 역할을 하는 것으로 보인다. 즉 알로그루밍은 집단을 떠났던 개체들이 다시 복귀했을 때 빠르게 그 집단의 핵심 구성원들과 유대를 재구축하기 위해 사용하는 방법으로 추정된다.

고양이의 알로그루밍이 가진 반전

집단생활을 하는 페럴 캣 두 마리가 서로 얼굴을 마주하는 것은 매우 위험한 일이다. 사실 서로 이렇게 가깝게 접촉하는 일은 모든 고양이들에게 위험하다. 고양이는 완벽한 포식자로서 동물계에서 가장 치명적인 살상 도구(이빨, 턱, 발톱)로 무장하고 있다. 그들은 가축화가 진행되면서 사회성이 상당히 늘어났지만, 이 살상 도구들은 그대로 유지하고 있다. 한 고양이가 다른 고양이의 의도를 오해하면 둘 중 한 마리가 심각한 부상을 입을 가능성이 높다. 고양이들은 이런 상황을 피하기 위해 (4장에서 다룬) 꼬리 치켜세우기 자세로 서로 간의 대화를 쉽게 만들려고 하는 것 같다. 고양이는 상대편 고양이가 마치 평화의 깃발처럼 꼬리를 치켜세우는 것을 보고 어느 정도 자신 있게 접근하는 것으로 보인다. 하지만 그 다음에는 어떤 일이 일어날까?

고양이는 단독생활을 하는 야생 고양이의 후손이기 때문에 다른 고양이에게 접근하면서 취할 수 있는 사회적 행동이 매우 제한적이다. 사회성이 강한 늑대로부터 풍부한 얼굴 표정과 정교한 상호작용을 물려받은 개와는 매우 대조적이다. 늘 무심한 표정을 짓고 있는 고양이들은 다른 고양이와의 적대적인 관계를 피하면서 상호작용할 수 있는 방법을 찾아야 했다.

동물학자 데이비드 맥도널드와 피터 앱스는 집단생활을 하는 고양이들이 일상적으로 어떻게 상호작용하는지 연구한 거의 최초의 과학자들이다.[2] 이들의 연구 대상은 시골 농장에 사는 중성화되지 않은 작은 고양이 군집이었다. 이 고양이들은 주로 농부가 제공하는 먹이를 먹으며 살았지만 가끔 직접 사냥을 하기도 했다.

이들의 움직임과 상호작용을 관찰하던 맥도널드와 앱스는 고양이 무리의 활동이 단순히 먹이 자원을 둘러싼 것이 아니라 그보다 훨씬 복잡한 활동이라는 사실을 알게 됐다. 고양이들의 행동에는 사회적 기반이 있었다. 또한 이들은 새로 침입한 개체에게는 공격적인 행동을 하지만, 집단 내에서는 공격성을 거의 드러내지 않았다.

이 농장 고양이들 사이에서 관찰된 가장 흔한 행동 중 하나가 바로 알로그루밍이었다. 성묘 중 일부 쌍은 다른 쌍보다 더 많이 알로그루밍을 했다. 대부분은 어느 한 쪽이 다른 한 쪽을 일방적으로 그루밍하는 것이 아니라 두 고양이 모두 서로에게 그루밍을 해주는 형태였다. 가장 자주 관찰된 그루밍 형태는 어미고양이가 새끼고양이의 털을 핥아주는 것이었다. 건초 더미 사이에 자리 잡은 암컷 고양이들은 새끼들을 모아놓고 함께 핥아주면서 돌봤고, 새끼고양이들은 이런 아늑한 환경에서 어미의 그루밍을 처음으로 경험하게 되었다.

어미고양이와 새끼고양이 사이의 그루밍은 일방적인 과정으로 시작된다. 시간이 지나면서 새끼고양이도 어미고양이에게 보답하기 시작하고, 형제자매와 함께 어미를 그루밍하면서 알로그루밍 기술을 배우게 된다. 이런 학습은 사람과 함께 사는 집 안에서도 일어난다. 일반적으로 새끼고양이들은 생후 2개월 정도 지난 시점에서 어미와 분리돼 새로운 집에 살게 된다. 새끼고양이는 혼자 입양되기도 하고, 한배새끼*와 함께 입양되기도 한다. 이미 다른 고양이가 살고 있는 집으로 입양되는 경우도 많다. 새로운 집에 함께 입양된 새끼고양이들은 새끼 시절의 유대감을 유지하며, 어미에게 그랬던 것처럼 함께 몸을 웅크리고 서로를 그루밍한다. 새집에 이미 살고 있던 고양이가 새로 입양된 새끼고양이들과 휴식 공간을 공유하면서 알로그루밍을 하는 경우도 있다. 기존의 고양이가 새로운 고양이들을 받아들이는 경우다. 고양이들은 사이좋게 누워서 서로를 그루밍하다 긴장이 풀어져 졸기도 한다.

하지만 안타깝게도 우리 고양이 부치와 스머지는 이런 평화로운 모습을 한 번도 보인 적이 없다. 아마 다른 집 고양이들도 많이들 그럴 것이다.

형제자매 고양이 또는 서로 낯선 고양이들이 같은 집에서 함께 사는 경우, 특히 자원을 두고 경쟁이 벌어질 경우 이들 사이에 긴장이 발생할 수 있다. 이로 인해 고양이들 사이의 유대감이 무너질 수 있으며, 새로 들어온 고양이는 아예 처음부터 유대감 자체가 형성되지 않을 수도 있다. 그럼에도 스머지와 같은 고양이들은 친하지 않은 고양이에게도 알로그루밍을 시도한다. 우리 눈에는 이런 행동이 평화의 깃발을 들어 올리는 행동으로

* 한 어미에게서 같은 시기에 태어난 새끼.

보이기 때문에, 부치처럼 알로그루밍을 거부하는 고양이는 고마움을 모르는 고양이로 보일 수밖에 없다.

고양이의 알로그루밍에 대해서는 구체적인 연구가 거의 이뤄지지 않았지만, 중성화된 고양이의 대규모 실내 군집을 대상으로 한 연구에 따르면 고양이들의 이런 행동에는 눈에 보이는 것보다 더 많은 의미가 숨겨져 있다.[3] 놀랍게도, 더없이 평화로워 보이는 이 알로그루밍 상호작용의 35%는 매우 공격적인 행동으로 구성된다. 이럴 경우 알로그루밍을 시작한 고양이는 그 행동을 마친 뒤 공격적인 행동을 보인다. 이 연구의 결론은 알로그루밍이 고양이들 사이의 긴장을 해소하고 서로 심하게 공격하는 일을 피하기 위한 방법 중 하나일 수 있다는 것이다. 그 결과가 항상 긍정적이지는 않더라도 말이다.

우리 집의 경우, 그루밍을 시작하는 고양이(스머지)가 그루밍을 받는 고양이(부치)에게 공격성을 보인 적이 있었다. 그렇기 때문에 부치는 자신을 그루밍하는 자신감 넘치는 고양이를 '때리고 다른 곳으로 가버리는' 반응을 보인 것 같다. 부치는 이전에 일어났던 일을 기억해 스머지의 다음 움직임을 예측했고, 그루밍 단계를 얼른 건너뛰고 오른쪽 발로 스머지를 쳐냄으로써 스머지와의 만남을 빨리 끝내는 것이 안전하다고 생각했을 것이다.

알로그루밍과 공격성 사

이의 연관성은 다른 동물들에서도 관찰된다. 예를 들어, 일부 조류 종에서 알로프리닝은 공격적인 본능을 억제하는 수단으로 보인다.[4] 대부분의 영장류 동물에게 알로그루밍은 소속감과 사회적 유대감을 형성해주며, 그 행동을 하는 개체들 모두에게 이득이 되는 것으로 보인다. 작은 야행성 원숭이인 갈라고를 대상으로 한 연구에 따르면 알로그루밍은 우호적인 행동보다는 공격적인 행동과 더 관련이 있는 것으로 나타났다.[5] 또한 일부 종에서는 알로그루밍의 기능이 상황에 따라 달라지는 것으로 보인다. 고양이가 바로 그런 경우다. 고양이의 알로그루밍은 (맥도널드와 앱스가 연구를 통해 보여줬듯) 어미가 새끼를 돌보는 상황에서처럼 이미 잘 지내는 개체들 사이에서 친밀한 유대감을 유지하는 기능을 가질 때도 있고, (스머지와 부치의 경우처럼) 갇힌 환경에 있거나 서로에게 유대감을 느끼지 않는 성묘들 사이에서 공격성을 완화시키는 기능을 가질 때도 있다.

알로러빙으로 인사하기

고양이를 비롯한 사회성 포유류 종들은 서로 소통하기 위해 알로러빙Allorubbing이라는 몸 접촉 방식을 사용한다. 알로러빙은 개체들이 자신의 몸 일부를 상대방에게 문지르는 특별한 사회적 접촉이다. 하지만 알로러빙의 목적이 촉각 경험 자체인지 아니면 피부의 땀샘에서 나오는 냄새를 전파하기 위한 것인지 구분하기 어려울 때가 있다.

돌고래는 서로에게 지느러미를 문지르는 행동으로 잘 알려져 있다. 돌고래들은 나란히 헤엄치면서 자신의 지느러미를 다른 돌고래의 지느러미 위로 부드럽게 문지르곤 한다. 이런 행동은 어미에서 새끼에게로 향하기도 하지만, 성체 돌고래들 사이에서 이뤄지기도 한다.[6] 과학자들은 돌고래들이 문지르기 행동을 얼마나 많이 하는지 측정해 그들 간의 사회적 관계를 정량화한다. 돌고래의 경우 이런 행동이 물속에서 일어난다는 점을 감안하면, 서로 가까이 접근해 냄새를 맡음으로써 어떤 이익을 얻으려 한다기보다는 순전히 촉각 측면에서 즐거움을 얻으려는 것일 가능성이 높다. 아시아코끼리들은 서로 친근하게 상호작용할 때 코를 U자 모양으로 만들어 서로에게 문지른다.[7] 침팬지와 함께 인간과 가장 가까운 동물 중 하나인 보노보는 서로 엉덩이를 문지르는 특이한 형태로 알로러빙을 한다. 고양이는 머리나 몸의 옆면(옆구리), 때로는 꼬리를 다른 고양이나 사물에 문지르곤 한다. 사회화가 잘 된 고양이의 경우 사람에게 몸을 문지르기도 한다.

새끼고양이는 어미와 형제들과 함께 살던 아늑한 집을 벗어나기 시작하는 생후 4주 무렵부터 이런 행동을 하기 시작한다. 이들은 어미고양이가 집으로 돌아왔을 때 어미에게 다가가 인사의 의미로 머리를 문지르며, 자신이 밖에서 돌아왔을 때도 같은 행동을 한다. 성묘들도 이와 비슷한 방식으로 다른 고양이와 사람, 사물에 머리를 문지른다.

맥도널드와 앱스는 농장에 서식하는 고양이 집단에게는 알로그루밍도 중요하지만, 특히 알로러빙이 집단의 사회적 역학관계 유지 측면에서 중요해 보인다는 결론을 내린 바 있다. 나는 이 결론을 염두에 두고 병원 고양이들과 농장 고양이들의 행동을 세밀하게 관찰하기 시작했다. 그리고 오래 지나지 않아 그들의 알로러빙 패턴을 파악할 수 있었다.

처음으로 농장 고양이 두 마리가 서로 몸을 비비는 것을 본 순간이 기억난다. 페니가 얼굴을 들고 꼬리를 치켜세운 채 더스티에게 반갑게 다가갔다. 더스티도 꼬리를 치켜들고 페니에게 접근했다. 이 둘은 모두 고개를 살짝 기울인 채 서로의 얼굴 옆면을 문질렀다.

그런 다음 이들은 서로 반대 방향으로 지나가면서도 옆구리를 문질렀다. 옆구리 접촉이 끝나자 자신의 꼬리로 상대의 꼬리를 부드럽게 감싸면서 최대한 접촉을 오래 유지하려 했다. 둘은 꼬리 접촉이 끝난 뒤에도 성에 차지 않았는지 반대 방향으로 돌아서 이 접촉 과정을 반복했다. 그 모습을 지켜보면서 나는 두 고양이 사이의 특별한 순간을 방해한 것 같은 기분이 들 정도였다.

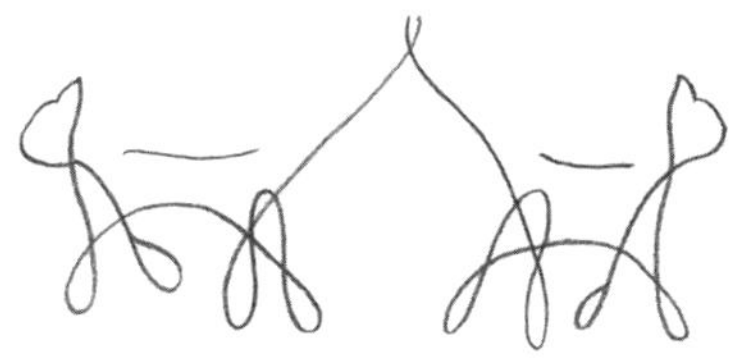

문지르기가 항상 이런 형태로 나타나는지 확인하기 위해, 페니와 더스티의 '문지르기 축제'를 '머리 문지르기'(페니와 더스티는 주로 얼굴 옆면을 서로 문질렀지만, 두 마리 중 한 마리가 먼저 다가가 자신의 이마를 상대의 이마에 문지를 때도 가끔 있었다), '옆구리 문지르기', '꼬리 문지르기'(자신의 꼬리로 상대편의 꼬리를 감싸는 행동)로 나눠서 관찰했다. 이 방법은 효과가 있었다. 시간이 지나면서 고양이들이 서로에게 몸을 문지르는 행동이 매우 다양한 형태로 이뤄진다는 것을 알 수 있었기 때문이다.

때때로 고양이들은 꼬리를 치켜세우고 각자의 궤적이 90도 정도를 이루는 뒤집힌 V자 형태의 경로를 따라 접근해, V자 꼭지 부분에서 서로 얼굴을 문질렀다. 그러고는 서로에게 기대어 꼬리를 감싸고 나란히 걸었다.

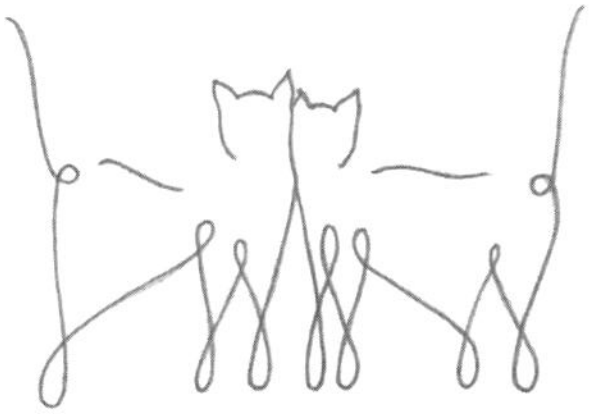

이런 문지르기는 일방적으로 이뤄지는 경우도 있었다. 다른 고양이가 접근해 자신에게 머리를 문지를 때 그 행동을 받아주기는 하지만 자신은 함께 머리를 문지르지 않는 경우를 말한다. 이 경우에는 먼저 다가가 머리를 문지른 고양이가 상대 몸의 다른 부분을 계속 문질러도 상대는 전혀 반응을 보이지 않았다.

나는 이런 문지르기 상호작용에서 서로에게 꼬리를 치켜세우는 행동이 중요한 역할을 한다는 것을 알게 됐다. 먼저 다가가는 고양이가 꼬리를 세우고 다가가도 상대의 꼬리 반응이 어떤

지에 따라 그 다음 행동이 결정됐다. 상대가 함께 꼬리를 들어 올리면 두 고양이는 대개 동시에 서로에게 몸을 문질렀다. 만약 상대가 꼬리 올리기 반응을 보이지 않는데도 먼저 다가간 고양이가 머리를 문지르면, 상대는 이 행동을 무시하거나 문지르기 행동이 한 번 끝난 뒤에야 똑같은 행동으로 화답했다.

맥도널드와 앱스가 관찰한 농장 고양이들의 알로러빙은 알로그루밍과 달리 확실한 비대칭성을 나타냈다. 새끼고양이는 성묘에게 더 많이 몸을 문질렀고, 암컷 성묘는 수컷 성묘에게 더 많이 몸을 문질렀다. 일부 암컷은 특정한 다른 암컷들에게 더 많이 몸을 문질렀지만 그 특정한 암컷들은 그만큼 많이 화답하지 않았다. 특히 새끼고양이가 암컷들에게 몸을 문지르는 비율은 암컷이 어떤 고양이인지에 따라 매우 큰 차이를 보였다. 새끼고양이의 선택은 어떤 암컷이 어미인지가 아니라 어떤 암컷이 더 많이 자신을 돌봐주었는지에 달려 있었다. 새끼고양이는 암컷 고양이가 세 번 정도 자신을 돌봐주면 한 번 정도 그 암컷에게 몸을 문지르는 것으로 관찰됐다. 어떻게 이런 관계가 형성되는지는 아직 정확하게 밝혀지지 않았다. 새끼고양이가 몸을 많이 문질렀기 때문에 그 암컷이 새끼고양이를 보살펴주는 것인지, 새끼고양이가 암컷의 보살핌에 보답하기 위해 암컷에게 몸을 문지르는 것인지는 알 수 없다.

나 역시 병원과 농장 고양이들의 행동을 관찰하면서 문지르는 행동이 다양하다는 것을 알게 됐다. 내가 관찰한 고양이들은 모두 중성화됐기 때문에 어미와 새끼 관계는 아니었다. 따라서 맥도널드와 앱스의 연구 결과와 직접 비교하기는 어려웠지만, 각 성묘들에게 선호하는 알로러빙 상대가 있는 것만은 확실했다.

맥도널드와 앱스가 관찰한 고양이 집단과 마찬가지로, 내가 관찰한 고양이 집단에서도 몸집이나 겉으로 드러나는 지위가 다른 고양이들 사이에서 문지르기가 이루어졌다. 주로 작거나 약한 고양이에서 크거나 강한 고양이로 문지르기가 이루어지는 것으로 보였다(그림 참조). 이는 4장에서 다룬 꼬리 치켜세우기 행동 패턴과 매우 유사하다. 두 행동의 밀접한 연관성을 감안할 때 이는 놀라운 일이 아니다. 다섯 마리의 고양이로 구성된 병원 그룹의 경우, 고양이들의 머리 문지르기 행동 중 거의 절반이 프랭크를 향한 것이었다. 프랭크는 나머지 고양이들과 같은 공간에 있는 시간이 가장 짧았는데도 말이다. 반면 내가 이들을 관찰할 때 거의 항상 나머지 고양이들과 같은 공간에 있었던 넬은 다른 고양이들로부터 머리 문지르기를 거의 받지 못했다. 크고 당당한 고양이인 프랭크는 내가 관찰하던 좁은 마당을 벗어나 넓은 병원 부지를 돌아다니곤 했다. 그의 행동만 봐도 작은 암컷 고양이인 넬보다 지위가 높다는 것을 알 수 있었다. 베티는 이런 프랭크에게 노골적으로 몸을 문질렀고, 프랭크가 없을 때는 태비사에게 몸을 문질렀다.

병원 고양이들 사이에서 이루어진 머리 문지르기의 비율.
관찰 기간 동안 이 고양이들이 함께 있었던 시간을 기준으로 보정한 비율이다.

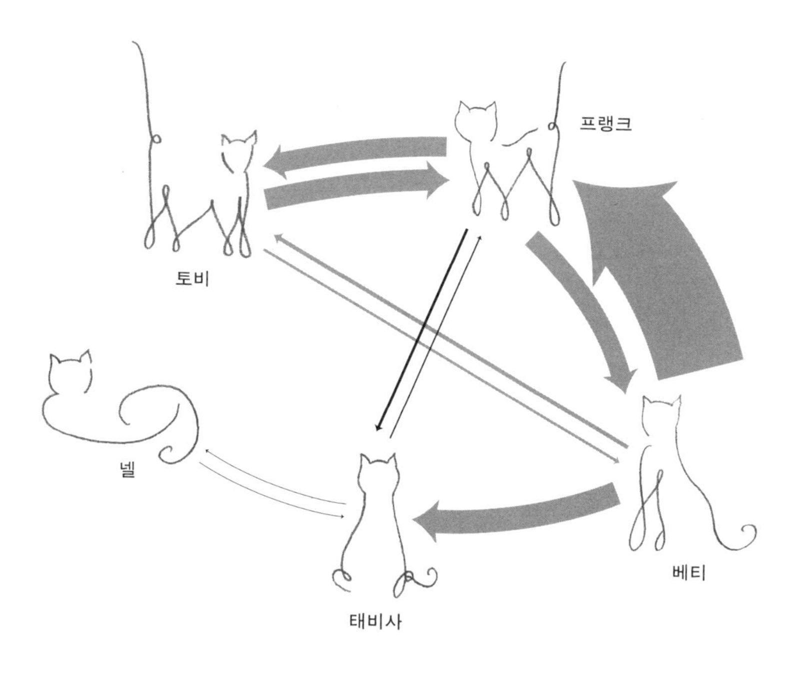

나는 병원과 농장의 고양이들을 관찰한 결과를 분석하면서 새로운 사실을 하나 발견했다. 두 고양이가 서로 붙어 앉아 알로그루밍을 할 때, 알로그루밍 직전이나 직후에는 서로에게 몸을 문지르지 않는다는 사실이었다. 이는 알로그루밍과 알로러빙이 서로 다른 유형의 사회적 유대감을 반영하는 행동일 수 있음을 시사한다. 알로그루밍은 두 고양이 간의 긴장감을 최소화함으로써 친밀감을 유지하는 방법인 반면, 알로러빙은 고양이들이 야생 서식지에서처럼 한동안 서로를 보지 못했을 때 사회적 유대감을 회복하기 위해, 즉 다시 집단으로 돌아오는 것을 환영하기 위해 인사하는 수단으로 사용되는 것으로 보인다. 따라서 무리의 핵심 구역을 돌아다니는 고양이들(주로 암컷들)은 서로 자주 문지를 필요가 없다. 반면 몸집이 큰 수컷처럼 핵심 그룹과 함께 보내는 시간이 적은 고양이들은 다른 고양이들로부터 더 많은 문지름을 받는다.

여러 마리의 고양이와 사람이 함께 사는 가정에서는 서로 문지르는 양과 집중도가 야외 서식지와는 상당히 다를 수 있다. 대부분의 경우 집고양이들은 서로보다 주인을 더 많이 문지른다. 집고양이의 문지르기에 대한 연구 결과에 따르면, 친숙한 사람과 함께 있을 때 고양이들은 사람과 주변 사물에는 몸을 문지르지만 서로에게는 몸을 문지르지 않는다.

킴벌리 배리와 샤론 크로얼-데이비스는 실내에서만 지내는 중성화된 집고양이 두 마리가 함께 사는 집 60곳을 방문해 고양이들 사이의 상호작용을 관찰했다. 그 결과 수컷-수컷 및 수컷-암컷 쌍에서는 알로러빙이 매우 드물게 발생했으며, 암컷들로만 구성된 20쌍에서는 관찰된 10시간 동안 전혀 발생하지 않은 것으로 조사됐다. 연구팀은 핵심 서식지를 벗어났다 돌아오곤 하는 페럴 캣과 달리 집고양이는 서로의 주변에서 멀리 이동하지 않고 항상 실내에 머무는 안정적인 집단 구성원이기 때문에 이런 결과가 나타났을 수 있다고 설명했다. 반면, 집 밖에서 생활하는 반려묘나 외출이 잦은 집고양이는 집으로 돌아왔을 때 다른 고양이에게 몸을 문질러 인사해야 할 필요를 더 많이 느끼는 것으로 보인다.[8]

과학자들은 고양이의 문지르는 행동을 오래 연구해왔다. 일부 연구자들은 이런 문지름의 종류가 상황에 따라 다를 수 있다고 생각한다. 그에 따르면 어떤 경우에 문지름의 목적은 다른 고양이가 쉽게 찾을 수 있도록 물건에 냄새 자국을 남기는 것일 수 있다. 또 어떤 경우에는 두 고양이 사이의 직접적인 사회적 행동일 수도 있다. 이때 문지름 행동은 두 고양이 사이의 촉각 접촉을 위한 것이거나, 한 고양이가 물건에 몸을 문지르는 모습을 다른 고양이가 지켜보는 방식의 시각적 접촉을 위한 것일 수 있다.

2장에서 설명한 것처럼 고양이는 피부의 특정 부분에 냄새 분비샘이 잘 발달되어 있다. 후각 샘은 특히 턱과 얼굴 측면에 많이 분포되어 있으며, 꼬리가 시작되는 부위와 발가락 사이에도 있다. 몸집이 큰 눈표범에서 몸집이 작은 고기잡이삵에 이르기까지 고양잇과 동물의 대부분은 나무나 바위처럼 눈에 잘 띄는 물체에 얼굴 옆면을 문지르는 습성이 있다. 집고양이들은 실외에서는 나뭇가지나 울타리 기둥, 실내에서는 찬장, 출입구 또는 상자 가장자리에 자신의 몸을 문질러 냄새를 남긴다. 일반적으로 고양이는 물체에 몸을 문질러 마킹하기 전에 코를 대고 킁킁대면서 냄새를 맡는다. 따라서 몸을 문지르는 행동은 자신의 냄새를 남기기 위한 것일 가능성이 매우 높다. 집고양이는 사회적인 상황, 예를 들어 다른 고양이와 적대적인 조우를 한 뒤에도 주변 물체에 몸을 문지른다. 이 경우 문지르는 행동은 일종의 의식처럼 보이기도 하지만, 단지 자신의 냄새를 주변 물체에 남기려는 의도일 가능성이 높다.

이렇듯 고양이의 문지르기 행동을 냄새를 전달하는 수단으로 이해하는 사람들도 있다. 하지만 고양이가 무생물이 아닌 다른 고양이에게 몸을 문지를 때는 훨씬 더 많은 것을 고려해야 한다. 이 경우 고양이가 두 마리이므로 냄새의 원천이 두 개가 된다. 냄새 마킹이 이런 접촉의 유일한 목적이라면 고양이 중 한 마리만 다른 고양이에게 냄새 자국을 남기는 것일까? 그렇다면 한 고양이는 냄새를 남기고 다른 고양이는 냄새를 수집하는 것일까? 아니면 두 고양이가 의도적으로 서로의 냄새를 혼합해 일종의 집단 냄새를 만드는 것일까? 오소리의 경우 냄새 마킹을 통해 집단의 냄새를 남긴다는 연구 결과가 발표된 적이 있다.[9] 하지만 고양이의 경우 이런 의문에 대한 답을 아직 얻지 못했다. 흥미롭게도 고양이는 물체와는 달리 다른 고양이에게 자신의 머리나 다른 부위를 문지르기 전에는 상대의 냄새를 맡는 경우가 거의 없다. 이는 알로러빙 행동에 냄새와 관련이 없는 요소, 즉 촉각적 요소가 포함돼 있을 가능성을 높인다. 어쩌면 고양이들은 단지 서로 닿으면 기분이 좋아진다는 이유로 이런 행동을 하는 것일지도 모른다.

쓰다듬기가 주는 놀라운 효과

과학자들은 촉각의 신비를 밝히기 위해 포유류의 피부를 오랫동안 연구해왔다. 피부는 중요성이 과소평가되긴 하지만 사실 포유류의 신체 기관 중에서 가장 큰 기관이다. 피부에는 다양한 감각에 반응하는 수많은 '감각 신경 수용체'가 있다. 온도를 감지하는 열 수용체, 가려움을 감지하는 가려움 수용체, 통증을 감지하는 통각 수용체 등이 그에 포함된다. 또한 피부에는 물체와의 접촉에 반응해 뇌에 그 물체의 모양, 질감, 압력 같은 촉각적 특성을 제공하는 '역치 기계 수용체'가 최소 7종류 분포하고 있다. 이런 촉각 정보를 뇌에 전달하는 뉴런은 미엘린 수초에 둘러싸여 있다. 절연체인 미엘린 수초는 촉각 정보가 뇌의 감각피질에 빠르게 전달될 수 있게 해준다. 또한 뉴런의 이런 구조는 위험한 자극에 몸이 빠르게 반응할 수 있게 만든다는 점에서 매우 중요하다.

고양이는 촉각이 매우 발달했다. 특히 수염을 통해 촉각을 추가적으로 감지할 수 있다는 점에서 축복받은 존재다. 대부분의 집사는 집 안 어딘가에서 고양이 얼굴에서 빠진 길고 굵은 수염을 발견한 적이 있을 것이다. 고양이의 윗입술 양쪽에 길게 튀어나온 수염은 마치 콧수염처럼 보이는데, 이를 입 주변 강모剛毛라고 한다. 이 수염은 고양이 몸 곳곳에 촘촘하게 나 있는 강모 중에서 가장 크고 눈에 잘 띈다. 고양이는 입 주변뿐만 아니라 눈 위, 뺨, 앞다리 뒷부분에도 이런 강모들이 자란다.

수염은 고양이에게 매우 중요한 촉각 정보의 원천이며, 효율적으로 탐색하고 사냥하는 데 큰 도움이 된다. 고양이의 수염 자체는 감각 신경이 없지만 피부 깊숙이 묻혀 있는 수염의 뿌리는 수많은 감각 수용체로 둘러싸여 있다. 이 수용체는 수염이 물체에 부딪힐 때 수염의 위치와 움직임에 관한 정보를 뇌로 보낸다. 과학자들은 수용체가 공기의 움직임에도 민감하기 때문에 어두운 곳에서 특히 유용하다고 말한다.

수염의 뿌리 주변에는 근육이 잘 발달되어 있어 고양이는 수염을 놀라울 정도로 잘 움직인다. 또한 입 왼쪽의 수염과 오른쪽의 수염을 독립적으로 움직일 수 있다. 고양이는 시각 구조상 가깝게 있는 물체를 잘 보지 못하기 때문에 사냥할 때는 목표물에 접근하면서 수염을 전방으로 기울여 먹잇감에 대한 촉각 정보를 수집한다. 또한 냄새를 맡으라고 내민 사람의 손처럼 흥미로운 대상을 만났을 때 수염을 앞으로 기울이기도 한다. 고양이얼굴동작코딩시스템CatFACS은 이를 '수염 내뻗기' 동작으로 분류한다. 또한 앞으로 내뻗었던 수염을 제자리로 다시 돌리는 동작은 '수염 회수', 수염을 위로 세우는 동작은 '수염 올리기'라고 부른다.[10]

사실 우리는 고양이의 얼굴을 아무리 자세히 들여다봐도 수염이 움직이는 구체

적인 의미를 파악하기 어렵다. 그러나 일반적으로 고양이가 긴장을 푼 중립적인 상태일 때는 수염을 얼굴 양옆으로 늘어뜨리고, 스트레스를 받았을 때는 수염을 잡아당겨 더 팽팽하게 만든다는 것 정도는 알 수 있다. 물론 고양이의 기분을 제대로 파악하려면 몸 전체의 움직임을 살펴보는 것이 가장 좋다. 고양이의 귀 움직임을 읽을 때처럼 말이다.

1939년, 피부 수용체를 연구하던 신경생리학자 윙베 소터만은 빠르게 발화하는 수많은 미엘린 신경 섬유 중에서 기존에 알려진 것과는 다른 종류의 감각 수용체를 발견하고 그것에 'C 섬유 역치 기계 수용체'라는 복잡한 이름을 붙였다. 그는 이 수용체가 미엘린 수초로 둘러싸여 있지 않기 때문에 감각을 전달하는 속도가 다른 수용체들에 비해 훨씬 느리다는 사실을 발견했다. 흥미롭게도 그는 고양이의 털을 이용해 이 연구를 진행했다.[11] 그로부터 50년 후 과학자들은 새로운 신경학적 기법을 이용해 인간 피부 중 털이 나는 부위에서 이와 동일한 구조를 확인했고, 이 구조에 'C-촉각 구심성 신경 섬유'라는 이름을 붙였다.

그 후 사회적 접촉에서 이 신경 섬유가 어떤 역할을 하는지 알아내기 위한 연구가 이어졌다. 연구에 따르면 이 신경 섬유는 엄마가 아기를 쓰다듬거나, 친구를 위로하거나, 사람이 동물을 쓰다듬을 때와 같이 피부를 천천히 부드럽게 쓰다듬을 때 가장 효과적으로 자극된다. 낮은 압력, 체온과 비슷한 온도, 미세한 속도(초당 1~10센티미터)로 쓰다듬을 때 최대의 반응을 얻을 수 있다.[12] 사람들은 아기나 연인 또는 반려동물을 쓰다듬을 때 본능적으로 이 속도를 취하는 것으로 보인다.

사회적 접촉은 대부분의 동물에게 진정 효과와 유대감 진작 효과를 내는 것이 분명하다. 하지만 어떻게 이런 효과가 발생하는 것일까? 영상 연구에 따르면 뇌가 다양한 유형의 접촉을 구별하고 그에 따라 반응할 수 있게 만드는 내피질 수용체와 달리, C-촉각 구심성 신경 섬유는 쾌감을 생성하는 것과 관련된 뇌섬엽을 자극하는 것으로 밝혀졌다.[13] C-촉각 구심성 신경 섬유가 감각 메시지를 전송하는 속도는 촉각적 쾌감에 대한 사람들의 평가와 양의 상관관계를 가진다. 이는 부드럽게 쓰다듬으면 상대의 기분이 좋아진다는 뜻이다. 이 신경 섬유는 현재까지 알려진 모든 포유류에 존재한다. 따라서 대부분의 동물이 다른 동물이 만지거나, 그루밍을 해주거나, 문질러주거나, 쓰다듬어주는 것을 좋아하는 것은 당연한 일이라고 할 수 있다.

과학자들은 몸을 핥거나 문지르고 쓰다듬는 행동이 어떻게 인간과 동물에게 쾌락을 주는지 연구하기 시작했다. 그 해답은 이 현상의 생화학적 측면에서 나왔다. 동물의 사회적 그루밍과 인간의 부드러운 쓰다듬기는 감정에 영향을 미치는 신경화학물질의 분비와 관련이 있었다. 그중 가장 많은 관심을 끈 것은 사랑의 호르몬이라고도 알려진 '옥시토신'이다. 옥시토신은 엄마와 아기가 유대감을 형성하는 데 특히 중요하며, 사회적 관계에도 큰 영향을 미친다. 한때 옥시토신은 사회적 파트너와 신뢰와 우호적인 관계를 증진하는 효과가 있는 것으로만 주목받았다. 하지만 최근 연구들은 옥시토신이 상황에 따라 다양한 영향을 미친다는 것을 밝혀냈다. 옥시토신은 우리가 사회적 정보를 더 잘 인식하게 만드는 것으로 보인다.[14] 즉 옥시토신은 동지로 인식되는 사람들에게는 더 우호적으로 반응하고, 진실성이 의심되는 사람에게는 더 방어적으로 반응하게 만드는 효과가 있는 것으로 나타났다. 이런 효과는 인간이 아닌 동물에게서도 발견됐다. 따라서 이는 친숙하지 않은 개체를 만났을 때 사회성 발현을 감소시키는 효과, 즉 사회적 선택 효과로 이어질 수 있다.[15] 친숙한 길고양이들 간의 몸 문지르기는 두 고양이의 옥시토신을 증가시켜 사회적 유대를 강화할 수도 있지만, 동시에 낯선 고양이에 대한 경계를 강화할 수도 있다.

사회적 접촉 행동은 옥시토신 분비를 늘리는 한편 일부 종에서는 스트레스 호르몬인 '코르티솔' 분비를 감소시키고 심박수와 혈압을 낮추는 효과를 내기도 한다. 또한 사회적 접촉 행동으로 인한 기분 상승 효과는 '엔도르핀'이라는 이름으로 분류되는 다양한 호르몬의 분비와도 밀접한 관련이 있다. 운동을 할 때나 피부를 쓰다듬을 때 분비되는 엔도르핀은 일종의 천연 아편으로 작용해 편안하고 행복한 느낌이 들게 만든다.

이런 생리적 효과와 고양이의 촉각 상호작용의 연관성은 직접적으로 연구된 적은 없다. 하지만 고양이도 인간과 비슷한 경험을 할 가능성이 높다. 알로그루밍과 알로러빙은 고양이가 발달시켜 온 중요한 사회적 행동들로, 긴장을 줄이고 파트너 간의 유대감을 강화하는 데 중요한 역할을 하는 것으로 보인다.

집사를 위한 문지르기 축제

많은 집사는 사람에게 몸을 문지르는 것을 고양이의 가장 사랑스러운 행동 중 하나로 꼽는다. 이 또한 고양이 간의 문지르기 행동에서처럼 다양한 형태가 있다. 고양이는 사람에게 다가갈 때 신뢰감을 주는 꼬리 치켜세우기를 먼저 보여주는 경우가 많다. 이렇게 자신의 평화적인 의도를 사람에게 먼저 알린 뒤 머리, 옆구리, 꼬리를 사람의 다리에 문지르며, 때로는 다른 고양이에게 하듯이 자신의 꼬리로 사람의 다리를 감싸기도 한다.

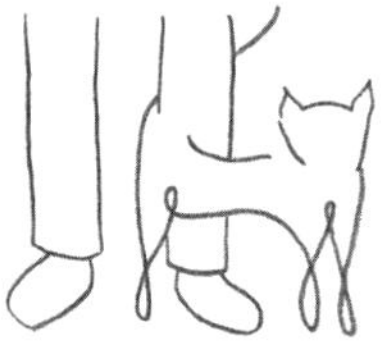

사람이 서 있는 자세에 따라 고양이는 8자 모양으로 두 다리를 꼬면서 활기차게 몸을 문지르는 모습을 보이기도 한다.

고양이는 앞다리를 들고 깡충깡충 뛰는 동작을 통해 사람의 다리보다 높은 곳에 머리를 문지르려고 시도할 때가 많다. 우리 가족은 고양이의 이런 동작을 '점프 문지르기'라고 부른다. 아마도 이는 자신

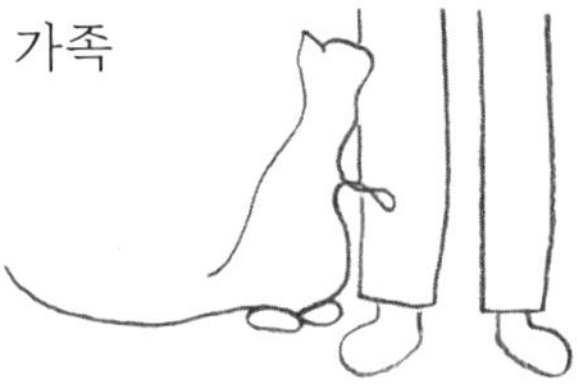

의 머리를 사람의 머리에 문지르기 위한 시도일 것이다.

집고양이는 사람과 상호작용할 때 머리를 사람 주변의 물체, 예를 들어 벽장 모서리나 상자 같은 물체에 문지르기도 한다. 이런 물체들은 고양이가 몸을 문질러도 움직이지 않는 무생물들이다. 이 행동은 고양이들끼리 몸을 문지를 때도 관찰되지만, 특히 사람과 상호작용할 때 주변 물체에 더 많이 몸을 문지르는 것으로 보인다.

나는 이 행동을 더 잘 이해하기 위해 몇 가지 조사를 시작했다. 그때만 해도 고양이가 사람에게 어떻게 몸을 문지르는지에 대한 연구는 거의 이루어지지 않은 상태였다. 클로디아 머텐스와 데니스 터너는 사람의 행동이 고양이에게 미치는 영향을 연구하기 위해 고양이가 모르는 사람과 마주쳤을 때 어떻게 반응하는지 실험했다. 이 실험에서 실험자는 처음 5분 동안은 책을 읽으며 고양이를 무시했고, 그다음 5분 동안은 고양이와 자유롭게 상호작용했다. 연구팀은 고양이가 사람과 상호작용할 때 머리를 훨씬 더 많이 문지른다는 사실을 발견했다. 따라서 머리를 문지르는 행동은 고양이와 사람 사이의 사회적 상호작용에서 적어도 고양이에게는 중요한 요소임이 분명했다.[16]

나는 여기서 한 발 더 나아가, 이 연구와 비슷하지만 몇 가지 다른 부분이 있는 연구를 시도했다. 머텐스의 실험과는 달리 나는 고양이에게 친숙한 사람을 대상으로 선택했고, 고양이가 원할 경우 문지를 수 있도록 방에 나무상자를 놓아두었다. 고양이가 사람의 관심을 받았을 때 그 사람을 문지르는 속도가 어떻게 달라지는지 살펴보고 이것이 주변 물체에 대한 문지르기에는 어떤 영향을 미치는지 조사하고 싶었다. 비디오로 녹화된 각 실험에서 나는 고양이 한 마리를 친숙한 사람과 상자가 있는 방에 들여보냈다. 그런 다음 사람이 5분 동안 고양이를 무시하거나 일관된 방식으로(매분 20초 동안 쓰다듬고 자유롭게 말하기) 고양이와 상호작용하게 했다.[17]

동영상을 분석한 결과 몇 가지 흥미로운 사실이 나타났다. 사람이 고양이를 무시하는 동안 고양이가 물체를 문지른 횟수는 평균 9회였지만, 상호작용이 있을 때 이 횟수는 평균 23.8회로 크게 늘어났다. 고양이는 사람에게도 몸을 문질렀지만, 상자에는 더 많이 문질렀다. 사람에게 몸을 문지른 횟수는 평균 6.9회에 머물렀다. 즉 고양이는 사람과 상호작용하는 동안 물체에는 몸을 훨씬 더 많이 문질렀지만 사람에게 몸을 문지르는 횟수는 약간밖에 증가하지 않았다. 앞서 소개한 머텐스의 연구는 고양이가 물체에 몸을 문지른 횟수를 기록하지 않았기 때문에 두 연구를 직접 비교하기는 어렵다. 아마도 일반적으로 고양이는 사람이 자신에게 주의를 기울일 때 사람에게 직접 몸을 문지르기보다 자신이 몸을 문지를 수 있는 대상을 물색해 그 대상에 몸을 문지르는 것을 선호하는 것 같다.

고양이가 사람과 상호작용할 때 사람보다 물체에 몸을 더 많이 문지르는 이유는 무엇일까? 명확한 답은 고양이들만의 비밀로 남아 있겠지만, 고양이의 관점에서 살펴보면 몇 가지 단서를 찾을 수 있다. 고양이가 사람의 다리에 몸을 문지르는 것은 자신과 비슷한 크기, 높이, 모양의 고양이를 문지르는 것과는 상당히 다르다. 고양이가 사람의 다리에 가까이 다가가서 한참 아래인 바닥에 위치하게 되면 다리를 문지르는 동안 사람의 얼굴이나 반응을 제대로 볼 수 없다. 그러므로 약간 떨어져서 근처에 있는 다른 물건을 문지르며 사람의 얼굴과 몸짓을 관찰하는 것이 합리적이다. 이렇게 하면서 고양이는 사람이 자신의 인사를 알아챘는지, 자신과 눈을 마주치는지 알아내고, 야옹 소리를 내 자신이 무언가를 원한다는 것을 알릴 수 있다. 이런 시각적 표현은 자신이 사람의 주의를 끌었는지 확인하면서 인사를 이어가기 위해 고양이들이 개발한 것일 수도 있다. 이는 아주 미묘하면서도 영리한 적응 행동이기 때문에 우리는 거의 알아차리지 못한다. 하지만 내가 만난 친근한 집고양이는 모두 이런 방식을 통해 나와 상호작용했다.

이러한 우아한 행동의 뉘앙스를 간과할 때 발생할 수 있는 문제는 브루스 무어와 수전 스터터드의 〈고양이에게 걸려 넘어지기〉[18]라는 논문에서 처음 밝혀졌다. 이들은 1946년에 에드윈 거스리와 조지 호턴이 고양이의 다양한 학습 유형을 설명하기 위해 수행한 실험을 재검토해 논문을 작성했다. 많은 찬사를 받았던 이 고전적인 실험은 퍼즐 상자에 집어넣은 고양이가 수직 막대를 건드려 탈출할 수 있는지 알아보기 위해 설계된 것이었다. 거스리와 호턴에 따르면 고양이들은 이 작업을 놀라울 정도로 잘 수행했으며, 막대를 움직여 탈출하는 방법을 '학습'한 결과로 보이는 정형화된 움직임 패턴을 반복해서 보여줬다.[19]

하지만 거스리와 호턴이 간과한 사실이 있었다. 고양이를 상자에 넣을 때 사람들이 몸을 숨기지 않고 근처에 앉아 실험을 관찰하고 있었다는 점이다. 무어와 스터터드는 고양이가 사람들에게 보이기 위해 본능적으로 수직 막대에 몸을 문지른 것이라는 결론을 내렸다. 관찰자의 몸에 자신의 몸을 직접 문지르지 못해 가장 가까운 물체인 수직 막대를 문질렀는데, 탈출에 성공했다고 생각된 것이었다. 무어와 스터터드는 이 결론을 입증하기 위해 거스리와 호턴의 실험을 재현했다. 그리고 관찰자가 있을 때와 없을 때 고양이의 반응을 기록했다. 실제로 고양이들은 관찰자가 보이지 않을 때는 수직 막대에 몸을 문지르지 않았다. 따라서 거스리의 고양이들은 전혀 학습에 성공하지 않았으며, 그저 고양이와 인간 사이의 자연스러운 행동을 수행한 것뿐이라고 볼 수 있다.

집사들은 잘 알아차리지 못하지만, 고양이가 몸을 문지르는 것은 상황에 따라 미묘하게 다르다.[20] 실외에서 키우는 고양이는 실내에서만 키우는 고양이보다 사람에게 몸을 더 많이 문지른다. 이는 고양이 군집에서와 마찬가지로 사회화된 동물이나 사람(이 경우에는 주인)과의 재결합을 통해 사회적 유대를 강화하려는 고양이의 욕구를 반영하는 것일 수 있다. 고양이는 주인이 외출했다 돌아오면 다가가서 몸을 문지르지만, 흥미롭게도 분리 기간이 길어져도 문지르는 양은 증가하지 않는다.[21] 이는 고양이가 주인에게 몸을 문지르는 양이 주인을 얼마나 그리워했는지에 비례하는 것은 아니며, 몸을 문지르며 인사하는 행동은 일종의 의식일 수 있다는 추론을 가능하게 한다. 고양이의 이런 행동은 개가 주인이 자리를 비운 시간에 비례해 주인에게 반가움을 표시하는 것과 대조적이다. 개는 주인이 오랫동안 자리를 비운 뒤 돌아왔을 때 훨씬 더 강렬한 인사 행동(꼬리 흔들기와 주인과의 상호작용)을 보여주기 때문이다.[22]

고양이가 사람이나 고양이에게만 몸을 문지르는 것은 아니다. 개, 심지어는 말에게도 몸을 문지르곤 한다. 우리 고양이 부치는 동생인 스머지와는 사이가 좋지 않았지만 골든 리트리버인 앨피에게는 강한 유대감을 표현했다. 부치는 앨피와 헤어졌다 집에서 다시 만날 때마다 열광적으로 몸을 문지르곤 했다. 반면에 스머지는 앨피의 코를 가볍게 스치듯 문지르는 정도에 그쳤다. 앨피는 스머지에게 몸을 문지르지 않았고, 스머지를 자신의 가족으로 생각하지도 않았다.

고양이가 주인에게 몸을 문지르는 것은 어떤 대가를 얻기 위한 행동이라는 것이 일반적인 생각이다. 그렇다면 고양이가 원하는 대가는 무엇일까? 많은 집사들은 먹이라고 답할 것이다. 저녁 시간이 되었을 때 고양이들이 먹이를 주는 사람에게 몸을 문지르는 경향이 있는 것은 사실이다.[23] 새끼고양이가 암컷 고양이에게 몸을 문지르는 횟수가 젖을 얻어먹은 횟수와 양의 상관관계를 가진다는 맥도널드와 앱스의 연구 결과를 떠올려 보자.

하지만 고양이들은 배가 고프지 않을 때도 주인에게 몸을 문지른다. 특히 주인이나 자신이 밖에서 돌아와 다시 만났을 때 인사의 한 형태로 몸을 문지르는 경우가 많다. 클로디아 에드워드와 공동 연구자들은 주인에 대한 고양이의 애착을 평가하기 위해 일련의 실험을 고안했다. 그들은 고양이가 혼자 있을 때, 주인과 함께 있을 때, 낯선 사람과 있을 때 머리를 얼마나 많이 문지르는지 기록했다. 그 결과 혼자 있을 때보다 낯선 사람과 함께 있을 때 머리를 문지른 횟수(사람에게 문지른 횟수와 물체에 문지른 횟수를 합친 횟수)가 훨씬 많다는 것을 알 수 있었다. 또한 고양이는 낯선 사람보다 주인과 함께 있을 때 훨씬 더 많이 사람에게 몸을 문지르는 것으로 나타났다.[24]

고양이가 갑자기 손을 문다면

고양이가 자신의 다리에 몸을 문지를 때 사람들의 일반적인 반응은 허리를 굽혀 고양이를 쓰다듬거나 부드럽게 만지는 것이다. 이런 식으로 고양이를 쓰다듬는 것은 사람이 고양이의 몸 문지르기에 답하는 최선의 행동일 것이다. 때로는 고양이가 원하는 것도 바로 이런 행동일 수 있다.

고양이가 몸을 문지르는 것과 같은 속도로 사람이 다리를 구부려 고양이를 쓰다듬기는 힘들다. 따라서 이 상황에서 고양이와의 상호작용은 비대칭적일 수밖에 없다. 반면 고양이가 사람의 무릎에 앉아 있을 때는 고양이가 몸을 문지르는 것보다 사람이 쓰다듬는 것이 더 쉽기 때문에 비대칭성이 반대로 역전될 가능성이 높다. 사람의 무릎에 웅크려 앉기 위해서는 고양이가 어느 정도 그 사람을 믿을 수 있어야 한다. 그런 상황에서는 고양이가 촉각적 상호작용을 통제할 수 없게 되고, 대부분의 고양이는 이런 상황을 싫어하기 때문이다.

인간과 동물의 상호작용에 관련된 용어 중에서 내가 가장 좋아하는 것은 '젠틀링'이다. 젠틀링은 동물에게 조용하게 말을 걸면서 쓰다듬거나 부드럽게 만지는 행동을 말한다. 이는 농장동물, 실험동물, 반려동물 등 다양한 동물 종과 사람 사이의 유대감을 높이기 위해 오랫동안 사용되어 온 기법이다. 인간과 반려동물의 상호작용에서 말하는 것과 만지는 것의 조합을 연구한 결과에 따르면, 개는 외출했다 돌아온 주인의 목소리를 들으면 뇌에서 옥시토신이 분비된다. 흥미롭게도 주인이 말과 쓰다듬기를 병행할 경우 옥시토신 분비가 훨씬 더 오래 지속되는 것으로 나타났는데, 이는 촉각적인 부분이 상당히 중요하다는 것을 뜻한다.[25] 부드러운 아랫배를 손으로 문질렀을 때 개가 기분 좋게 몸을 구르는 것을 보면 개는 이런 접촉을 즐기는 것이 분명하다.

고양이의 경우 말하기와 쓰다듬기의 효과가 상황에 따라 다를 수 있다. 네이딘 구르카우와 공동 연구자들은 구조 센터에 있는 스트레스를 많이 받은 고양이를 대상으로 부드러운 발성과 쓰다듬기를 이용한 생리학적 치료가 어떤 효과를 내는지 조사했다. 그 결과, 치료를 받은 고양이는 면역 글로불린 A의 분비가 늘어났으며, 상부 호흡기 감염에 대한 저항력도 더 좋아진 것으로 나타났다. 반면 치료를 받지 않은 고양이 그룹은 이런 질병에 감염될 확률이 치료를 받은 그룹에 비해 두 배 이상 높은 것으로 나타났다.[26] 구조 센터에 있는 고양이를 달래기 위해 쓰다듬기와 말하기의 가장 좋은 조합을 연구한 다른 연구 그룹은 적어도 일부 고양이의 경우 말을 하지 않고 쓰다듬기만 하는 것이 더 효과적이라는 사실을 발견하기도 했다.[27] 이는 고양이가 말을 건네는 사람들에게 익숙하지 않았거나, 그들의 목소리에 진정 효과가 없다고 느꼈기 때문일 수도 있고, 단순히 사람들이 너무 강압적이라고 느꼈기 때문일 수도 있다.

반려묘들은 주인에게 몸을 문지르면서 촉각적 접촉을 요구하는 경우가 많다. 고양이에게는 사람이 쓰다듬어주는 것이 말만큼 대화에서 중요한 부분을 차지할 가능성이 있다. 고양이와 주인은 그들만의 새로운 음성 대화 방식을 개발하기도 하지만, 고양이가 몸을 문지르면 사람은 쓰다듬는 것을 일종의 의식으로 정형화하기도 한다. 집사들은 고양이가 자신의 다리나 주변의 물체에 몸을 문지르며 시선을 보내거나 무릎 위로 뛰어오르는 등 직접 사람을 '초대'하는 방식으로 대화를 시작한다고 말한다. 일부 고양이는 사람을 집 안의 특정 장소로 이끌고 가 그곳에서 상호작용을 시작하는데, 이는 특정 장소가 특정 활동과 연관되어 있기 때문일 수도 있다.[28]

고양이에게는 쓰다듬어지기를 선호하는 신체 부위가 있다. 이를 더 자세히 연구하기 위해 세라 엘리스와 공동 연구자들은 주인이 주로 쓰다듬는다고 말한 고양이의 신체 부위 여덟 곳을 선정하고, 각 부위를 쓰다듬었을 때 고양이가 어떤 반응을 보이는지 테스트해 부정적(공격적 또는 회피적) 행동과 긍정적(친근한) 행동으로 기록했다. 그 결과, 뺨과 턱 주변(주변부)과 눈과 귀 사이(측두부)를 쓰다듬을 때보다 꼬리 부분을 쓰다듬을 때 부정적으로 행동할 확률이 훨씬 높았다.[29] 따라서 고양이를 쓰다듬을 때는 머리 쪽에 집중하고 꼬리는 피하는 것이 좋다. 배는 쓰다듬는 행동의 효과가 밝혀지지 않은 부위 중 하나다. 많은 집사들은 고양이들이 손길을 받으면 바닥에서 황홀하게 뒹굴며 자신의 부드러운 아랫배를 쓰다듬어 달라고 요청하는 자세를 취하지만, 정작 아랫배를 만지면 손을 발로 꽉 붙잡는다고 말한다.

어떤 고양이들은 쓰다듬는 사람을 자신이 원하는 특정 신체 부위로 안내하기 위해 머리나 몸을 움직여 효과를 극대화하기도 한다. 흥미롭게도 고양이가 쓰다듬어지기를 원하는 부위는 다른 고양이가 머리를 문지르는 부위 또는 다른 고양이가 알로그루밍하는 부위와 동일하다. 다른 많은 동물들도 동종의 동물이 손질하거나 문질러주는 신체 부위를 사람이 만져주는 것을 좋아한다. 예를 들어 젖소들은 서로 부드럽게 물면서 그루밍하는 부위인 기갑 부위(어깨뼈 사이의 능선 부분)를 사람이 만져주는 것을 좋아한다.[30]

고양이는 왜 쓰다듬어지기를 원할까? 고양이가 손길을 받길 원하는 머리 부위에는 냄새 분비샘이 있다. 따라서 일부 과학자는 고양이가 사람이 머리를 쓰다듬도록 유도함으로써 자신의 냄새를 사람에게 최대한 많이 흡수시키려 한다고 생각한다. 하지만 냄새 분비샘은 꼬리에도 위치하는데, 대부분의 고양이는 사람이 꼬리 근처에 접근하는 것을 싫어하는 것으로 보인다. 어쩌면 사람이 고양이의 얼굴을 문지르면 누군가의 냄새가 다른 누구에게 전파되는 것일까? 고양이는 이런 행동을 통해 사람과 냄새를 섞으려고 하는 것 같다. 자신의 냄새를 남기는 것이 유일한 목적이라면 사람이 머리를 쓰다듬어주기를 기다릴 필요 없이 그냥 지나가는 사람의 다리에 머리를 문지르면 되기 때문이다. 고양이가 우리에게 앞뒤로 몸을 계속 문지르는 것은 사회적 상호작용이 양방향으로 이루어지기를 원한다는 것을 시사한다. 고양이들은 진정으로 이런 양방향 상호작용을 즐기는 것 같다.

그렇다면 고양이를 쓰다듬는 것은 사람에게는 어떤 이점이 있을까? 사람 간의 쓰다듬기를 조사한 한 연구에 따르면, 쓰다듬어지는 사람이 직접 누군가를 쓰다듬는 사람보다 더 많은 쾌감을 느낀다.[31] 그럼에도 이런 행동은 양쪽 모두에게 즐거운 경험이다. 이는 사람이 고양이를 쓰다듬는 경우에도 마찬가지다. 고양이와 상호작용하는 여성을 연구한 연구자들은 특정 상호작용 행동만이 여성의 타액 내 옥시토신 수치 상승과 상관관계가 있다는 사실을 발견했다.[32] 부드럽게 쓰다듬기, 포옹, 고양이와의 키스, 고양이와의 접촉 시작은 모두 옥시토신 수치 상승과 상관관계가 있는 반면, 고양이의 가르랑거리는 소리나 여성이 아기에게 말하듯이 부드럽게 말하는 것은 옥시토신 상승과 상관관계가 없다는 것이 밝혀졌다. 즉, 여성을 더 기분 좋게 만드는 것은 촉각 행동이다. 고양이의 따뜻한 털을 쓰다듬으면 여성의 기분이 좋아진다는 연구 결과가 발표된 적도 있다. 이는 감정적, 사회적 의사소통과 관련이 있는 것으로 알려진 하측 전두엽이라는 뇌 부위가 활성화되기 때문이다.[33] 방금 소개한 두 연구는 특히 여성에 초점을 맞춰 고양이와 함께하는 것의 본질적인 측면을 탐구했다. 여성이 고양이와 상호작용하는 방식은 8장에서 더 자세히 살펴볼 것이다.

고양이와 사람의 문지르기 상호작용은 대부분 주인의 다리를 감싸는 것으로 시작하지만, 때로는 주인의 무릎 위로 뛰어올라 자신을 쓰다듬도록 초대하기도 한다. 이때 고양이는 손길을 즐기는 것처럼 보이며, 우아하게 가르랑거리거나 몸을 이완하고 졸린 듯 눈을 감은 채 휴식을 취하기도 한다. 때때로 이런 상황에서 고양이의 신체 언어에 갑작스럽고 미묘한 변화가 발생하기도 한다. 근육이 긴장되고 귀가 약간 뒤로 회전하며, 꼬리가 흔들리기 시작하는 때가 그때다. 주인은 자신이 하던 행동, 예를 들어 TV를 보거나 책을 보는 일에 정신이 팔려 별 생각 없이 고양이를 계속 쓰다듬을지도 모른다. 그는 고양이가 갑자기 달려들어 발톱을 세우거나 자신을 깨문 뒤 어딘가로 가서 거만하게 그루밍을 시작하기 전까지 고양이의 변화를 눈치채지 못할 수도 있다. 주인은 당황한 채로 앉아서 도대체 무슨 일이 벌어진 것인지 궁금해할 것이다.

'쓰다듬을 때 무는 행동'은 고양이에게 의외로 흔하게 나타난다. 이런 반응을 보이는 고양이의 경우, 경고 신호를 잘 포착하는 것이 중요하다. 일부 고양이는 사람에게 적절하게 사회화되어 있더라도 쓰다듬어지는 것을 좋아하지 않는다. 브라질의 고양이 보호자를 대상으로 진행한 설문조사에서 연구자들은 집 안에서 보이는 고양이의 사회적 행동에 대해 질문했다.[34] 보호자들의 87%는 고양이가 손길을 좋아하는 것으로 보인다고 답했다. 하지만 고양이의 공격적인 행동에 대한 질문에서는 21%의 보호자가 쓰다듬거나 무릎에 올려놓을 때 고양이가 공격적인 행동을 보인다고 답했다. 사실은 이런 때야말로 고양이의 공격성이 가장 흔하게 드러나는 상황이다. 평소 사람의 손길을 좋아하던 고양이가 갑자기 싫증을 내고 공격성을 보이는 이유는 무엇일까? 사람이 고양이를 쓰다듬는 것이 다른 고양이의 그루밍과 비슷한 효과를 낸다면, 우리는 고양이가 일반적으로 그루밍하지 않는 부위를 올바르지 않은 방식으로 쓰다듬었을 가능성이 있다.

인간을 대상으로 한 쓰다듬기 연구를 참고하면, 쓰다듬기가 너무 오래 지속되면 고양이가 더 이상 그것을 즐기지 않는 상태에 도달할 가능성이 있다. 실제로 쓰다듬어지는 감각을 뇌에 전달하는 C-촉각 구심성 신경 섬유는 반복적인 자극을 받으면 지쳐서 발화 속도가 감소한다.[35] 사람의 경우, 이는 기분 좋은 느낌과 계속 쓰다듬어지기를 원하는 마음이 줄어드는 상태로 표현된다. 고양이에게도 이와 비슷한 과정이 일어난다고 가정하면 이러한 '쓰다듬기 포만감' 개념 때문에 쓰다듬어지고 싶은 욕구와 그것을 즐기는 마음보다 탈출 욕구가 강해지는 시점이 온다고 설명할 수 있다.

고양이와 사람의 관계에서 사람을 향한 고양이의 알로러빙과 그에 상응하는 사람의 쓰다듬기는 일종의 성공 사례라고 할 수 있다. 고양이가 더 열심히 노력한 것은 분명하지만, 둘 다 서로에게 보상을 주는 상호작용을 개발하기 위해 사회적 접촉 행동을 발전시킨 것이다. 고양이의 문지르기는 집사든 집사가 아니든 모든 사람이 좋아하는 고양이의 행동 중 하나로, 말 그대로 사람의 반응을 유도하는 데 사용되기 때문에 이를 못 알아차리기는 쉽지 않다. 한 흥미로운 연구에서는 입양 센터에서 고양이가 짓는 얼굴 움직임 및 기타 행동 신호와 이에 대한 사람들의 반응을 조사했다. 연구진은 사람에게 몸을 문지르는 것이 고양이 입양률에 영향을 미치는 유일한 행동이라는 사실을 발견했다. 사람에게 몸을 많이 문지르는 고양이일수록 더 빨리 입양되는 것으로 나타났기 때문이다.[36]

고양이가 사람에게 몸을 문지르는 것은 단순히 친근한 행동일까, 아니면 뭔가 더 계산된 행동일까? 집사들에게 이런 질문을 한다면 대부분 전자라고 대답할 것이다. 유명한 영국인 수의사 제임스 헤리엇은 "고양이가 자신의 얼굴을 내 얼굴에 문지르고, 발톱을 조심스럽게 집어넣은 채 내 뺨을 만지는 행동은 내게 사랑의 표현으로 느껴진다"라고 말했다.[37]

나는 그의 말이 맞다고 믿고 싶다.

6장
눈으로 나누는 대화

동물의 눈에는 위대한 언어를 구사할 수 있는 힘이 있다.
— 마르틴 부버

이 글을 쓰고 있는 지금 정원에서는 부치가 꽤나 부산스럽게 움직이고 있다. 지금은 바람이 많이 부는 10월이라 낙엽이 사방에서 날린다. 부치에게 요즘의 정원은 천국이다. 그는 나뭇잎이 공중에서 펄럭일 때마다 눈을 반짝이고 높이 뛰어오르면서 나뭇잎에 달려들고 있다. '움직이는 것 쫓아다니기'는 햇볕에 누워 몸 핥기, 창밖의 새 관찰하기와 함께 부치의 취미생활 목록에서 가장 상위를 차지하고 있는 것이 분명해 보인다.

부치처럼 소중하게 키워지는 집고양이의 삶은 그들의 먼 조상의 삶과는 매우 거리가 멀다. 하지만 감각과 본능만큼은 조상과 거의 동일하다. 모든 감각 중에서 시각은 새끼고양이에게서 가장 늦게 발달하는 감각 중 하나이며, 초기 활동을 안내하는 역할은 후각과 촉각이 담당한다. 그렇다고 고양이에게 시각이 중요하지 않다는 것은 아니다. 단지 인간과는 완전히 다른 방식으로 중요할 뿐이다.

고양이와 인간은 모두 눈을 사용해 주변에서 일어나는 일을 보지만, 진화적 배경이 다르기 때문에 반드시 같은 것을 본다고 할 수는 없다. 인간의 시각은 낮에 사용하기에 적합하게 설계됐다. 모든 사물을 선명한 색상으로 보고, 다른 사람들이 무엇을 하는지 관찰하며 눈을 의사소통 수단으로 사용한다. 반면 고양이의 시각은 야생 고양이 조상에게 가장 중요한 목표였던 먹이 포획을 위해 맞춤 설계된 것이다. 부치가 쫓는 단풍잎과 달리 고양이의 먹이가 되는 설치류는 주로 새벽과 해질녘에 활동한다. 고양이는 주로 이 시간대에 사냥을 하는 박명박모성* 동물이다. 따라서 하루의 시작과 끝을 알리는 어둠 속에서 빠르게 움직이는 먹이를 포착하고 잡을 수 있어야 한다.

고양이의 눈은 인간을 비롯한 포유류의 눈과 비슷한 구조를 가졌지만, 어두운 환경에서 시력을 향상시키는 여러 가지 중요

* 동물이 주로 박명(황혼 또는 여명)에 활동하는 성질.

한 적응 기능을 갖추고 있다. 그들은 어스름한 어둠 속에서 흘러나오는 빛을 최대로 감지해 이미지를 구별할 수 있다. 무엇보다도 고양이의 눈 뒤쪽에는 눈으로 들어오는 빛을 망막으로 반사해 망막에 위치한 광 수용체 세포를 자극하는 층이 하나 더 있다. 고양이의 눈이 마치 야광처럼 빛나는 것은 두 번째 기회를 제공하는 이 층 때문이다.

고양이 망막의 광 수용체 세포는 인간과 마찬가지로 두 가지 유형으로 나뉘지만, 그 비율이 인간과 약간 다르다. 두 유형 중 하나인 원추세포는 밝은 빛에서 활성화돼 색을 감지한다. 인간은 세 가지 종류의 원추세포를 가지고 있으며 각각의 원추세포는 청색, 녹색, 적색에 민감하다. 고양이는 인간에 비해 상대적으로 원추세포 수가 적고, 적색에 민감한 원추세포가 없기 때문에 주로 청색과 황록색을 감지한다. 따라서 고양이가 보는 세상은 인간이 보는 세상보다 훨씬 차분한 색채를 띤다. 광 수용체의 다른 한 유형은 막대세포다. 막대세포는 흑백만 볼 수 있지만 저조도 조건에서도 작동하기 때문에 어둠 속에서 보는 데 이상적이다. 인간은 이 막대세포의 수가 상대적으로 적어 해가 지면 시력이 거의 쓸모없어지지만, 고양이는 막대세포를 많이 가지고 있다. 또한 동공이 사람보다 훨씬 더 넓게 열리므로 어두워져도 눈으로 많은 빛을 받아들일 수 있다.

고양이는 완전한 암흑 속에서는 볼 수 없지만, 달빛이나 가로등 빛 아래에서 필요한 것을 충분히 볼 수 있다. 고양이의 동공은 밝은 빛에서는 빠르게 축소돼 수직 방향의 좁고 긴 모양으로 변하는데, 이는 눈을 보호하는 동시에 낮에도 먹잇감에 집중할 수 있는 능력을 유지하기 위한 적응의 결과다. 하지만 동공의 변화는 빛에 대한 적응 이외의 다른 이유로도 발생할 수 있다. 고양이는 두려움이나 흥분으로 인해 감정이 격앙되면 동공이 확장되면서 눈을 크게 뜨는 반면, 침착한 상태일 때는 일반적으로 수직 방향의 좁고 긴 슬릿 모양을 나타낸다.

고양이는 사람보다 시야각이 약간 더 넓다. 사람은 시야각이 180도인 데 비해 고양이의 시야각은 약 200도에 이른다. 고양이는 이렇게 넓은 시야각을 이용해 인간보다 더 많은 것을 볼 수 있지만, 정지해 있는 물체는 무시하고 움직이는 물체만 빠르게 추적하는 경향이 있다. 부치가 나뭇잎을 쫓아다니는 것은 나뭇잎이 움직이기 때문이다. 또한 고양이의 눈은 물체가 흐리게 보이지 않게 해주는 단속성 안구 운동이라는 빠른 안구 운동을 통해 움직이는 물체(또는 쥐)를 추적할 수 있다.

고양이에게 색채 시각이 약한 것은 별로 중요하지 않아 보인다. 고양이는 먹이를 찾을 때 먹이의 색깔보다 먹이에서 보이는 대비나 패턴을 더 중요하게 생각하기 때문이다. 고양이들이 빨간색 장난감 공보다 지그재그 무늬가 있는 흑백 공을 더 열심히 쫓아다니는 이유가 바로 여기에 있다. 집사들은 고양이가 바로 앞에 놓인 간식도 찾지 못하고 혼란스러워하는 이유를 궁금해한다. 이는 눈의 근육 구조로 인해 약 25센티미터 안쪽에 있는 물체에는 초점을 맞추기 어렵기 때문이다. 따라서 고양이는 어떤 물체에 가까이 다가가면 수염이나 후각을 이용해 그 물체의 위치를 파악한다. 또한 고양이는 원거리 시력이 좋지 않기 때문에 약 6미터 이상 떨어진 물체는 잘 알아보지 못한다.

고양이의 눈은 사냥에 최적화됐을 것이다. 하지만 고양이는 사냥 외에도 자신의 주변에서 일어나는 모든 일에 주의를 기울이는 능력도 가지고 있다. 이는 고양이들이 아주 어릴 때부터 발달시키는 능력이다.

눈을 통해 배워요

> 어린 고양이야! 눈을 크게 뜨면 많은 것을 배울 수 있을 거야!
> — 닥터 수스, 《눈을 감고도 책을 읽을 수 있어!I Can Read with My Eyes Shut!》

다른 종과 마찬가지로 고양이, 특히 새끼고양이에게도 눈으로 보는 것을 통해 배우는 관찰 학습 능력은 매우 중요하다. 안락한 사람의 집에서 태어난 새끼고양이는 어미고양이로부터 사냥하는 법을 배우지 못하면 성체가 되어서 스스로의 힘으로 생존할 가능성이 낮다. 어미고양이는 새끼고양이에게 처음에는 죽은 먹이를 가져다주지만, 시간이 지나면 살아 있는 먹이를 집으로 가져와 사냥하는 방법을 알려준다. 새끼고양이는 어미고양이의 행동을 몇 번 지켜본 후에 직접 먹이를 죽이는 연습을 하게 된다.

새끼고양이의 관찰 학습에 대해 연구한 과학자들은 앞서 언급한 상황과는 거리가 먼 자연스럽지 않은 상황에서도 새끼고양이가 어미는 물론 다른 고양이의 다양한 기술을 보고 배울 수 있다는 것을 보여줬다. 새끼고양이가 레버를 누르는 법을 배울 수 있는지 조사한 필리스 체슬러의 실험은 새끼고양이 혼자서는 레버를 누르는 법을 학습하기가 거의 불가능하다는 것을 보여줬다. 하지만 다른 고양이가 레버를 누르는 것을 관찰할 수 있었을 때는 점차 레버 누르기 동작을 배울 수 있었다. 이런 관찰 효과는 시범을 보이는 고양이가 새끼고양이의 어미일 때 더 크게 나타났다. 일단 새끼고양이가 어떻게 해야 하는지 요점을 파악하고 나면, 시범을 보이는 고양이가 어떤 고양이든 성공률 향상 속도에 영향을 미치지 않았다. 따라서 학습 과정에서 중요한 요소는 새끼고양이가 처음에 시범을 보인 고양이에게 주의를 기울인 정도라고 할 수 있으며, 어미고양이는 이 부분에서 새끼고양이의 학습에 더 큰 영향력을 발휘하는 것으로 보인다.[1] 성묘의 관찰 학습에 대한 연구 결과도 관찰할 수 있는 다른 고양이가 있을 때 고양이의 과제 학습 속도가 빨라진다는 생각을 뒷받침했다.[2]

고양이는 생활환경에 관계없이 관찰하고 학습하는 능력을 잘 활용하는 것으로 보인다. 집단생활을 하는 고양이의 경우, 먹이와 쉼터라는 가장 중요한 자원에 대한 접근성을 유지하면서 대립을 피하는 것이 최우선 과제다. 예를 들어, 농장 고양이 군집의 고양이는 사냥에 성공한 다른 고양이가 먹이를 들고 돌아오는 것을 보고 다음에 자신이 어디서 사냥을 해야 하는지 감을 잡는 것으로 보였다. 반려묘의 관찰 학습은 자신의 능력으로 직접 먹이를 사냥하며 살아야 하는 고양이의 관찰 학습과는 약간 다르다. 반려묘는 사람이 하는 행동을 보고 어떤 행동이 좋은 결과를 가져오는지 학습한다. 이를 통해 우리가 캔 따개를 집어 드는 것을 보고 참치 캔이 곧 나타날 것이라고 예측하는 것이다.

고양이와 까꿍 놀이

누군가 물건을 가져가서 등 뒤에 숨기면 그 물건이 여전히 존재한다고 할 수 있을까? 성인이 된 우리는 그것이 존재한다는 사실을 알고 있으며, 물건을 찾기 위해 그 사람의 등 뒤를 살필 것이다. 하지만 아기들은 숨겨진 물건이 사라졌다고 생각한다. 아기들이 까꿍 놀이를 재미있어 하는 이유가 바로 이것이다. 아기들은 우리가 두 손으로 얼굴을 가렸다가 손을 치워 다시 얼굴을 보일 때마다 깜짝 놀라는 반응을 보인다.

물체가 어떤 것에 가려져서 보이지 않더라도 그것이 사라지지 않고 지속적으로 존재하고 있다는 것을 아는 능력을 대상 영속성object permanence 이해 능력이라고 한다. 이는 스위스의 발달 심리학자 장 피아제에 의해 처음 연구됐다.[3] 피아제는 장난감

하나를 꺼내서 아기들이 보는 동안 담요 아래에 숨기는 방법으로 아기들의 대상 영속성 이해 능력을 테스트했다. 이 테스트를 가시적 전위visible displacement라고 한다. 피아제는 아기들이 생후 2년이 지나면 눈에 보이지 않더라도 장난감이 여전히 존재한다는 것을 점차 이해하게 된다는 사실을 발견했다. 이 시기의 아이들은 물건을 잃어버렸을 때 그것에 대한 정신적 표상을 머릿속에 떠올릴 수 있게 되고, 가장 마지막으로 본 곳에서부터 그 물건을 찾기 시작한다.

가시적 전위 테스트보다 좀 더 복잡한 비가시적 전위invisible displacement 테스트도 있다. 이 테스트는 다음과 같은 방식으로 진행된다. 아이가 보는 앞에서 용기에 장난감을 넣고 통째로 스크린 뒤로 옮긴 다음, 용기에서 장난감을 꺼내 스크린 뒤에 남겨둔다. 그런 다음 아이에게 장난감이 들어 있지 않은 용기를 보여준다. 이 상황에서 아이는 용기가 스크린 뒤에 있을 때 실험자가 장난감을 용기에서 꺼냈다는 것을 알아차리고 스크린 뒤에서 장난감을 찾아야 한다.

동물 인지 연구자들은 대상 영속성을 이해하는 능력이 인간뿐만 아니라 많은 동물 종에게 매우 유용한 기술이라고 생각한다. 예를 들어, 방금 시야에서 사라진 포식자나 먹잇감이 바위 뒤에 숨어 있다는 사실을 아는 것은 삶을 변화시키는 정보가 될 수 있다. 이 정보가 있으면 먹잇감은 목숨을 걸고 탈출할지를 결정할 수 있고, 포식자는 다음 먹잇감을 노릴지 결정할 수 있기 때문이다.

뒤이어 다른 연구자들도 피아제가 어린이에게 사용한 것과 유사한 방법을 사용해 다른 비인간 동물 종의 대상 영속성 이해 능력을 테스트했다. 실험 결과 고양이는 가시적 전위 테스트를 통과할 수 있는 것으로 밝혀졌다.[4] 즉, 고양이는 물체가 시야에서 사라져도 그것이 마지막으로 보았던 자리에 존재한다는 것을 안다. 고양이들은 생후 6~7주가 되면 이런 능력을 가지게 된다. 연구자들은 고양이들에게 피아제의 비가시적 전위 테스트도 실시했다. 아쉽게도 고양이들은 빈 용기를 봤을 때 그 안에 있던 물체가 스크린 뒤에 남았다는 것을 추론하지 못하는 것으로 나타났다. 대신 고양이들은 용기 근처를 탐색했다.

우리에게는 이 정도만 해도 놀라운 일이긴 하다. 하지만 이 결과는 고양이의 지능에 대한 어떤 것을 드러낸다기보다는 야생에서 고양이가 알아야 할 것이 무엇인지를 보여준다고 할 수 있다. 가시적 전위 테스트는 먹잇감이 시야에서 사라지는 상황을 표현한 것으로, 이는 고양이가 자연 환경에서 실제로 마주칠 수 있는 상황이다. 고양이들은 물체를 숨기는 위치를 매번 바꿔도 이 테스트를 항상 통과할 수 있다. 숨겨진 물체를 실제로 볼 수만 있다면 고양이는 계속 정확한 장소에서 물체를 찾아낸다. 쥐가 달리다 숨고, 다시 달리다 숨는 상황이 바로 이런 상황이다. 하지만 먹잇감이나 포식자가 고양이가 볼 수 없는 곳에서 다른 곳으로 옮겨지는 상황은 자연 환경에서 발생할 가능성이 매우 낮다.

숨어 있는 먹잇감, 그리고 그 먹잇감이 다시 나타나기를 기다리는 포식자 모두에게 포식자가 먹잇감을 마지막으로 본 위치를 얼마나 오래 기억할 수 있는지는 매우 중요한 요인이다. 이 요인은 사실 먹잇감에게 훨씬 더 중요하다. 이런 기억을 '작업 기억'이라고 하는데, 작업 기억이 지속되는 시간은 종에 따라 다르다. 고양이의 작업 기억 지속 시간은 별로 길지 않다. 고양이를 피해 숨어 있는 쥐 입장에서는 다행스러운 일이다. 관련 실험에 따르면 물체가 시야에서 사라진 후 30초가 지나면 고양이의 물체 기억 능력은 급격하게 떨어진다. 1분이 지나면 고양이가 물체를 찾아낼 확률은 무작위로 물체를 찾아낼 확률과 거의 비슷해진다.[5] 이 시점에서 고양이가 쥐를 찾아낼 확률은 매우 낮다. 이쯤 되면 고양이는 숨어 있는 쥐를 찾느라 시간을 낭비하기보다는 새로운 쥐를 찾아 나서는 것이 더 유리할 것이다.

현대의 반려묘 대부분은 생존을 위해 기억력과 사냥 능력에 의존할 필요가 없다. 일반적으로 주인이 식사를 제공하기 때문이다. 배고픈 고양이의 시각적 주의는 필연적으로 주인과 먹이의 존재 여부에 집중될 수밖에 없다. 최근에는 고양이가 먹이를 찾을 때 인간의 영향력이 고양이의 본능을 얼마나 억제할 수 있는지에 대한 연구가 진행되고 있다.

치지와 히토미와 공동 연구자들은 고양이에게 먹이가 담긴 용기와 먹이가 담기지 않은 용기 중 하나를 선택하게 했을 때, 고양이들이 먹이가 담긴 용기를 택한다는 것을 발견했다.[6] 별로 놀라운 결과는 아니지만, 이 실험은 최소한 고양이들이 먹이가 들어 있다고 인식한 용기를 선택한다는 것을 보여주었다는 데 의미가 있다. 다른 실험에서는 고양이에게 두 개의 용기를 보여줬지만 이번에는 두 용기 모두에 먹이가 담겨 있었다. 실험자는 둘 중 하나의 용기에서 먹이를 꺼내 먹는 시늉을 한 뒤 고양이가 직접 두 용기를 살펴보고 용기를 선택하게 했다. 그리고 이 두 용기를 다시 사용한 두 번째 실험에서는 한 용기에서 먹이를 꺼내 손에 쥐고 고양이에게 보여준 뒤, 그것을 먹는 시늉은 하지 않고 원래 있던 용기에 다시 넣었다. 그런 다음 고양이는 다시 한번 용기를 선택할 기회를 가졌다.

연구자들은 첫 번째 실험에서 실험자가 먹이를 꺼내 먹는 시늉을 하는 것을 본 고양이가 그 용기에 아무 것도 남지 않았다고 생각해 다른 용기를 선택할지 알고 싶었다. 그리고 두 번째 실험에서는 고양이에게 먹이를 보여주고 원래 있던 용기에 다시 집어넣은 것이 고양이의 선택에 어떤 영향을 미치는지 알아보고자 했다. 두 실험 모두에서 고양이들은 사람이 손을 대지 않은 용기보다 손을 댄 용기를 더 많이 선택했다. 그리고 사람이 먹이를 꺼내 먹는 시늉을 한 용기보다 사람이 먹이를 꺼내 손에 쥐고 고양이에게 보여준 용기를 훨씬 더 많이 선택했다. 이 결과는 고양이들이 사람이 먹이를 먹는 시늉을 하는 것을 보고 먹이가 사라졌다는 것을 어느 정도 인식하지만, 그 지식이 사람이 먹이를 다루는 모습을 보며 받은 영향을 압도할 정도로 강력하게 작용하지는 않는다는 것을 의미한다.

언뜻 보기에 이 결과는 고양이가 사람이 먹이를 먹었으므로 자신은 더 이상 그 먹이를 먹을 수 없다는 사실을 이해하지 못한다는 이상한 결과로 보일 수 있다. 하지만 집에서 키우는 반려묘의 경우, 사람이 고양이의 먹이를 먹는다는 개념이 너무 낯설었기 때문에 용기 안의 먹이가 어떻게 됐는지 확인해보려 한 것일 수도 있다. 아니면 용기 안에 음식이 더 있는지 확인한 것일지도 모른다. 혹은 사람이 먹이 그릇에 먹이를 다시 채우는 것을 익히 봐왔기 때문에 이런 선택을 했을 수도 있다. 어느 쪽이든, 연구자들은 고양이가 때때로 이렇게 오해를 받더라도 사람의 행동에 이끌린다는 것이 반드시 나쁜 것은 아니라고 주장한다. 고양이는 주인이 자신을 출입시키거나, 먹이를 주거나, 어려운 상황에서 구해줄 때 의존하는 모습을 보이곤 한다. 고양이는 우리가 생각하는 것보다 훨씬 더 주인의 행동에 신경을 쓰는 것이 확실하다.

절대 고양이를 똑바로 쳐다봐선 안 돼

병원 마당에서 고양이들을 관찰하고 있을 때였다. 화창한 여름날

이었고 고양이들은 햇볕을 받으면서 어슬렁거리고 있었다. 점심 시간은 이미 지났지만 경사로 위쪽 문에서 나타난 직원 덕분에 고양이들에게 예기치 않은 먹이가 추가로 배달됐다. 베이컨 조각으로 보였다. 문에서 가까운 곳에서 쉬고 있던 베티가 가장 먼저 쟁반에 다가갔다. 베티가 앉아서 먹이를 씹기 시작하자 태비사가 가까이 다가와 웅크리고 앉았다. 태비사는 베티를 지켜보고 있었다. 사실 그냥 지켜봤다기보다는 흔들림 없이 응시하고 있었다. 베티는 태비사가 쳐다보고 있다는 것을 분명히 알았지만 압박감에 굴복하지 않고 최대한 태비사의 시선을 피했다. 하지만 결국 베티는 접시에서 떨어져 다른 쪽으로 갔고, 태비사가 접시에 접근해 먹이를 먹기 시작했다. 베티는 이런 태비사의 모습을 응시하고 있었다.

나는 태비사와 베티의 이런 상호작용과 비슷한 상황을 상당히 많이 관찰했다. 1970년대에 영국 포츠머스 부두에 사는 페럴 캣들의 상호작용을 연구한 제인 다즈도 고양이들 사이의 이런 응시에 대해 기록한 바 있다. 다즈는 이 행동에 '먹이 응시'라는 이름을 붙였다. 그녀는 이 행동이 먹이를 먹던 고양이가 항복하도록 위협하기 위한 것이라고 추정했다.[7] 고양이들의 이런 응시 행동을 보면 사탕을 하나씩 까먹는 아이를 옆에서 지켜보는 다른 아이의 모습이 떠오른다. 구조 센터에 함께 입소한 고양이 한 쌍이 같은 우리에 갇혀 있을 때도 이런 장면을 본 적이 있다. 가장 애정 어린 관계를 유지하던 두 고양이조차도 먹이를 두고 이런 응시 상호작용을 하는 경우가 많았다. 이는 일반 가정에서도 발생하기 때문에 고양이들에게 각자의 밥그릇을 주고 그들 사이에 어느 정도의 거리를 제공하는 것이 좋다.

군집 고양이들 간의 상호작용 순서에 대한 나의 기록은 한 고양이가 다른 고양이를 지켜보는 장면으로 시작될 때가 많다. 관찰 초기에 나는 응시를 받는 고양이가 응시하는 고양이를 똑바로 쳐다보면 '눈 마주침'이라고 기록했다. 하지만 이 표현이 붐비는 방에서 고양이들이 서로 눈을 맞추는 다소 낭만적인 이미지를 연상시킨다는 것을 깨닫고 '먼저 쳐다보는 고양이', '쳐다봄을 받는 고양이'라는 더 구체적인 용어를 사용하기 시작했다. 그리고 곧 고양이와 고양이의 만남에서 '눈을 마주치는 순간'이 핵심적이라는 것을 깨닫게 됐다. 나는 두 고양이가 눈을 마주친 직후에 보이는 반응이 그들의 관계에 따라 크게 달라진다는 것도 알게 됐다. 빠르게 시선을 피하거나 다른 곳을 바라보는 경우, 서로에게 더 흥미를 보이는 경우, 완전히 시선을 맞추는 경우 등 매우 다양한 반응이 관찰됐다.

이렇게 다양한 유형의 시선은 몇몇 소규모 연구들을 통해 더 자세히 조사됐다. 데버라 굿윈과 존 브래드쇼는 같은 서식지에 사는 고양이들 간의 상호작용을 조사해 공격적인 요소가 포함된 상호작용과 그렇지 않은 상호작용으로 분류했다. 그 결과, 공격적인 행동이 포함된 상호작용에서는 고양이들 각각이 상대편을 관찰한 총 시간을 고려할 때 서로 시선을 교환하는 시간이 예상보다 적다는 사실을 발견했다. 이들은 상대편 고양이가 자신을 쳐다볼 때 다른 곳으로 시선을 돌렸지만 은밀하게 서로를 보고 있는 것이 확실했다. 비공격적인 행동만이 포함된 상호작용에서는 고양이들 각각이 상대편을 관찰한 총 시간을 고려할 때 시선 교환 시간이 예상과 같았다. 이 경우 시선 교환 행동은 적대적인 만남에서의 경고성 응시 또는 태비사와 베티의 '먹이 응시'와는 달리 위협적인 속성이 없었다.[8]

이 연구자들은 고양이들의 단계적 상호작용에 대해서도 연구했다. 특히 고양이들 사이의 시선 접촉을 자세히 관찰했다. 관찰 결과에 따르면 일반적으로는 한 고양이가 다른 고양이를 잠깐 쳐다보다 시선을 다른 곳으로 돌리는 것으로 접촉이 시작됐다. 다른 고양이가 무엇을 하고 있는지 관찰하는 것처럼 보였다. 흥미롭게도, 이런 행동을 한 뒤에 고양이들은 주변에 있는 물체의 냄새를 맡거나 스스로 그루밍을 하는 경우가 많았다. 이는 고양이들이 흔히 보이는 전위 행동displacement behavior의 일종이다. 전위 행동은 다음에 어떤 행동을 해야 할지 모를 때 긴장을 해소하기 위해 하는 행동을 말한다. 때때로 고양이들은 시선을 돌린 뒤에 상호작용을 피하기도 한다. 하지만 두 고양이가 모두 다른 곳을 쳐다보지 않고 시선을 교환하면 곧 서로에게 접근해 냄새를 맡는 경우가 많다. 이는 고양이들이 공격적인 만남에서 서로를 대결적으로 응시하는 것과는 달리 우호적으로 시선을 교환하기도 한다는 증거다.[9]

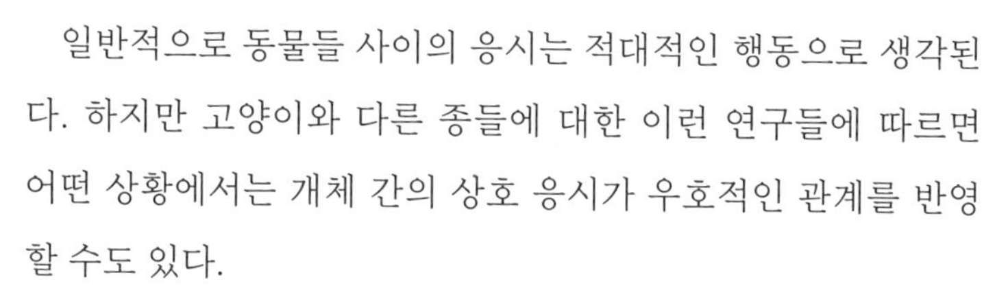

일반적으로 동물들 사이의 응시는 적대적인 행동으로 생각된다. 하지만 고양이와 다른 종들에 대한 이런 연구들에 따르면 어떤 상황에서는 개체 간의 상호 응시가 우호적인 관계를 반영할 수도 있다.

사람도 마찬가지다. 사람들은 때때로 지배력을 행사하기 위해 강렬하게 다른 사람의 눈을 응시한다. 하지만 그밖의 다양한 이유로 다른 사람을 응시하기도 한다. 예를 들어 사람들은 상대방의 기분을 파악하거나 자신이 하는 일에 동의하는지 확인하기 위해, 또는 상호작용을 하고 싶다는 의사를 알리기 위해 다른 사람의 눈을 쳐다본다. 때로 우리는 다른 모든 형태의 커뮤니케이션과 분리해 조용히 이런 행동을 하기도 한다. 하지만 대부분의 경우 사람들은 누군가와 눈을 마주친 상태에서 대화한다.

대화 중에 가끔 두 사람이 동시에 서로를 바라보는 순간이 있다. 이런 상호 시선 교환은 군집 고양들에게서 관찰한 것처럼 음성 대화 없이도 발생할 수 있다. 유명한 사회학자 게오르크 지멜은 "눈으로 바라볼 때 우리는 주지 않고는 받을 수 없다"라는 말로 두 사람이 서로 시선을 공유하면서 정보를 주고받는 방식을 표현했다.[10] 고양이든 사람이든 상대방을 똑바로 쳐다보는 행동은 둘 사이의 관계에 따라 다르게 해석될 수 있다. 쳐다보는 사람이 상대방을 잘 알거나 그 사람과 대화하고 있는 상황에서는 친근하게 격려한다는 느낌을 줄 수 있지만, 낯선 사람이 오랫동안 침묵을 지키면서 상대방을 응시하면 적대적인 의도로 해석될 수도 있다. 한 연구에 따르면 사람들이 선호하는 상호 응시 지속 시간은 평균 3.3초다.[11] 하지만 사람에 따라 눈 맞춤에 대한 선호도가 다르며, 너무 길거나 짧은 시선은 상대방을 불편하게 만드는 경향이 있다. 특히 자폐 스펙트럼 장애를 가진 사람들은 눈 맞춤에 더욱 민감하여 다른 사람과의 상호 시선 교환을 피하는 경향이 있다.

고양이들도 사람과 상호 응시를 할 때 불편해지는 시점이 있는 것 같다. 한 소규모 연구에 따르면 사람의 눈 맞춤은 고양이의 행동에 다양한 방식으로 영향을 미친다. 연구자들은 낯선 남성을 마주한 여덟 마리의 고양이를 대상으로 남성이 고양이를 바라보며 눈 맞춤을 기다렸다 바로 고개를 돌릴 때와, 고양이를 바라보고 눈 맞춤을 기다린 후 1분 동안 고양이를 계속 바라보았을 때 고양이가 어떻게 반응하는지 테스트했다. 남성이 고양이와 눈을 마주친 후 고개를 돌렸을 때 고양이는 남성을 더 자주, 더 오래 바라보는 경향이 있었다. 아마 상황을 모니터링했던 것 같다. 하지만 남성이 고양이를 계속 응시할 때는 남성에게 다

가가 무릎에 앉은 소수의 고양이를 제외하고는 대부분 다른 곳으로 숨거나 남성의 시선을 피했다.[12]

반려묘와 반려견이 어린이와 어떤 시각적 상호작용을 하는지 조사한 연구에 따르면 고양이는 개처럼 어린이를 오래 쳐다보지 않으며, 흘깃 쳐다보거나 짧게 응시했다. 또한 연구 대상이었던 고양이와 어린이는 서로 시선을 거의 공유하지 않았다.[13] 이는 고양이의 조상이 단독생활을 했기 때문에 시각 신호 시스템이 개에 비해 덜 발달한 것과 관련이 있을 수 있다. 하지만 중요한 것은 고양이의 이런 짧은 시선 패턴이 지속적인 눈 맞춤을 선호하지 않는 사람들에게는 더 적합한 시각적 상호작용 방식이 될 수 있다는 점이다. 이 연구에서 저자들은 자폐 스펙트럼 장애가 있는 어린이에 집중했지만, 실제로는 긴 시선 교환을 싫어하는 모든 사람에게 동일하게 적용될 수 있을 것이다.

집사의 도움이 필요한 순간

동물행동학자들은 다양한 종, 특히 우리와 같은 집에 살며 삶을 공유하는 반려동물이 인간의 시선을 활용하는 방식에 대해 많은 관심을 가지고 있다. 오랫동안 사람과 충성스러운 관계를 유지해온 개는 타고난 사회성 덕분에 사람의 시선을 읽고 때로는 그것을 조종하는 놀라운 능력을 발달시켜왔다. 최근 들어 연구자들은 개에게 적용했던 것과 유사한 기법으로 고양이의 능력을 테스트하기 시작했다. 이 테스트에는 고양이가 혼자서 해결할 수 있는 문제와 보상을 받기 위해 사람의 도움이 반드시 필요한 문제, 즉 '해결 불가능한 문제'가 포함된다.

해결 불가능한 문제가 주어진 상황에서 인간과 일부 동물은 대부분 '보여주기' 행동을 한다. 이는 자신을 도와줄 수 있는 사람의 주의를 끌어 자신이 원하는 대상에게로 이끌려고 시도하는 것을 말한다. 사람은 보여주기 행동을 할 때 시선을 받는 사람과 원하는 대상 사이에서 시선을 빠르게 옮기는 행동(번갈아 보기)을 반복하며, 때로 이 행동은 가리키기 행동과 결합되기도 한다. 개는 코 외에는 사물을 가리킬 수 있는 수단이 없기 때문에 번갈아 보기와 몸 움직임을 조합해 메시지를 전달하고, 사람이 특정한 사물에 주의를 기울일 때까지 그 사물과 사람을 계속 빠르게 번갈아 쳐다본다. 그렇다면 고양이는 어떨까?

아담 미클로시와 공동 연구자들은 사람의 도움 없이 꺼낼 수 없는 먹이를 마주했을 때 고양이와 개의 행동을 비교하는 흥미로운 연구를 수행했다. 연구자들은 각 실험에서 동물의 주인과 먹이를 숨겨둔 실험자가 방에 있는 동안 고양이와 개가 어떻게 먹이를 얻으려 하는지 알아내려고 했다. 미클로시는 개가 고양이보다 더 일찍, 더 자주 주인을 바라본다는 사실을 발견했다. 고양이는 시선 접촉을 하긴 했지만 개에 비해 그 빈도가 훨씬 낮았으며, 사람의 도움 없이 스스로 문제를 해결하기 위해 더 오랜 시간 동안 집중했다.[14]

다른 실험에서 링나 장과 공동 연구자들은 고양이가 혼자서 해결할 수 있는 과제와 해결할 수 없는 과제에 직면했을 때 사람과 시각적으로 어떻게 소통하는지 살펴봤다. 그 결과 고양이가 당면한 과제에 따라 서로 다른 전략을 사용한다는 사실을 발견했다. 고양이들은 혼자서 해결할 수 없는 과제를 만났을 때 혼자 해결할 수 있을 때에 비해 사람과 더 적은 시간을 보냈고, 먹이가 들어 있는 용기에 접근하는 빈도도 낮았다. 그러나 먹이가 들어 있는 용기와 사람을 번갈아 쳐다보는 횟수는 더 많았다. 흥미롭게도 고양이의 행동은 사람이 얼마나 주의를 기울이느냐에 따라 달라졌다. 이 실험에서 사람은 두 가지 행동 중 하나를 취했다. 주의를 기울이는 상태에서는 고양이 쪽을 쳐다보면서 시각적 상호작용 가능성을 열어뒀고, 주의를 기울이지 않는 상태에서는 스톱워치를 들여다보면서 고양이와의 시선 접촉을 피했다. 고양이들은 사람이 자신을 무시했을 때에 비해 자신에게 주의를 기울였을 때 더 일찍 그리고 더 자주 사람을 쳐다보고 먹이가 들어 있는 용기에도 더 자주 접근했다.[15]

구조 센터에 있는 고양이들에게 혼자 꺼낼 수 없는 먹이 퍼즐 상자를 제시한 리아 허드슨의 실험에서도 비슷한 결과가 나왔다. 허드슨은 퍼즐 상자와 낯선 사람만 있는 방에 고양이를 집어넣었다. 링나 장의 실험에서와 마찬가지로 사람의 행동은 주의를 기울이거나(고양이를 쳐다보고 고양이가 쳐다보면 같이 쳐다봄), 주의를 기울이지 않거나(고양이에게 등을 돌리고 고양이와 눈을 마주치지 않음) 둘 중 하나였다. 허드슨은 이 상황에서 고양이의 행동이 사람이 자신에게 주의를 기울이는지 여부에 따라 달라진다는 사실을 발견했다. 여기서도 고양이들은 상대방이 자신을 무시할 때보다 주의를 기울일 때 훨씬 더 오래 그리고 더 자주 상대방을 쳐다봤다.[16]

고양이는 사람이 자신에게 관심을 기울이는지 여부에 매우 민감하며, 자원에 접근하기 위해 도움이 필요한 상황에서 번갈아 보기를 할 수 있다. 흥미로운 사실은 우리가 실제로 고양이를 바라보고 있을 때만 이런 행동을 한다는 점이다. 이는 고양이와의 일상적인 상호작용에서 염두에 두어야 할 중요한 사실이다. 사람은 관찰력이 뛰어난 종은 아니며, 이는 고양이도 마찬가지다. 고양이는 사람과의 상호작용을 원할 때 야옹대거나 사람의 다리에 몸을 문지르는 방법을 이용해 사람이 움직이도록 유도한다. 고양이의 미묘한 눈빛 신호에 주의를 기울인다면 집사는 고양이와 더 강한 유대감을 형성할 수 있을 것이다.

무엇을 보고 있는 걸까

누군가와 얼굴을 맞대고 대화를 나누는 순간을 떠올려보자. 상대방의 시선이 당신의 눈을 떠나 어깨 뒤의 먼 곳으로 이동한다면 당신은 본능적으로 고개를 돌려 상대방이 무엇을 보고 있는지 확인할 것이다. 이런 행동은 '시선 추적'이라고 불리는 정보 수집 행동의 일종이다. 다른 사람의 시선을 따라 그 사람이 보고 있는 물체를 같이 보면 '공동 주의'라는 현상이 발생한다. 사람들은 다른 용도로도 시선 추적을 이용한다. 서로 대화할 때, 특히 조용히 대화할 때 우리는 가끔 의도적으로 시선을 다른 사물로 옮겨 상대방에게 그 사물이 대화와 관련되었다거나 흥미로울 수 있다는 것을 알린다. 이런 방식으로 사용되는 시선을 '참조 신호'라고 부른다.

한때 사람처럼 사회적으로 진보된 종의 고유한 기술이라고 여겨졌던 시선 추적은 이제 수많은 사회적 동물에게서 발견되고 있다. 더 놀라운 사실은 이 시선 추적이 일부 단독생활 종에서도 발견된다는 것이다. 특히 연구자들은 동물들이 인간이 주는 참조 신호를 따라갈 수 있는지에 관심을 갖고 있다.

헝가리 부다페스트에 위치한 외트뵈시 로란드 대학교의 페테르 퐁그라츠와 공동 연구자들은 고양이가 인간의 참조 신호를 단서로 삼아 우리가 무엇을 보고 있는지 파악하고 이를 통해 정보나 보상을 얻을 수 있는지 알아보고자 했다.[17] 연구자들은 최대한 편안한 환경을 조성하기 위해 대상 고양이들이 사는 집에서 실험을 진행했다. 각 실험에서 고양이는 자신의 뒤쪽에 놓인 그릇 두 개로 다가가도록 유도되었다. 두 그릇 사이에는 낯선 실험자가 앉아 있었고, 둘 중 한 그릇에는 먹이가 숨겨져 있었다.

고양이가 냄새만으로 그릇을 선택하지 못하도록 두 그릇 모두 미리 사료를 조금씩 묻혀둔 상태였다. 실험자는 처음에 명시적인 방법과 비명시적인 방법 중 하나로 고양이의 주의를 끌었다. 명시적인 방법은 고양이의 이름을 부르거나 주의를 끄는 소리를 내는 것이었고, 비명시적인 방법은 일반적으로 고양이를 부르는 데 사용되지 않는 딸깍 소리를 내는 것이었다. 이 두 가지 방법 중 하나로 고양이의 주의를 끈 다음 실험자는 고개를 움직여 먹이가 담긴 그릇을 쳐다봤다. 실험에 재미를 더하기 위해 두 가지 형태의 시선을 고양이에게 보냈다. 하나는 동적 시선, 즉 고양이가 선택할 때까지 먹이가 들어 있는 그릇을 실험자가 계속 쳐다보는 방법이고, 다른 하나는 순간적 시선, 즉 먹이가 들어 있는 그릇을 실험자가 잠깐 쳐다본 뒤 다시 고양이를 쳐다보는 방법이었다. 사람은 보통 순간적 시선을 따라잡기 어렵지만, 움직임을 스캔해 사냥하는 데 익숙한 고양이 같은 포식동물은 움직임 요소가 있는 순간적 시선을 더 잘 알아차릴 수 있을지도 모른다는 생각에서였다.

고양이들은 낯선 사람이 보내는 시선 신호를 매우 성공적으로 따랐다. 전반적으로 고양이들은 70%의 확률로 먹이가 담긴 그릇을 정확하게 선택했는데, 이는 일부 비인간 영장류의 능력과 비슷하며 심지어 개의 능력과도 비슷했다.[18] 뿐만 아니라 고

양이들은 동적 신호와 순간적 시선 모두를 똑같이 잘 따랐다. 흥미롭게도 명시적인 방법과 비명시적인 방법은 둘 다 고양이의 과제 수행 성공 확률을 높이지 못했다. 이는 개를 대상으로 한 동일한 실험의 결과와 전혀 달랐다. 하지만 고양이는 고양이에게 익숙한 명시적인 소리 신호를 사용했을 때 비명시적인 소리 신호를 사용했을 때보다 더 빠르게 사람과 시선을 접촉했다.

고양이가 사람의 시선을 어떻게 활용하는지에 대한 설명은 이제 다양한 연구를 통해 윤곽을 드러내고 있다. 적어도 가정 환경에서 고양이는 자신을 향한 사람의 시선에 냉담한 태도를 보이거나 그 시선을 거부하지 않는다. 고양이는 본능적으로 이런 시선 접촉을 부자연스럽게 느낌에도 불구하고 시선 교환을 소통의 수단으로 사용하는 방법을 배웠다고 할 수 있다. 고양이들은 해결할 수 없는 문제에 직면했을 때 우리를 쳐다보는 법을 배웠고, 우리의 시선을 추적해 보상을 얻는 법을 배웠다. 물론 이런 상황 자체는 매우 부자연스럽지만, 고양이는 적응력이 뛰어나기 때문에 기회가 생길 때마다 그 기회를 잡는다. 집고양이는 주인을 비롯한 사람들과의 독특한 경험과 관계에 따라 사람의 시선을 따르는 능력이 개체마다 다를 수 있다. 모든 고양이가 일생에 걸쳐 사람의 시선을 추적하는 법을 배우는 것인지, 아니면 가축화가 진행되는 과정에서 이 능력이 종 차원으로 진화한 것인지는 아직 확실하지 않다. 이에 대해 제대로 연구하려면 사회화된 야생 고양이가 유사한 실험 상황에서 어떻게 반응하는지 연구해야 하지만 그런 시도는 아직 없없다.

고양이는 가리키기의 의미를 알까

연구자들은 고양이가 인간이 보내는 시선을 추적할 수 있다는 것을 증명하는 것뿐만 아니라, 시선이 아닌 다른 참조 신호를 볼 때도 그 의미를 이해할 수 있는지 관심을 갖고 있다.

사람이 무언가를 가리키는 동작을 예로 들어보자. 인간은 한 살이 되면 손가락으로 원하는 것을 가리키거나(명령적 가리키기), 다른 사람에게 보여주고 싶은 것을 가리키기 시작한다(선언적 가리키기). 가리키기는 인간에게 매우 중요한 의사소통 수단이기 때문에 과학자들은 수많은 동물 종을 대상으로 인간의 가리키기를 인식할 수 있는지 실험해왔다. 하지만 고양이가 발로 사물을 가리키거나 방향을 나타내는 것을 본 사람은 아무도 없다. 사물을 가리킬 수 있는 손가락이 없는 동물이 가리키기의 의미를 이해할 것이라고 기대하기는 매우 힘들다. 게다가 집고양이들 대부분은 사람이 손을 내밀어 고양이가 냄새를 맡을 수 있게 해주는 것에 익숙해져 있다. 이런 상황에서 고양이의 본능은 가리키기를 하는 사람의 손에 접근하는 것이지, 사람이 가리키는 곳을 쳐다보는 것이 아니다.

그럼에도 아담 미클로시와 공동 연구자들은 시선 추적을 테스트하는 실험들을 통해 고양이와 개 모두 사람이 먹이가 숨겨진 그릇을 가리킬 때 그 신호를 따라갈 수 있다는 사실을 밝혀냈다. 고양이들은 가리키는 손가락이 그릇에 가까이(10~20센티미터) 있든 멀리(70~80센티미터) 있든, 신호의 지속 시간이 길든 짧든(1초) 상관없이 이 과제를 성공적으로 수행했다.[19] 고양이도 개만큼이나 신호를 잘 따르는 것으로 나타났는데, 이는 개가 더 사람의 행동에 주의를 기울인다는 일반적인 생각을 고려할 때 매우 흥미로운 결과다. 더욱 놀라운 사실은 고양이가 직접 가리키기를 수행하는 능력이 있는 일부 비인간 영장류만큼이나 이 과제를 잘 수행했다는 것이다.[20] 이 놀라운 능력은 고양이와 사람이 이어온 교감의 결과일 수 있다. 고양이는 사람과의 의사소통을 위해 자신의 언어를 변화시켰을 뿐만 아니라 사람들만 사용하는 신호를 이해하고 사용할 수 있는 능력을 학습한 것으로 보인다. 사람이 손가락으로 가리키는 곳에 맛있는 먹이가 있는 경우가 많다는 점도 이런 학습에 상당한 도움이 되었을 것이다.

페테르 퐁그라츠와 공동 연구자들은 헝가리의 고양이 보호자들을 대상으로 사람의 가리키기가 고양이에게 미치는 영향을 자세히 연구했다. 이 경우 '가리키기'는 수신호뿐만 아니라 앞서 살펴본 것처럼 고개를 돌리거나 응시하는 등의 여러 가지 시각적 단서를 의미한다. 연구진은 이 연구를 통해 몇 가지 흥미로운 사실을 발견했다. 그중 하나는 주인과 고양이가 장난스러운 상호작용을 할 때 고양이가 먼저 놀이를 시작할 경우 주인은 참조 신호를 덜 사용한다는 것이다. 이는 고양이가 보내는 신호에 주의를 많이 기울이는 주인은 고양이에게 '가리키기' 행동을 자주 하지 않는 반면, 고양이의 신호에 주의를 적게 기울이는 주인은 고양이에게 참조 신호를 더 많이 보내기 때문이라고 추정했다.[21]

주인이 먼저 고양이와의 놀이를 시작했을 때 가리키기 동작을 많이 하는 것은 주인이 쌍방향 놀이를 하기 위해 노력하기 때문일 수도 있다. 고양이가 시각적, 촉각적, 음성적 상호작용 방법을 복합적으로 사용한다고 답한 보호자는 고양이가 한 가지 의사소통 방식만 사용한다고 답한 보호자보다 고양이에게 참조 신호를 더 자주 사용하는 경향이 있었다. 그렇다면 이 상황에서 누가 누구에게 영향을 미치는지는 판단하기 힘들다. 고양이가 주인의 의사소통 시도에 반응하는 것일까, 아니면 그 반대일까?

천천히 눈을 깜빡이면

최대한 부드러운 발걸음으로 고양이 우리 안에 들어갔을 때였다. 뒤쪽 선반에 놓인 상자에서 바스락거리는 소리가 뚜렷하게 들렸다. 나는 발끝으로 서서 안을 들여다봤다. 그때 내가 본 것은 납작해진 귀 한 쌍과 겁에 질린 표정의 털투성이 얼굴 윗부분이었다. 접시처럼 생긴 두 개의 눈이 상자 가장자리 너머로 나를 쳐다보고 있었다. 미니가 구조 센터에 들어온 후 처음 일주일 동안 보여준 모습은 이런 게 전부였다. 다른 모습을 볼 수 있으리라는 희망은 거의 접은 상태였다.

나는 얼마 전에 알게 된 새로운 방법, 즉 눈을 아주 천천히 깜빡이는 방법을 시도하기로 했다. 당시 나는 이 방법을 조금 의심하고 있었지만, 너무 가까이 다가가거나 만지려고 하지만 않는다면 배울 것은 많고 잃을 것은 적을 것이라고 생각했다. 나는 다시 한번 발끝을 세워 미니의 상자를 들여다보았고, 약간 바보 같다는 생각을 하면서 눈을 천천히 깜빡였다가 다시 가늘게 뜨고 반쯤 감은 것처럼 보이도록 노력했다. 반쯤 감긴 눈을 통해 많은 것을 보기는 어려웠지만, 놀랍게도 나를 쳐다보던 두 눈이 천천히 깜빡이더니 내 눈처럼 반쯤 감긴 상태를 유지했다. 꿈일지도 모른다는 생각이 들었다. 놀라서 눈을 크게 떠버린 나는 다시 천천히 눈을 깜빡이는 동작을 반복했다. 미니도 나처럼 눈을 깜빡거렸다.

그 후 한동안 나는 가는 곳마다 고양이와 '느리게 눈 깜빡이기'로 소통하는 방법을 실험하곤 했다. 구조 센터의 고양이, 우리 집 고양이, 다른 집 고양이, 심지어 길에서 만난 고양이에게도 이 방법을 시도해봤다. 다소 서투른 내 구애 시도에 고양이들이 친절하게 반응하는 것을 보며 나는 천천히 눈을 깜빡이는 것이 고양이들에게 익숙한 신호라는 것을 알게 됐다. 하지만 수의사, 동물병원 간호사, 구조 센터 직원 등 고양이와 관련된 일을 하는 사람이나 고양이를 키웠던 사람, 지금도 키우고 있는 사람 등 내가 이 방

법을 알려준 이들은 이미 경험을 통해 그 내용을 잘 알고 있었다. 그럼에도 나는 갑자기 비밀스러운 신호를 알아낸 기분이 들었다.

사람들에게 이 방법을 주로 언제 사용하는지 물었을 때 집사들은 "방 안에서 서로를 너무 오래 바라보고 있을 때"라고 답했고, 구조 센터 직원들은 "고양이들이 처음 들어와서 모두 웅크리고 겁에 질려 있을 때"라고 답했다. 구조 센터 직원들의 이 대답은 미니를 떠올리게 했다.

2013년에 영국의 고양이 구조 단체 '캐츠 프로텍션'이 고양이 보호자를 대상으로 실시한 설문조사에 따르면, 보호자의 69%가 느린 눈 깜빡임이 고양이가 편안함을 느끼는 것과 관련이 있다고 답했다.[22] 사람들은 경험을 통해 이 동작을 잘 알고 있지만, 포츠머스 대학교의 태스민 험프리와 공동 연구자들의 실험 전까지 고양이와 사람의 신비로운 눈 맞춤 대화에 대한 자세한 내용이 과학적으로 연구된 적은 없었다. 연구팀은 논문에서 고양이의 느린 눈 깜빡임 시퀀스가 어떻게 눈꺼풀이 반만 감기는 일련의 반쯤 깜빡임을 포함하는지, 그 후 어떻게 눈이 반쯤 감긴 상태를 잠시 유지하거나(논문에서는 '눈 좁히기'라는 용어를 썼다) 완전히 감기는지 설명했다.[23]

연구팀은 고양이와 사람 사이의 눈 깜빡임이 일상생활에서 어떻게 이뤄지는지 자세히 살펴보기 위해 집 안에서 주인과 고양이의 만남 장면을 비디오로 녹화했다. 한 실험 조건에서는 주인에게 고양이의 주의를 끈 다음 천천히 눈을 깜빡여 달라고 요청했다. 다른 조건에서는 주인이 옆에 있었지만 고양이를 무시하고 눈을 전혀 천천히 깜빡이지 않았다. 연구팀은 주인이 느리게 눈을 깜빡일 때 고양이도 주인을 향해 느리게 눈을 깜빡일 확률이 매우 높다는 사실을 발견했다. 따라서 느린 눈 깜빡임은 주인과 고양이 사이에서 무작위로 발생한다고 할 수 없었다.

그런 다음 연구진은 낯선 사람이 고양이를 바라보며 천천히 눈을 깜빡일 때와 고양이와 직접 눈을 마주치지 않고 중립적인 표정을 지었을 때 고양이의 반응을 비교했다. 그 결과 고양이들이 낯선 사람에게 눈을 더 천천히 깜빡이며, 중립적인 표정을 지은 사람보다 천천히 눈을 깜박인 사람에게 접근하는 것을 선호한다는 것을 알아냈다. 이는 사람이 눈을 천천히 깜빡이면 고양이가 편안함을 느끼며, 친숙한 사람이나 낯선 사람 모두와 더 많이 상호작용할 수 있다는 생각을 뒷받침하는 결과다.

하지만 미니처럼 갑자기 구조 센터라는 낯선 환경에 놓였거나 편안함을 느낄 수 없는 장소에 있는 고양이는 어떨까? 이런 고양이들은 입양을 위해 한참 동안 우리 안을 들여다보는 사람들 때문에 더 많은 스트레스를 받는다. 고양이는 스트레스 상황에 직면했을 때도 느린 눈 깜빡임 반응을 보이는 것으로 나타났다. 험프리와 공동 연구자들이 진행한 다른 연구에서는 집이 아닌 구조 센터에 있는 고양이를 대상으로 느린 눈 깜빡임 반응을 조사했다. 그 결과 실험자가 눈을 천천히 깜빡일 때 고양이도 같은 행동을 보일 확률이 높은 것으로 나타났다. 실험에 참여한 고양이들은 생활환경에 따라 불안도가 크게 달랐지만, 불안이 적은 고양이들은 불안이 많은 고양이들에 비해 눈을 천천히 깜빡이는 빈도가 낮았다. 실제로 신경이 예민한 고양이일수록 사람의 느린 눈 깜빡임에 반응해 느린 눈 깜빡임 시퀀스를 만드는 데 더 많은 시간을 소비하는 경향이 많았지만, 유의미한 정도의 차이는 아니었다.[24]

이 관찰 결과는 느린 눈 깜빡임이 상황에 따라 다른 용도로 사용될 수 있음을 시사한다. 우호적이고 편안한 환경에서 고양이가 눈을 천천히 깜빡인다면 친근감을 표현하는 행동일 수 있다. 하지만 겁에 질린 고양이가 천천히 눈을 깜빡이는 것은 굴복을 통해 긴장을 분산시키려는 의도일 수 있다. 모든 사회 집단의 궁극적인 목표는 구성원 간의 갈등을 피하고 화합을 증진하는 것이기 때문에 이러한 이중 목적 신호는 동물 종에서 드물지 않게 보인다. 5장에서 설명했듯이, 고양이는 상호 그루밍의 형태로 이와 비슷한 이중 목적 신호를 보내기도 한다.

느리게 눈을 깜빡이는 것은 이해하기 힘든 행동 중 하나다. 고양이들은 이런 행동을 하는 법을 서로에게서 처음 배웠을까? 아니면 사람을 대상으로 이런 행동을 한 결과 다른 고양이에게도 효과가 있다는 것을 알게 된 것일까? 고양이가 다른 곳을 쳐다보지 않고 어떤 고양이를 계속 응시하는 것은 적대적인 행동일 수 있으며, 한 고양이 또는 두 고양이 모두 시선을 돌리지 않는 응시 행동은 더 강렬하고 공격적인 상호작용으로 발전할 가능성이 높다. 따라서 고양이들이 서로 마주치는 상황에서 눈을 천천히 깜빡이는 것은 시선을 부드럽게 하고 자신이 적대적이지 않다는 것을 나타내는 방법일 가능성이 높다.

험프리와 공동 연구자들에 따르면 고양이뿐만 아니라 갯과 동물, 말, 소도 눈을 좁히는 행동을 하며, 사람도 마찬가지다. 우리는 의도적으로 고양이에게 천천히 눈을 깜빡일 수 있다. 이런 행동은 우리가 자연스럽게 하는 눈 좁히기 행동과 매우 비슷하다. 우리가 무의식적으로 하는 이런 행동을 '뒤센 미소'라고 하는데, 이는 1862년에 이 미소를 처음 발견한 프랑스의 신경학자 기욤 뱅자맹-아망 뒤센 드 불로뉴의 이름을 딴 것이다.[25] 뒤센은 인간의 얼굴 신경과 근육을 연구한 최초의 과학자 중 한 명으로, 그것들이 어떻게 표정을 만들어내는지 집중적으로 탐구했다. 그가 내린 결론 중 하나는 사람이 미소를 지을 때는 입꼬리를 올리기 위해 광대 근육이 수축하지만, 진정으로 행복한 미소를 지을 때는 눈 주위 근육인 안륜근이 함께 수축한다는 것이다. 뒤센 미소를 지을 때는 눈이 현저하게 좁아지고 눈의 바깥쪽 구석에 '까마귀 발' 모양의 주름이 생긴다.

그 후 대부분의 사람들이 다른 사람이나 고양이에게 이렇게 눈가를 주름지게 만드는 미소를 지을 수 있다는 사실이 실험에 의해 밝혀졌다.[26] 의도적으로, 매우 그럴듯하게 말이다. 사람이 눈을 좁히는 행동은 뒤센이 말한 '호감 가는 인상'을 고양이에게 심어줄 수 있으며, 고양이는 이런 행동에 반응하는 것 같다. 눈가를 주름지게 하는 우리의 능력과 그런 우리의 행동을 따라하는 고양이의 능력은 함께 진화하면서 사람과 고양이 사이의 예상치 못한 매력적인 시각적 소통 채널, 즉 서로 눈을 마주치며 미소 지을 수 있는 기회를 만들어냈다.

7장
고양이의 성격을 파헤치다

평범한 고양이는 없다.
— 콜레트

현재 나는 멋진 고양이 두 마리와 한집에서 살고 있다. 생후 8주 때 구조 센터에서 함께 데려온 자매 고양이 부치와 스머지다. 둘은 새끼고양이였을 때는 꼭 붙어서 지냈다. 낮에는 같이 집 안을 뛰어다니며 놀고, 잠잘 때도 함께 웅크리고 잤다. 하지만 이제 열다섯 살이 된 이 두 고양이는 보통의 자매들이 그렇듯이 될 수 있으면 서로를 피해 다닌다. 같은 어미에게서 태어난 둘은 그동안 한집에 살며 사랑과 관심을 공유해왔지만, 성격은 물과 기름처럼 서로 다르다.

스머지는 집사라면 반드시 읽어야 할 잉가 무어의 매혹적인 동화책《식스 디너 시드Six-Dinner Sid》[1]의 주인공 고양이와 성격이 똑같다. 스머지는 여름이면 아침 일찍 집을 나갔다가(당연히 아침은 먹고 나간다) 저녁이 되어야 돌아온다. 집에 돌아와서는 뒷문 근처에 있다가 내가 몇 번이고 이름을 크게 불러야 반응한다. 그 사이 스머지는 이웃집들을 수없이 기웃거리고 들락거렸을 것이다. 집으로 돌아온 스머지에게서 향수나 음식 냄새, 이웃집에서 맡을 수 있는 냄새가 나기 때문이다. 많이 돌아다니지 않는 날에는 우리 집 앞마당의 담 위에 올라앉아 지나가는 사람들의 관심을 끈다. 그 앞을 지나가는 사람들은 가만히 앉아 있는 스머지에게 말을 걸곤 한다.

어느 날 나는 차에서 내리면서 담 위에 앉아 있는 스머지에게 말을 걸고 있었는데, 그 앞을 지나가던 사람이 물었다. "이 고양이가 그 집 고양이예요? 우리 집에 하도 자주 들락거려서 길고양이인 줄 알았어요." 그 순간 나는 스머지의 반짝이는 털과 통통한 몸을 흘끗 쳐다보며 '이런 고양이가 길고양이인 줄 알았다고?'라고 생각했다. 하지만 겉으로는 웃으면서 스머지가 목걸이를 늘 잃어버린다고 말한 뒤, 다음에 스머지가 그 집에 가면 밥을 주지 말아달라고 부탁했다. 나는 그 사람과 계속 이야기를 나누면서 우리 집의 다른 고양이도 그 집에 간 적이 있는지 물었다. 그러자 그는 "고양이가 한 마리 더 있어요?"라고 되물었다.

이웃집 사람들은 한 번도 부치를 본 적이 없다. 부치는 주로 집 안 어딘가에서 햇볕을 쬐며 지내고, 여름과 가을에는 뒷마당을 돌아다니며 파리나 나뭇잎을 쫓는다. 우리 집에는 얼마 전까지 앨피라는 골든 리트리버도 있었다. 앨피는 아주 싹싹하면서도 멍청하고 한편으로는 매우 탐욕스럽고 냄새가 많이 나는 개였다. 부치는 이런 앨피를 정말 좋아했다. 자기보다 훨씬 몸집이 큰 앨피에게 온몸을 문질렀고, 밤에는 앨피를 껴안고 자기도 했다.

반면 스머지는 앨피를 노골적으로 경멸했다. 앨피는 스머지가 한 번만 쳐다봐도 자기 침대로 도망가곤 했다.

한배에서 난 이 두 고양이가 어떻게 이렇게 다른 걸까?

인간의 성격은 2,000년이 넘는 세월 동안 철학자와 과학자의 호기심을 자극해왔다. 성격은 삶에 접근하는 방식, 세상을 바라보는 방식, 그리고 특히 사람들과의 소통 방식에 영향을 미친다. 고대 그리스의 철학자 히포크라테스(기원전 400년)는 사람의 성격이 네 가지 체액에 영향을 받는다고 주장했다. 이 생각은 이후 갈레노스(140년)에 의해 확장됐다. 그에 따르면 담즙질 성격(대담하고 야심적인 성격)은 황담즙에서, 우울질 성격(내성적이고 불안한 성격)은 흑담즙에서, 다혈질 성격(낙관적이고 쾌활한 성격)은 혈액에서, 점액질 성격(조용하고 사색적인 성격)은 점액에서 유래한다.

성격에 대한 이론은 그동안 수없이 변화해왔으며, 다행히도 이제는 더 이상 성격을 체액과 연관해 설명하지 않는다. 오늘날 사람의 성격과 관련해 가장 많이 연구되는 개념 중 하나는 '수줍음-대담함 연속체' 개념이다. 사람들이 새롭거나 위험한 상황에 반응하는 방식을 설명하는 이 개념에 따르면 대담한 사람일수록 위험을 많이 감수하고 수줍은 사람일수록 위험을 회피한다. 1970년대에 제롬 케이건은 어린이를 대상으로 수줍어하는 성향과 대담한 성향에 대해 연구했는데, 이 연구에 따르면 수줍어하는 성향은 유전되는 특성이지만 고정된 것은 아니며, 많은 경우 환경적 조건에 의해 줄어들 수 있다. 반면 대담한 아이들은 나이가 들어도 대담성에 변화가 별로 나타나지 않았다. 이는 수줍어하는 성향의 아이들과 달리 대담한 아이들은 더 자신감을 가지도록 격려되지 않기 때문인 것으로 보인다.[2]

수줍음과 대담함으로 구성되는 스펙트럼의 한 부분에 성격을 위치시키는 것은 흥미로운 접근 방법이긴 하다. 하지만 이는 성격의 한 측면만을 고려한 결과다. 따라서 연구자들은 두 가지 이상의 차원을 고려해 성격을 좀 더 폭넓게 설명할 수 있는 방법을 찾기 시작했다. 그 결과로 흔히 '빅 파이브Big Five'라고 불리는 성격검사가 탄생했다.[3] 정확하고 반복 가능한 성격검사로 널리 알려진 빅 파이브 성격검사는 설문지를 사용해 개인의 성격을 다섯 가지 측면으로 평가한다. 그 다섯 가지 측면은 경험에 대한 개방성, 성실성, 우호성, 외향성, 신경성이다. 이때 신경성은 우울증, 취약성, 과민성, 변덕, 불안, 수줍음 등 부정적인 성향을 말한다. 각 차원에 대한 점수는 정해진 척도에 따라 매겨진다. 예를 들어, 이 검사에 기초하면 개인의 성격은 단순히 외향적이거나 그렇지 않은 것으로 분류되는 것이 아니라 양 극단 사이의 연속체 어딘가에 위치한다. 유난히 적극적이고 사교적인 사람은 외향성 척도에서 높은 점수를 받고, 매우 조용하고 내성적인 사람은 낮은 점수를 받으며, 대부분의 사람은 그 중간 정도의 점수를 받는다. 이 다섯 가지 요인 각각에 대한 점수를 합산하면 특정한 개인의 성격 프로필을 만들 수 있다.

동물도 성격이 있을까

고양이를 비롯한 동물들도 성격이 있을까? 집사들은 이 질문에 "물론이죠!"라고 대답하며 자기가 키우는 고양이의 성격을 자세하게 묘사할 것이다(앞에서 나도 부치와 스머지의 서로 다른 성격에 대해 장황하게 설명했다). 하지만 이 주제에 대한 논의가 지난 2,000여 년 동안 진행되어왔음에도 불구하고 과학계의 오랜 정설은 가축이든 야생동물이든 인간이 아닌 동물에게는 성격이 존재하지 않는다는 것이었다. 동물 개체군을 연구할 때 개체의 변이는 단순히 배경에 깔린 '잡음' 정도로 간주되어왔다. 동물에게 성격이 있다는 주장은 최악의 의인화라는 비난을 불러일으켰고, 이는 진지한 행동과학자들을 공포에 떨게 했다.

하지만 자연선택은 특정한 신체적 특성을 가진 개체를 선호한다. 그리고 동물이 다양한 상황에서 어떻게 반응하는지에 영향을 미친다. 따라서 동물의 행동 변화는 그들의 의사소통, 생태, 인지, 진화를 연구하는 데 핵심적인 요소라고 할 수 있다. 이를 인식한 과학자들은 점차 개체 간의 차이에 주의를 기울이기 시작했다. 동물들이 다양한 성격을 가지고 있다는 이론을 처음 주장한 사람 중 한 명은 개의 조건반사 연구로 유명한 19세기 러시아 과학자 이반 파블로프다. 파블로프는 고대 그리스의 인간 성격 유형 분류 방식, 즉 4체액 분류법과 비슷한 방식을 개에게 적용했다. 그에 따르면 개의 성격은 쉽게 흥분하는 성격(담즙질), 활력이 넘치는 성격(다혈질), 조용한 성격(점액질), 내향적인 성격(우울질)으로 나뉜다.

시간이 지나면서 동물의 성격 연구는 과학의 일부가 됐다. 과학자들은 애플스네일[🐾]에서 마모셋원숭이에 이르기까지 다양한 종을 대상으로 개체와 집단의 특성을 연구했다. 이를 통해 이런 특성이 동물의 의사소통에 어떤 영향을 미치고, 생존에는 어떻게 도움이 되는지, 어떻게 유전되는지, 지역에 따라 어떻게 다른지 등을 알아냈다. 연구자들은 의인화를 피하기 위해 '성격'이라는 단어를 사용하는 대신 '대처 스타일', '행동 스타일', '행동 증후군' 같은 단어를 사용하곤 한다. 성격personality이라는 단어 안

🐾 이끼와 죽은 물고기의 사체를 먹는 달팽이.

에 사람person이 들어가 있기 때문이다. 때로 연구자들은 과감하게 '기질'이라는 표현을 쓰기도 한다(엄밀하게 말하면 '기질'은 유전된 성격을 가리키는 용어이긴 하다).

동물의 성격도 사람의 성격처럼 수줍음과 대담함을 양 극단으로 하는 스펙트럼의 위치에서 주로 분석된다. 어떤 동물이든 사람의 성격과 비슷한 특징이 나타나기 때문이다. 이웃집을 자신 있게 드나드는 대담한 스머지와 집 안의 작은 공간에만 머무는 수줍고 내성적인 부치를 통해서도 이런 특징을 확인할 수 있다. 현재 과학자들은 이렇게 상반된 두 성격이 어떻게 한 개체군에서 다음 세대로 계속 이어질 수 있는지 연구하고 있다.

인간과 가까이 사는 데 적응해야 하는 종들이 점점 많아짐에 따라, 과학자들은 인간의 활동과 그로 인한 환경 변화가 다양한 동물의 행동과 성격에 어떤 영향을 미치는지 연구하고 있다. 도시의 성장과 확산으로 그 주변 농촌 지역에 서식하는 동물들은 새로운 탐험 영역을 가지게 됐다. 먹이를 구하기 위해 끊임없이 돌아다니는 야생동물에게 이 영역은 매우 매력적이다. 어떤 동물이 이 새로운 도전에 얼마나 잘 적응하는지에 따라 그 안에서 성공적으로 서식할 수 있는지의 여부가 결정된다.

별로 놀랍지는 않지만, 관련 연구에 따르면 이런 새로운 틈새 영역을 지배하는 것은 대담하거나 적극적인 개체들이다. 이들을 '도시 적응자'라고 부르기도 한다. 멜라니 담한과 공동 연구자들은 독일의 도시 네 곳과 시골 다섯 곳에 서식하는 등줄쥐 개체군을 조사해 도시화와 인간에 의한 환경 변화가 도시에 서식하는 개체들의 성격에 큰 영향을 미친다는 것을 알아냈다. 도시 쥐는 시골 쥐에 비해 더 대담하고, 탐구적이며, 일부 행동에서 더 유연하다는 사실이 발견됐기 때문이다.[4]

하지만 이런 연구에는 의문이 따를 수밖에 없다. 대담하고 적극적인 동물이 새로운 먹이 자원과 안전한 은신처를 먼저 확보하고, 그 결과 새로운 번식 기회를 얻을 수 있다면, 왜 여전히 수줍음을 많이 타는 개체들이 개체군 내에 존재하는 것일까? 이 의문에 대한 간단한 답은 대담함이 이득을 가져다줄 수도 있지만 위험도 수반한다는 사실에 있다. 예를 들어 도시에는 새로운 먹이를 확보할 수 있는 기회도 있지만 낯선 포식자와 천적, 위험한 도로와 교통 상황, 오염된 공기, 토양, 물도 존재한다.

현존하는 집고양이의 조상인 야생 고양이는 1만 년 전 비옥한 초승달 지역에 살던 기회주의적 동물이었다(1장 참조). 연구자들은 이 야생 고양이가 최초의 도시 적응자였다고 생각한다. 그들 중에는 대담한 개체도 있고 수줍은 개체도 있었을 것이다. 인간의 초기 정착지는 오늘날 우리가 사는 인위적인 세계의 원형이라고 생각할 수 있다. 당시에도 대담하고 용감한 고양이들이 인간의 정착지에 몰래 숨어들어 먹이를 찾았을 것이 확실하다. 그리고 사람들은 이 대담한 고양이들에게 엇갈린 반응을 보였을 것이다. 정착지에서 농사를 짓던 사람들은 고양이 못지않게 기회주의적이었고, 정착지에 숨어든 야생 고양이 대부분은 먹이를 구하기는커녕 농부들의 저녁식사 거리가 되었을 수도 있다. 야생 고양이 중에는 설치류를 잘 잡는 재능으로 농부들의 마음을 사로잡아 계속 정착지에서 살게 된 개체도 있었을 것이다. 그렇다면 수줍음이 많은 고양이들은 어떻게 됐을까? 수줍음이 많은 야생 고양이는 인간의 정착지에 접근하기 전 충분한 시간을 들여 새로 발견한 자원을 정찰하고 평가했을 것이다. 그를 통해 인간이나 들개와 같은 다른 육식동물의 포식 위험을 피했을 것이고, 대담한 개체보다 더 오래 생존하고 더 오래 번식했을 수 있다. 방식은 다르지만 두 전략 모두 성공적이었다.

1장에서 설명했듯이 인간과 함께한 고양이의 운명은 롤러코스터와 비슷했다. 대담하거나 수줍은 성격이 어느 한 순간에 유리하거나 불리해질 수 있었기 때문이다. 고대 이집트에서 고양이는 성격이 어떻든 사람들의 존중을 받으면서 번성할 수 있었다. 반면 중세 시대에는 수줍은 고양이가 이득을 봤을 수도 있다. 당시 고양이는 사람들의 핍박을 받았기 때문에 가능한 한 눈에 띄지 않는 것이 최선이었기 때문이다. 현대의 야생 서식지에서 대담한 수컷 고양이는 번식 성공률이 더 높다. 하지만 그 대가로 고양이면역결핍바이러스FIV에 감염될 위험이 높아진다.[5] 이 바이러스는 일반적으로 고양이가 싸울 때 물린 상처를 통해 전염된다. 따라서 대담한 고양이는 번식 성공률은 높지만 수줍은 고양이에 비해 수명이 짧을 수 있다.

고양이를 비롯한 많은 종의 지속적인 생존은 수줍은 성격과 대담한 성격이 혼합된 성격 유형을 유지하며 지역 환경에 적응해나가는 능력에 의존하는 것으로 보인다. 수줍음과 대담함의 스펙트럼 자체는 생각만큼 간단하지 않을 수 있다. 부치와 스머지의 경우도 그렇다. 부치는 수줍음이 많은 성격으로 보이지만 우리 집을 방문하는 사람들에게는 매우 자신감 있게 행동했고, 반려견 앨피와도 친하게 지냈다. 반면 스머지는 활동적인 성격으로 보이지만 집에 혼자 있을 때는 대부분의 방문객을 무시하고 앨피와도 시간을 보내지 않았다. 사람의 성격과 마찬가지로 고양이의 성격도 매우 복잡한 측면이 있다.

고양이의 다섯 가지 성격 유형

냉담함, 독립적임, 교활함, 소심함, 다정함, 악의가 있음, 지능적임, 놀기를 좋아함, 호기심이 많음, 엉큼함, 자신감이 많음, 수줍음, 의심이 많음, 이해 불가. 집사들은 고양이를 주관적으로 관찰해 그들의 성격에 이렇게 다양한 수식어를 붙인다. 과거부터 지금까지 고양이는 그들을 싫어하는 사람과 좋아하는 사람 모두의 주관적인 생각에 기초해 다양한 성격으로 분류되고 있다. 고양이들의 성격 차이를 객관적이고 과학적으로 설명하는 것은 사람의 경우만큼 어려운 일이다. 그럼에도 1986년에는 고양이의 성격을 세 가지 기본 차원(경계성, 사교성, 침착성)으로 설명하려는 시도가 있었고,[6] 그 후로 다양한 방법과 용어를 사용해 고양이의 성격을 4~7개의 차원으로 설명하려는 노력이 이어졌다. 이런 연구들은 대부분 고양이가 다른 고양이를 어떻게 대하는지보다는 사람에게 어떻게 행동하는지에 초점을 맞춰 그들을 평가했다.

2017년에는 고양이의 성격에 대한 당시까지 가장 포괄적인 연구가 발표되어 돌파구를 마련했다. 카를라 리치필드와 공동 연구자들은 호주 남부와 뉴질랜드 전역의 고양이 보호자들이 작성한 설문지를 통해 2,800마리 이상의 고양이에 대한 데이터를 분석했고, 이를 바탕으로 52개의 개별 특성으로 구성된 다섯 가지 성격 차원을 도출했다. 여기에는 사람뿐만 아니라 다른 고양이를 향한 행동의 특성도 포함됐다. '필라인 파이브Feline Five'라는 이름이 붙은 이 다섯 가지 차원은 사람의 성격을 평가하는 빅 파이브 성격검사에서 사용되는 특성들과 매우 유사하다.[7] 실제로 고양이의 성격 특성 일부는 사람의 성격 특성과 비슷한 것으로 밝혀졌다. 우호성(친근성), 외향성(사교성), 신경성(신경질적임)이 그렇다. 대부분의 집사는 고양이의 성격 특성 중에 성실성이 없다고 해서 놀라지는 않을 것이다. 성실성은 사람, 침팬지, 고릴라에게만 나타나는 성격 특성이다. 또한 고양이의 성격 특성 중에는 개방성도 존재하지 않는다. 대신 이들에게는 충동성(또는 즉흥성)과 다른 비인간 동물 종에서도 발견되는 지배성이 있다. 지배성은 다른 고양이를 극단적으로 괴롭히면서 공격성을 보이거나 다른 고양이에게 복종하면서 우호적으로 행동하는 성향을 측정하는 척도다.

고양이의 다섯 가지 성격 차원을 구성하는 개별 특성의 예시로는 신경성 차원에 포함되는 불안함과 초조함, 의심, 수줍음이 있으며, 우호성 차원에 포함되는 다정함, 온순함 등이 있다. 모두 52개인 이 개별 특성들에는 흔하게 관찰되지는 않지만 지각 능력과 관련된 매력적인 특성인 무모함, 목적이 없음, 잘 그만둠, 서투름 같은 특성이 포함된다. 내가 좋아하는 고양이들이 바로 이런 특성을 지녔다.

사람에게 실시하는 빅 파이브 성격검사처럼 필라인 파이브 성격검사도 각 차원을 낮은 척도에서 높은 척도 순으로 표시하며, 양쪽 끝에 극단적인 행동이 위치한다. 고양이는 보호자의 답변에 따라 각 차원에 대한 점수를 받는다. 일반적으로 고양이들은 몇 가지 차원에서는 중간 정도의 점수를 받고, 나머지 한두 가지 차원에서는 점수가 높거나 낮을 수 있다. 예를 들어 호기심이 많은 스머지는 외향성 차원과 우호성 차원에서는 높은 점수를, 신경성 차원에서는 낮은 점수를 받았다. 신경질적인 부치는 신경성 척도와 충동성 척도에서 높은 점수를 받았다. 하지만 부치도 스머지처럼 사람을 좋아하기 때문에 우호성 척도에서 높은 점수를 받았다.

필라인 파이브 성격검사를 통해 집사들는 "우리 고양이는 매우 호기심이 많아요", "우리 고양이는 상냥해요"처럼 하나의 성격 특성을 말하는 차원을 넘어, 훨씬 더 넓은 관점에서 고양이의 기질을 살펴볼 수 있다. 고양이는 호기심이 많은 동시에 외향적이고 상냥할 수도 있고, 호기심이 많으면서도 혼자 지내려고 하는 성향이 강할 수도 있다.

고양이 집사는 이런 성격검사 결과에 기초해 고양이를 더 행복하게 만들 수 있다. 신경성 차원에서 높은 점수를 받은 고양이는 스트레스를 받는 경우가 많으므로 집 안에 고양이가 숨을 수 있는 공간을 많이 만들어주면 더 안정감을 느낄 수 있다. 외향성 차원에서 높은 점수를 받은 활동적이고 호기심 많은 고양이가 실내에서만 생활한다면 자극이 부족하다고 느낄 것이다. 이런 경우 빈 골판지 상자 같은 장난감이나 새로운 탐색 대상을 제공해 지루함을 덜어줄 수 있다. 우호성 차원에서 높은 점수를 받은 고양이는 주인의 관심을 더 많이 받을수록 행복해할 것이다. 이런 고양이에게는 쌍방향 놀이와 쓰다듬기를 많이 해주면 도움이 된다.

다른 고양이를 집에 들이려고 할 때도 고양이의 성격 프로필을 살피는 것이 좋다. 서로 충돌하는 기질보다는 보완하는 기질을 가진 고양이를 선택할 수 있기 때문이다. 예를 들어, 지배성 차원에서 낮은 점수를 받은 고양이 두 마리는 공유 자원을 놓고 다툴 가능성이 적다. 만약 고양이가 지배성 차원에서 높은 점수를 받았거나 친근성 차원에서 낮은 점수를 받았다면 다른 고양이 없이 혼자서 지내게 하는 것이 좋다.

고양이의 성격 유형을 결정하는 요인은 무엇일까? 고양이가

고양이의 성격을 구성하는 다섯 가지 차원

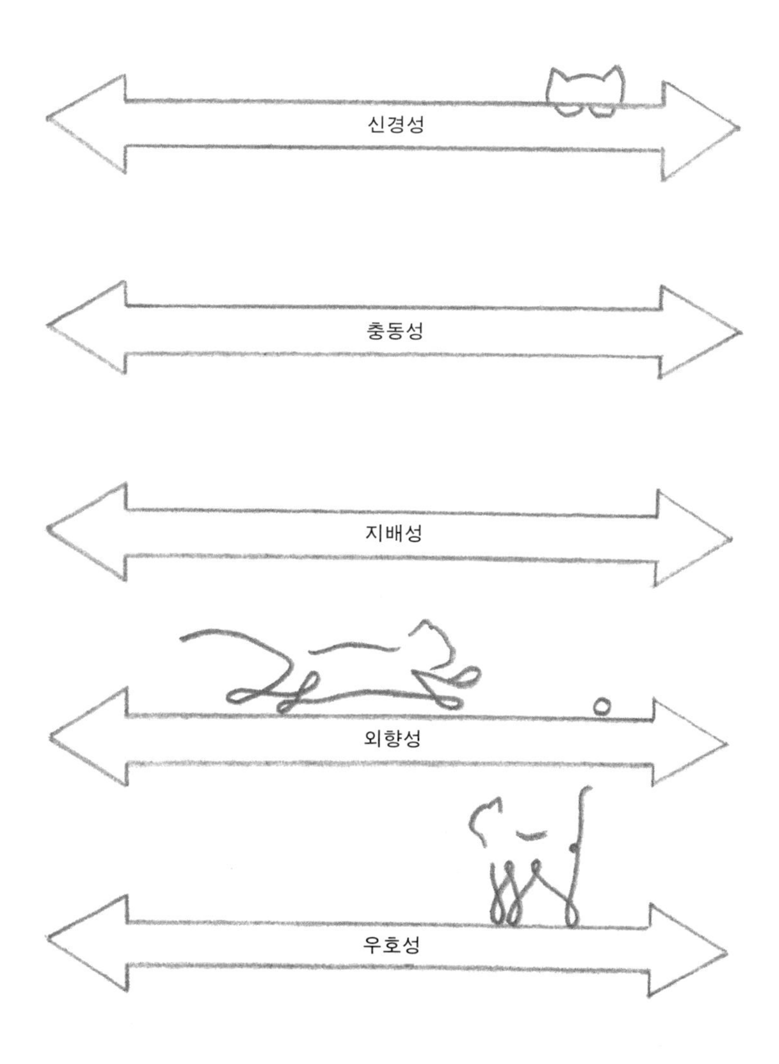

사람들에게 가르랑 소리를 내고, 몸을 문지르고, 시끄럽게 계속 야옹 소리를 내게 만드는 요인은 무엇일까? 어떤 고양이를 내성적이거나, 독립적이거나, 의심이 많거나, 조용하거나, 목적이 별로 없게 만드는 요인은 무엇일까? 과학자들은 이 질문에 답하기 위한 연구들을 이어왔다. 이는 고양이와 사람이 성공적인 관계를 맺는 데 매우 중요한 문제이기도 하다. 고양이의 성격은 사람의 성격과 마찬가지로 유전적 요인과 환경적 요인이 복합적으로 작용한 결과로 보인다. 이는 오래전부터 논란의 대상이 되고 있는 본성 대 양육의 문제처럼 복잡하고 풀기 힘든 사안이다.

고양이 성격에 영향을 미치는 환경적 요인

대부분의 사람들은 무뚝뚝하거나 수줍음이 많은 고양이보다는 친근한 고양이를 키우고 싶어 한다. 친근함이 고양이 성격 중에서 가장 많이 연구된 이유가 여기에 있다. 그렇다면 고양이가 인간에게 친근하게 행동하는 이유는 정확히 무엇일까? 성묘가 되어서도 계속 친근함을 유지할 것 같은 고양이를 선택하려면 어떻게 해야 할까? 사람과의 접촉을 피해 마을과 도시를 배회하는 수많은 길고양이들의 모습은 고양이라는 종이 어느 정도 길들여지긴 했지만 실제로 인간에게 친근하도록 미리 프로그램되어 있지는 않다는 사실을 일깨워준다. 고양이는 우리가 기대하고 즐기는 달콤한 야옹 소리 내기, 꼬리 치켜세우기, 머리 문지르기

없이도 혼자서 꽤 잘 지낼 수 있다. 고양이가 사람과 친해지려면 사람과의 상호작용이 좋은 일이라는 것을 학습해야 한다.

모든 동물에게는 생애 초기에 자신이 속한 종을 비롯한 다양한 종에게 사회적 애착을 형성할 수 있는 시기가 있다. 사회화 과정은 이 시기에 이뤄진다. 일반적으로 새를 비롯한 일부 동물의 새끼는 이미 사회성이 잘 발달한 상태로 태어나며(이를 '조성성'이라고 한다), 태어나서 가장 먼저 본 움직이는 동물을 따라다니는 경향이 있다. 그 대상은 어미인 경우가 가장 이상적이지만, 다른 종의 동물이나 사람이 그 역할을 대신하기도 한다. 오스트리아의 동물행동학자 콘라트 로렌츠는 이 현상을 '각인'이라고 이름 붙였다. 그는 갓 태어난 거위 새끼들에게 눈도장을 찍혀 거위들이 계속 그를 따라다닌 일로 잘 알려져 있다.

개나 고양이처럼 발달 속도가 느린 종은 어떤 동물과 상호작용하는 것이 좋은지를 학습하는 데 오랜 시간이 걸린다. 강아지나 새끼고양이의 경우, 발달 과정에서 다른 형제들과 같은 젖을 먹고 함께 놀면서 서로 상호작용하는 방법을 학습하지만, 사람과 상호작용하는 법을 배우기 위해서는 어릴 때부터 사람과 많이 접촉해야 한다. 1950~1960년대 연구에 따르면 이런 사회화가 집중적으로 이뤄지는 민감한 시기는 생후 3주에서 12주 사이다.

여러 과학자가 새끼고양이의 민감한 사회화 시기가 언제인지에 대해 다양한 의견을 제시했지만, 그 의견들을 실제로 증명할 수 있는 연구는 수행된 적이 없다. 대부분의 사람들은 고양이가 개와 비슷하며, 새끼고양이가 생후 8주 전후에 새로운 집으로 입양되었을 때 충분히 쓰다듬고 안아주기만 해도 사람들과 친근하게 잘 어울릴 수 있을 것이라고 생각했다. 그러던 중 1980년대에 아일린 카시가 획기적인 발견을 했다.[8] 카시는 새끼고양이의 민감한 사회화 시기를 정확하게 파악하기 위한 실험을 진행했다. 카시는 강아지의 경우 생후 7주 시기가 가장 중요하다고 밝힌 기존의 연구 결과를 기초로 실험 대상 고양이를 세 그룹으로 나눴다. 첫 번째 그룹은 생후 3주에서 14주까지 하루에 15분씩, 두 번째 그룹은 생후 7주에서 14주까지 15분씩 쓰다듬어줬고, 세 번째 그룹은 생후 14주까지 전혀 쓰다듬어주지 않았다. 카시는 생후 14주가 되었을 때 새끼고양이가 어느 정도로 사람에게 접근해 안기고 싶어 하는지를 평가해 사람에 대한 친근감을 측정했다. 이 테스트는 새끼고양이가 최소 1년이 될 때까지 2주에서 4주마다 반복됐다.

예상대로 사람이 전혀 쓰다듬어주지 않은 새끼고양이들은 생후 3주부터 쓰다듬어진 새끼고양이들에 비해 사람에 대한 친근감이 현저히 낮았다. 하지만 여기서 놀라운 사실은 생후 7주부터 쓰다듬어주기 시작한 그룹과 전혀 쓰다듬어주지 않은 그룹의 사람에 대한 친근감이 비슷했다는 점이다. 이 연구는 생후 7주부터 쓰다듬는 것은 새끼고양이가 사람에게 친근감을 가지도록 만들기에는 너무 늦다는 사실을 밝혀냈다. 그 후 카시는 후속 실험을 통해 새끼고양이가 사회화에 가장 민감한 시기는 생후 2주에서 7주 사이라는 사실을 발견했다. 그러나 많은 고양이가 사람들과 함께 생활하는 데 필요한 초기 사회화 과정을 거치지 못한 채 어미 곁을 떠나고 있다. 사람과의 긍정적인 상호작용을 경험할 수 있는 시간이 너무 짧았던 새끼고양이들이 사람을 두려워하고 혐오하게 되는 것은 당연한 결과다.

새끼고양이의 사회화 과정을 더 자세히 연구하던 카시는 새끼고양이를 얼마나 많이 쓰다듬고 안아주는지도 중요하다는 사실을 발견했다. 동일한 시기에 매일 15분 동안 쓰다듬어준 새끼고양이와 매일 40분 동안 쓰다듬어준 새끼고양이의 행동을 비교해 긴 시간 동안 쓰다듬어준 새끼고양이가 사람에게 더 빨리 다가오고 더 오래 안긴다는 사실을 발견했다. 그에 따르면 하루에 한 시간 정도까지는 부드럽게 쓰다듬어주는 것이 고양이의 사회성을 높이는 데 도움이 된다. 다만 이 시간을 초과해 쓰다듬는다고 해서 사람에 대한 고양이의 친근감이 더 상승하지는 않는다. 또한 카시는 고양이의 사회성이 고양이를 쓰다듬어주는 사람의 수에도 영향을 받는다는 사실을 발견했다. 대체로 새끼고양이는 한 사람이 쓰다듬는 것보다 두 명 이상이 쓰다듬을 때 사람에게 친근감을 더 많이 갖게 되는 것으로 나타났다.

실험실이 아닌 환경에서 자유롭게 돌아다니는 페럴 캣이나 길고양이, 때로는 보호시설에 있는 고양이들의 경우 어미고양이가 사람을 어떻게 대하는지가 새끼고양이의 태도에 큰 영향을 미칠 수 있다. 우호적인 어미고양이는 자신의 새끼 역시 우호적이게 만드는데, 이는 자신이 사람에게 보이는 반응을 통해 새끼고양이가 사람과 상호작용하도록 유도하기 때문이다. 비우호적인 어미고양이는 새끼고양이를 사람에게서 멀리 숨기고, 사람의 손을 타는 것을 적극적으로 막기 때문에 새끼고양이가 사람과의 사회화 기회를 놓칠 수 있다. 여기서도 중요한 사실은 생후 2주에서 7주 사이에 사회화가 시작되어야 한다는 것이다. 일단 사회화가 시작되면 새끼고양이는 생후 7주 이후에도 긍정적인 초기 경험을 계속 쌓을 수 있다.

물론, 어미고양이가 우호적이고 새끼고양이 시절에 사람이 충분히 쓰다듬어줬는데도 사람에게 우호적인 반응을 보이지 않는 고양이도 있다. 초기의 고양이 연구자들은 그 이유를 찾을 수 없었다.

숨길 수 없는 아비고양이의 유전자

어미고양이는 사람에 대한 자신의 반응을 통해 새끼고양이의 행동에 영향을 미칠 뿐만 아니라, 유전적으로도 자신의 기질을 물려줌으로써 새끼고양이의 성격에 영향을 미친다. 이 두 가지 영향을 완전히 분리하기는 어렵다. 반면 수컷 고양이는 일반적으로 새끼고양이를 키우는 데 관여하지 않는다. 실제로 대부분의 수컷 고양이는 길에서 우연히 마주치지 않는 한 자신의 새끼를 만날 일이 없다. 따라서 아비고양이는 거의 유전자를 통해서만 새끼고양이의 성격에 영향을 미치며, 일상적인 행동으로 직접적인 영향을 줄 일은 거의 없다.

1990년대 영국 케임브리지 대학교에서 고양이의 부성을 연구하던 샌드라 매쿤은 한배에서 났지만 아비고양이가 서로 다른 것으로 확인된 새끼고양이 12마리의 행동을 관찰하던 중 놀라운 것을 발견했다. 두 아비고양이 중 한 마리는 '우호적'인 고양이, 즉 사람들에게 꼬리를 치켜들어 인사하고, 사람의 몸에 자신의 몸을 문지르고, 발로 사람의 몸을 주무르는 고양이였다. 나머지 한 아비고양이는 사람이 다가와도 눈을 마주치지 않고, 귀와 몸을 납작하게 하고 꼬리를 아래로 집어넣은 채 고양이 우리 뒤로 숨는 비우호적인 고양이였다. 이 우호적인 수컷과 비우호적인 수컷은 각각 6마리 새끼고양이의 아비였다. 각 수컷의 새끼 중 절반은 생후 2~12주 사이에 매주 5시간씩 사람이 쓰다듬어주거나 안아줬지만, 나머지 절반은 사람과의 사회화 과정을 경험하지 못했다. 따라서 이 새끼고양이들은 사회화됐으며 아비가 우호적인 그룹, 사회화되지 않았으며 아비가 우호적인 그룹, 사회화됐으며 아비가 비우호적인 그룹, 사회화되지 않았으며 아비가 비우호적인 그룹의 네 개 집단으로 나눌 수 있었다.

새끼고양이들은 한 살이 됐을 때 친숙한 사람, 낯선 사람, 새로운 물건에 대해 어떤 반응을 보이는지 측정하기 위해 모두 동일한 방식의 테스트를 받았다. 그 결과 매쿤은 새끼고양이 시절에 사회화된 고양이가 사회화되지 않은 고양이보다 사람에게 더 우호적으로 반응한다는 카시의 연구 결과도 확인했지만, 별도의 유전적 효과, 즉 우호적인 아비를 둔 새끼가 그렇지 않은 새끼보다 더 우호적이라는 사실도 발견할 수 있었다. 사회화되고 우호적인 아비고양이를 둔 새끼고양이들은 나머지 모든 그룹에 속하는 새끼고양이들보다 더 우호적인 성격을 보인다는 일종의 복합 효과도 있었다.

하지만 가장 흥미로운 결과는 새로운 물건에 대한 고양이의 반응에서 나왔다. 이때는 고양이가 어렸을 때 사회화되었는지가 중요하지 않았지만, 아비가 우호적인 새끼고양이들은 그렇지 않은 새끼고양이들에 비해 사물에 더 빠르게 접근해 탐색했다. 이들은 아비로부터 사람이든 사물이든 일반적으로 새로운 것에 쉽게 접근하는 경향을 물려받은 것이다. 매쿤은 새끼고양이가 물려받은 유전적 특성이 '우호적임'보다는 '대담함'에 가깝다고 설명했다. 매쿤의 실험은 유전과 환경이 고양이의 성격에 미치는 영향을 최초로 분리해 설명해냈다.[9] 간단히 말하자면, 대담한 아비고양이는 새로운 사물에 빠르게 접근하는 대담한 새끼를 만들어낸다고 할 수 있다. 사회화는 오직 사람에 대한 고양이의 반응에만 영향을 미친다. 이런 사회화는 고양이의 타고난 대담성에 영향을 받으며, 사람들과 더 빠르

게 친해지도록 만들 수 있다. 하지만 적절한 시기에 충분히 쓰다듬으면 수줍은 새끼고양이도 결국에는 대담한 새끼고양이만큼 우호적으로 변할 수 있다. 이 점에서 고양이의 수줍은 성향과 대담한 성향은 인간의 경우와 비슷하다. 어린이를 대상으로 한 케이건의 연구 결과에서 알 수 있듯 고양이가 물려받은 수줍음은 적절한 환경적, 정신적 조건이 제공되면 극복될 수 있다.

매쿤의 실험에 따르면 어미고양이의 성격을 알면 새끼고양이의 성격을 예측하는 데 어느 정도 도움이 된다. 과학적 연구를 위해 통제된 사육 환경이나 혈통이 확실한 고양이를 기르는 가정에서는 이런 예측을 매우 쉽게 할 수 있다. 하지만 암컷 고양이가 야외에서 자유롭게 돌아다니며 자신의 짝을 선택하는 상황에서는 이야기가 조금 복잡해진다.

임신한 암컷 고양이의 주인은 일반적으로 자기 고양이가 동네 수컷 길고양이와 짝짓기를 했다고 생각한다. 예를 들어 동네 수컷 길고양이의 털이 적갈색인데 자기 고양이가 낳은 새끼의 털 색깔도 대부분 적갈색이거나 여러 색깔을 얼룩덜룩 띤다면 그 추정이 맞을 확률이 높다. 하지만 뤼도비크 세이와 공동 연구자들은 새끼고양이의 아비를 추정하는 일이 이보다 훨씬 복잡하다고 말한다.

전체적인 고양이 개체수가 적고, 따라서 중성화되지 않은 암컷 고양이의 수도 적을 수밖에 없는 시골 지역에서는 중성화되지 않은 수컷 고양이 한 마리가 암컷 여러 마리와 짝짓기를 하는 경우가 많다. 중성화되지 않은 암컷 고양이는 성욕이 왕성해지는 발정기를 제외하면 수컷에게 거의 관심이 없다. 여기서부터 상황이 좀 복잡해진다. 발정기의 암컷은 수컷에게 매우 적극적으로 짝짓기를 부추긴다. 암컷은 한 수컷과 한 번이 아니라 여러 번, 그리고 가능하다면 여러 수컷과 짝짓기를 한다. 발정기 때 암컷이 이렇게 여러 번의 짝짓기를 하는 데는 현실적인 이유가 있다. 암컷 고양이의 배란은 자연적으로 이뤄지는 것이 아니라 유도에 의해 이뤄지며, 배란을 유도하기 위해서는 여러 번의 짝짓기가 필요하기 때문이다. 암컷이 발정기에 접어들면 그 암컷과 같은 영역에 있는 수컷은 배회하는 다른 수컷이 암컷에게 접근하지 못하도록 막는다.

도시나 교외처럼 좁은 지역에 고양이가 밀집돼 있는 환경에서는 상황이 좀 달라진다. 이런 지역에서 여러 마리의 암컷이 동시에 발정기에 접어들면 아무리 덩치가 크거나 공격적인 수컷이라도 암컷들이 원하는 만큼 짝짓기를 할 수가 없다. 이런 상황에서는 발정기에 있는 암컷을 중심으로 수컷 무리가 형성되어 여러 수컷이 한 암컷과 짝짓기를 하게 된다. 흥미롭게도 이는 대담한 수컷과 수줍음을 많이 타는 수컷 모두에게 미래의 유전자 풀에 기여할 수 있는 기회를 제공하기도 한다.

세이와 공동 연구자들은 DNA 샘플을 사용해 도시 환경에서 태어난 새끼고양이 52마리와 외딴 곳에서 태어난 새끼고양이 31마리를 포함해 총 83마리 새끼고양이의 혈통을 알아냈다. 연구팀은 도시에서 태어난 새끼고양이의 77%에 다양한 부계가 섞여 있다는 사실을 발견했다(그중 한 새끼고양이는 부계 혈통이 무려 다섯 가지였다). 하지만 시골의 새끼고양이들 중에는 13%만이 두 가지 이상의 부계 혈통을 가지고 있었다.[10] 따라서 DNA 분석을 하지 않고 도시 지역 새끼고양이의 부계 혈통을 알아내는 것은 거의 불가능하다. 시골 환경에서는 새끼고양이의 부계 혈통 분석이 조금 더 쉬울 수 있지만, 여기에 어떤 수컷 고양이의 혈통이 섞여 있는지 알아내는 일은 정말 어렵다.

결론적으로, 새끼고양이 시절의 사회화 정도, 어미의 영향, 아비의 유전적 영향, 부계 혈통 예측의 어려움 등의 요소들을 고려하면 어떤 새끼고양이를 입양해야 할지 선택하는 일은 복권을 사는 것과 비슷하다고 할 수 있다. 사람들은 새끼고양이를 고를 때 나중에 어떤 고양이가 될지 어떻게 알 수 있냐고 묻지만, 어릴 때는 정확하게 예측할 수 없다. 아기와 마찬가지로 새끼고양

이도 천진난만하게 놀고 뛰어다니며 성장하는 동안 개성이 발달한다.

존 브래드쇼와 세라 로우는 새끼고양이를 대상으로 한 장기간의 연구에서 새로운 집에 들어간 처음 2년 동안은 대담성의 변화가 거의 없다는 사실을 발견했다.[11] 고양이의 성격은 주변 세계를 경험하면서 천천히 발달한다. 부치와 스머지처럼 어릴 때 유대감이 강했던 새끼고양이들이 성묘가 되면서 서로 멀어지고 선호도와 성격이 더 뚜렷해지는 경우도 적지 않다.

가장 중요한 것은 고양이가 생후 2주 이후부터 최대한 많은 사람의 소리와 모습을 접하고 그들의 손길을 받도록 하는 일이다. 하지만 많은 사람이 그렇게 하는 대신 성묘를 입양하는 것을 선택한다. 다 자란 고양이를 입양하는 경우 고양이에게 또 다른 삶의 기회를 준다는 만족감을 느낄 수 있고, 이미 온전하게 형성된 고양이의 성격을 입양 전에 확인할 수 있기 때문이다. 그러나 실제로 성묘에게 두 번째 가정을 찾는 일은 쉽지 않다. 그들이 구조 센터를 떠나 새로운 집에 입양되기 위해서는 상당한 설득이 필요할 수 있다. 사람들은 고양이를 선택할 때 무엇을 볼까? 또, 고양이는 사람을 선택할 때 무엇을 볼까?

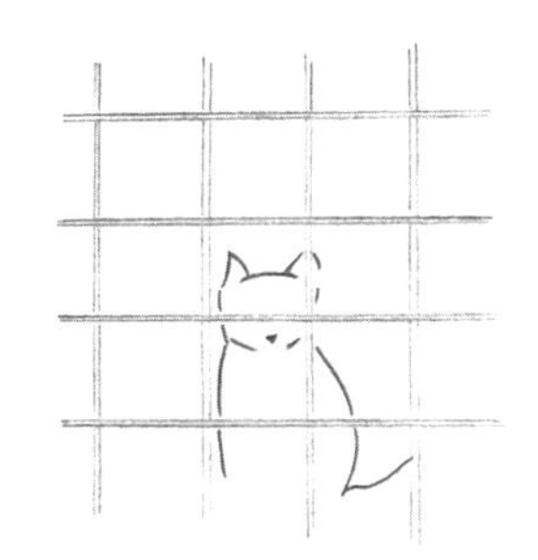

털 색깔이 성격을 말해준다면

"어떤 고양이를 찾으시나요?" 입양을 위해 구조 센터를 찾은 커플에게 내가 물었다. "아, 저희는 까다롭지 않아요. 가장 중요한 건 성격이죠. 어리고 상냥한 고양이, 집에 돌아오면 반갑게 맞이해주고 저녁에 무릎에 올라오는 고양이를 원해요." 여자가 대답했다. 나는 "좋아요. 딱 맞는 고양이가 있어요"라고 말하고 두 사람을 페블스의 우리로 안내했다. 페블스는 나를 실망시킨 적이 없었다. 우리 문을 열자 페블스는 선반 위 상자 안에서 자다 일어나 아래로 뛰어내렸고, 천천히 기지개를 켜며 꼬리를 치켜들었다. 그러더니 바닥에 웅크리고 앉아 있던 여자의 무릎 위에 올라가 몸을 웅크리고 모터 돌아가는 소리와 비슷한 가르랑 소리를 냈다. 나는 활짝 웃으며 마법 같은 일이 일어나기를 기다렸다. 하지만 그런 일은 일어나지 않았다. 여자는 페블스를 바닥에 내려놓더니 이렇게 말했다. "이 고양이는 얼룩 고양이라 안 되겠어요. 얼룩 고양이는 별로 상냥하지 않아서 말이에요."

예비 고양이 집사에게 어떤 고양이를 원하는지 묻는다면 대부분은 성격이 좋은 고양이를 원한다고 대답할 것이다. 하지만 다양한 색깔과 무늬를 가진 고양이를 선택지로 제시하면 다른 결과가 나올 수 있다. 사람들은 털색보다 성격을 더 중요한 요소로 생각한다고 말하지만, 적어도 일부 털색에 한해서는 성격과 털색이 서로 연관된다는 인식이 있는 것 같다. 특정한 털색이 특정한 성격 유형과 연관된다는 생각은 매우 오래되었고, 다른 관습적인 생각들처럼 수많은 세월에 걸쳐 뿌리내렸다.

얼룩 고양이와 삼색 고양이는 매력적인 무늬를 가지고 있음에도 성격이 좋지 않다는 평가를 받아왔다. 러시 시픈 휘데코퍼가 1895년에 발표한 고양이 관련 책에서는 얼룩 고양이에 대해 "별로 다정하지 않으며, 성격이 사악하기까지 하다"라고 묘사했다.[12] 오늘날 집사들 사이에서 흔히 사용되는 '못된 얼룩 고양이', '성격에 문제가 있는 얼룩 고양이' 같은 표현들은 얼룩 고양이들에 대한 부정적인 생각을 더욱 부추긴다. 고양이의 털색과 성격에 대한 사람들의 생각을 조사한 미켈 델가도와 공동 연구자들의 최근 설문조사에서도 얼룩 고양이와 삼색 고양이는 여전히 냉담함과 편협함에서 높은 점수를 받고 친근함에서는 낮은 점수를 받았다.[13]

성격 면에서 높은 평가를 받은 고양이는 털이 진한 적갈색인 고양이다. 휘데코퍼는 이들을 "성격 좋은 집고양이"라고 묘사했는데, 이런 평가는 그 후에도 계속 이어지고 있는 것 같다. 델가도와 공동 연구자들도 적갈색 고양이는 다른 털색을 가진 고양이에 비해 수줍음과 냉담함이 상대적으로 적고 친근한 편이라고 평가했다. 고양이 보호자를 대상으로 한 여러 설문조사에서도 적갈색 고양이는 친근함, 차분함, 훈련 가능성 면에서 높은 점수를 받았다.[14] 내가 일하던 구조 센터에서는 입양 가능한 적갈색 고양이가 있느냐는 사람들의 문의가 끊이지 않을 정도로 적갈색 고양이의 인기가 높았다.

고양이의 성격에 대해 확고한 의견을 가지고 있었던 휘데코퍼는 검은색과 흰색이 섞인 고양이를 "다정하고 깨끗하지만 이기적이며, 아이들과 함께 놀기에는 적합하지 않다"고 평가했다. 다행히도 이런 생각이 지금까지 이어지고 있지는 않다.

가장 부정적인 평가를 받은 고양이는 단연 검은 고양이다. 주술과 악마, 일부 지역에서는 불운과 연관되는 검은 고양이는 그 오명을 떨쳐내는 데 많은 어려움을 겪어왔다. 게다가 요즘은 사진을 찍을 때 잘 나오지 않는다는 이유로도 기피의 대상이 된다. 검은 고양이의 감정을 읽는 것이 더 어렵다는 편견도 검은 고양이 입양을 주저하게 만드는 것으로 보인다.[15] 구조 센터의 검은 고양이 입양 현황을 살펴보면, 새끼고양이든 성묘든 검은 고양이는 검은색이 아닌 고양이에 비해 입양되는 데 2일에서 6일이 더 걸리며, '턱시도' 고양이처럼 흰색 털과 검은색 털이 섞인 고양이에 비해서도 3일 정도 늦게 입양되는 것으로 나타났다.[16]

털색과 성격 사이에 연관성이 있다는 생각은 사실적인 근거가 있을까? 이 의문에 대한 답은 연구에 따라 다르다. 일부 털색이 사람에 대한 공격성과 약간은 관련 있어 보이지만, 전반적으로 외모는 성격을 예측할 수 있는 신뢰할 만한 지표가 아니다.

고양이 성격에 있어 털색보다 더 중요한 것은 품종인 것 같다. 일부 품종의 독특한 행동 특성은 오래전부터 잘 알려져 있다. 샴고양이는 큰 소리로 원하는 바를 요구하는 것으로 악명 높으며, 페르시안 고양이는 다른 품종보다 덜 활동적이거나 장난기가 많다고 묘사된다. 새로운 품종들이 개발됨에 따라 과학자들은 유전자가 고양이의 행동에 미치는 잠재적 영향을 연구할 기회를 얻게 됐다. 예를 들어 밀라 살로넨과 공동 연구자들은 고양이 보호자들을 대상으로 한 설문조사에서 품종에 따라 사람들과의 접촉을 원하는 정도가 크게 다르다는 사실을 발견했다.[17] 그에 따르면, 코라트와 데본 렉스는 브리티시 쇼트헤어보다 사람과의 접촉을 더 많이 원하는 경향이 있다. 또한 일부 품종에서는 특정한 성격 요소들이 서로 상관관계를 가지는 것으로 보인다. 예를 들어 느긋한 성격으로 잘 알려진 랙돌 고양이의 경우, 사육자들이 차분한 성격의 새끼고양이를 얻기 위해 활동적이지 않은 개체를 선택해 번식시킨다. 하지만 랙돌 고양이의 느긋한 활동 성향은 사람과의 접촉을 선호하지 않는 특정한 성격 요인과 상관관계가 있는 것으로 밝혀졌다. 따라서 사육자들은 알고 그런 것은 아니지만 차분한 새끼고양이를 얻기 위해 사람을 덜 좋아하는 개체를 번식용으로 선택해온 것이다.

과학자들은 고양이의 성격에 영향을 미칠 수 있는 다양한 유전자 변이에 대해서도 연구하고 있다. 예를 들어 과민함, 지배적임, 고집스러움, 변덕스러움 같은 고양이의 '거친' 성격 특성은 옥시토신수용체OXTR 유전자의 변이에 부분적으로 영향을 받는 것으로 밝혀졌다.[18] 따라서 고양이의 다양한 행동 특성과 유전자의 연관성을 다루는 연구는 전도유망해 보인다.

집사 따라 달라지는 성격

디즈니 영화 〈101마리 달마시안〉의 시작 부분에는 달마시안 개 퐁고가 창문 밖을 지나가는 개와 주인들을 바라보는 장면이 나온다. 모든 견주는 자신의 개와 이상할 정도로 닮아 있다. 이 영화는 주인이 반려견과 닮았다는 우스갯소리를 재미있게 풀어낸 작품이다. 견주들에게는 조금 불편할 수 있는 한 연구 결과에 따르면, 순종견을 키우는 사람들은 자신이 키우는 개와 어느 정도 비슷할 수 있다.[19] 일부 연구자는 주인의 사진을 보고 그들의 개를 정확히 맞추었다. 그렇다면 주인의 성격도 반려동물의 성격과 비슷할까? 개에게서 주인과 비슷한 성격을 발견한 연구자들은 이제 고양이에게 눈을 돌렸다. 우리는 자신과 비슷한 성격의 고양이를 무의식적으로 선택하는 것은 아닐까?

연구자들은 고양이를 키우는 여대생을 대상으로 소규모 설문조사를 진행해 12가지 측면에서 본인의 성격과 고양이의 성격을 평가하도록 요청했다.[20] 조사에 참여한 여대생들은 다양한 종의 고양이를 키우고 있었다. 조사 결과 샴 고양이를 키우는 여성은 영리함, 감성적임, 친근함 면에서 자신과 고양이를 비슷하게 평가한 반면, 혼합 품종 고양이를 키우는 여성은 공격적이고 감정적인 특성면을 자신과 고양이의 성격이라 평가했다. 이는 주인이 반려동물을 볼 때 자신의 모습을 투영하거나, 자신과 성격이 비슷하다고 생각하는 반려동물을 선택한다는 뜻이다.

사람과 고양이의 성격 유형은 매우 다양하다. 따라서 과학자들은 그 둘 사이의 관계를 연구할 때도 사람 간의 관계처럼 다양한 성격 특성이 어떻게 상호작용하는지 파헤치기 시작했다.[21] 그 결과 몇 가지 흥미로운 사실이 밝혀졌다. 고양이와 주인의 성격 유형은 무작위로 섞여 있는 것이 아니며, 주인 성격의 일부 측면이 고양이의 성격과 관련 있는 것으로 나타났다. 이 연구에서는 특히 개인적 성격 차원인 신경성이 중요한 것으로 밝혀졌다. 사람의 경우 신경성은 사회성에 큰 영향을 미친다. 따라서 신경성 점수가 높으면 친구, 가족, 반려동물 등 주변에 부정적인 영향을 줄 가능성이 높다. 특히 이 영역에서 높은 점수를 받은 사람은 일반적으로 고양이에게 많은 관심을 원하며, 고양이에 대한 걱정도 많다. 고양이는 이런 주인의 관심을 받아들여 주인이 자신을 안고 키스하고 쓰다듬는 것을 허용하는 것처럼 보인다. 하지만 이 경우 고양이도 주인처럼 불안해하고 긴장을 많이 하게 된다.

불안한 주인과 고양이의 관계를 더 자세히 조사한 한 연구에 따르면, 이런 주인은 고양이의 야외 출입을 제한하고 고양이에게 행동적, 의학적 문제 또는 스트레스 관련 문제가 있다고 걱정할 가능성이 더 높은 것으로 나타났다.[22] 이 결과는 부모와 자녀 사이의 관계를 다룬 연구에서 나타난 결과와 비슷하다. 불안한 부모(신경성 차원에서 높은 점수를 받은 부모)는 자녀에 대한 걱정이 많기 때문에 자녀를 더 엄격하게 다루고 과도하게 보호하는 경향이 있다.

신경성 차원에서 높은 점수를 받은 주인과 고양이의 관계는 매우 집중적이지만 실제 상호작용은 적은 경향이 있다.[23] 이는 주인이 고양이보다 먼저 상호작용을 시작하는 경우가 많기 때문일 수 있다. 데니스 터너와 공동 연구자들은 사람과 고양이의 상호작용 시간은 어느 쪽이 먼저 상호작용을 시작하는지에 따라 달라진다는 것, 즉 고양이가 먼저 시작한 상호작용이 사람이 먼저 시작한 상호작용보다 더 오래 지속된다는 것을 보여준다.[24]

이와 대조적으로 성실성 차원에서 높은 점수를 받은 주인과 고양이의 관계에서는 서로 간의 상호작용이 복잡하며, 여기에 행동적 요소가 많이 포함된다. 이 결과에 대해 커트 코트르셜과 공동 연구자들은 통제력이 강하고 성실한 주인의 성격이 고양이에게 규칙성과 신뢰감을 심어주어 주인과 고양이 사이에 의식화된 행동이 발달할 수 있다고 설명한다.[25] 개방성 척도에서 높은 점수를 받은 주인은 일반적으로 고양이와의 관계가 덜 격렬하다. 이런 주인과 함께 사는 고양이는 일반적으로 편안한 모습을 보이고, 소리를 덜 내며, 주인을 바라보는 시간이 적다. 이는 고양이가 안정감을 느낀다는 것을 뜻한다.

인간의 특정 성격 유형이 고양이의 특정 성격 유형을 반영하는 경향은 우연이 아닌 것으로 보인다. 가장 가능성이 높은 설명은 주인이 고양이의 환경을 통제함으로써 무의식적으로 고양이의 특정 측면을 장려하거나 억제해 고양이의 행동을 형성한다는 것이다. 하지만 모든 것이 일방적이지는 않다. 특히 고양이와 인간의 관계가 강렬한 경우, 고양이는 주인의 다급한 마음을 인식해 그 마음을 자신에게 유리하게 이용할 수도 있다. 이때 고양이는 먹이 등에 대해 더 까다롭게 굴면서 주인과 '협상' 관계를 형성할 수 있다. 이런 관계가 반복되면 주인과 고양이는 서로에게 더 의존하게 되면서 점점 더 불안감이 높아질 수 있다. 개방성 점수가 높은 주인은 소란을 피우지 않으므로 고양이가 독립적으로 새로운 상황에 대처할 수 있도록 격려한다. 이런 주인이 키우는 고양이는 방에 새로운 물건을 들여놓아도 별로 당황하지 않는다.

주인과 고양이의 성격은 다양하고, 고양이의 성격에는 여러 가지 환경적 요인이 복합적으로 작용할 수 있기 때문에 예비 주인과 성격이 맞을 가능성이 높은 고양이를 찾는 것은 쉬운 일이 아니다. 고양이 구조 센터의 역할 중 하나는 잠재적인 새 주인들에게 그들의 성격을 보완할 수 있는 고양이를 짝지어주는 것이다. 이는 센터에 있을 때 내가 가장 좋아했던 일이기도 하다. 어떤 사람과 한참 대화를 나누다 보면 센터에 있는 고양이 중 어떤 고양이가 그 사람에게 가장 잘 어울릴지 알 수 있다. 대부분의 경우 나와 동료들의 노력은 만족할 만한 성과를 거뒀다. 물론 앞에서 언급한 얼룩 고양이 페블스의 경우처럼 일이 잘 안 풀릴 때도 있다. 하지만 추운 겨울날, 매일 이른 아침에 버스를 타고 센터에 출근하면서 나는 내가 하는 일이 정말 가치 있다는 생각을 하곤 했다. 내가 고양이와 사람에 대해, 그리고 고양이와 사람의 의사소통 방식에 대해 아무리 잘 안다고 해도, 때때로 고양이와 사람은 전혀 이해할 수 없는 이유로 서로를 선택한다는 사실을 깨달은 순간도 있었다.

한 여자아이가 부모와 함께 구조 센터의 고양이 우리 옆을 걷고 있을 때였다. 통통한 범무늬 고양이 한 마리가 열정적으로 가르랑 소리를 내면서 우리에 몸을 문지르는 모습이 눈에 들어왔다. 자기를 봐달라고 하는 것 같았다. 나는 아이에게 말했다. "이 아이 이름은 미미야. 자세히 볼래?" 아이와 부모는 차례로 우리 안으로 들어가 미미를 살펴봤고, 그 뒤에도 나는 그들과 어울릴 것 같은 고양이를 여러 마리 보여주었다. 아이는 모든 고양이에게 살갑게 대했지만, 성격은 상당히 조용해 보였다.

그렇게 계속 고양이들을 살펴보던 아이는 고양이가 앞쪽으로 나와 있지 않은 한 우리 앞에 멈춰 섰다. 아이가 물었다. "여기는 어떤 고양이가 있어요?" "지니라는 고양이야. 그런데 이 고양이는 여기 온 지 몇 주가 지났는데도 너무 수줍어서 사람들을 만나려고 하지 않네. 뒤에 있는 상자에 숨어 있을 거야." "한번 들어가서 봐도 돼요?" 나는 아이의 엄마를 흘깃 보면서 말했다. "물론이지. 하지만 지니는 겁이 많고 사람들을 불편해하니까 상자에 너무 가까이 다가가지는 마."

아이 엄마의 허락을 받은 나는 우리 문을 열어 아이를 들여보냈다. 아이는 선반 위에 있는 상자에 가까이 다가가지 않고 바닥에 앉아 작은 소리로 말했다. "지니야, 안녕?" 그러자 그때까지 슬픔을 달래고 사랑과 먹이를 선물하려던 우리의 모든 시도를 거부한, 검은색과 흰색 털이 섞인 고양이 지니가 상자에서 조용히 나와 아이에게로 다가왔다. 그러더니 아이의 주변을 돌며 자신의 몸을 문지르다 아이의 무릎 위에 자리를 잡았다. 놀란 내가 눈 앞에서 벌어진 이 기적을 보라고 동료들에게 조용하게 손짓하고 있을 때 아이는 엄마에게 미소를 지으면서 이렇게 말했다. "엄마, 지니가 우리하고 잘 맞는 것 같아요."

8장
함께라서 더 즐거운

고양이의 사랑보다 더 큰 선물이 있을까?
— 찰스 디킨스

대학원 공부를 시작한 지 몇 달이 지났을 때였다. 오후 내내 고양이들을 보다 보니 밤에 집에 돌아오면 그들과 함께 있던 시간이 그리워졌다. 결국 나는 고양이를 직접 키우기로 결심하고 약간의 검색 끝에 고양이 한 마리를 처음으로 입양했다. 털이 긴 이 범무늬 고양이에게 나는 상상력을 발휘해 '티거'라는 이름을 붙였다. 티거는 수컷 길고양이와 암컷 집고양이의 교배로 태어났다. 나는 왜 이 고양이를 선택했을까? 다른 고양이 집사들도 그랬겠지만, 나도 태어난 지 8주밖에 안 된 이 고양이에게서 뭔가 특별한 느낌을 받았다.

티거는 자라면서 점점 더 에너지가 넘치기 시작했다. 한번 밖에 나가면 어디를 다니는지 알 수 없을 정도로 몇 시간이고 돌아다니다 들어오곤 했다. 아홉 살 무렵 교통사고로 한쪽 다리를 잃는 것으로 그 대가를 치렀지만, 다시 일어나 세 다리로 멋지게 돌아다녔다.

어렸을 때 티거는 천성적으로 내성적이어서 우리 집에 오는 사람들과 거의 어울리지 않았다. 하지만 내게는 항상 다정했다. 꼬리를 번쩍 치켜들어 인사하고, 내 몸에 자신의 몸을 문지르고, 밖에 나가서는 항상 내 무릎에 웅크리고 앉는 훌륭한 반려묘였다. 나이가 들면서 티거는 다른 사람들과도 잘 어울리게 됐지만, 나를 향한 특별한 애정은 변하지 않았다. 티거는 적어도 어느 정도는 나만의 고양이였다.

사람들은 어떤 반려동물을 좋아한다는 사실을 잘 인정하려 하지 않는다. 다른 사람이 보기에는 분명히 좋아하는 반려동물이 있는 것 같은데, 끝까지 부인하는 모습은 좀 비열해 보이기도 한다. 고양이는 이 점에서 사람과 다르다. 어떤 고양이는 한 사람만 좋아하고 그것으로 만족하는 반면, 어떤 고양이는 자신에게 관심을 가져주는 사람이라면 누구와도 친해지고 상호작용을 한다. 어떤 경우든 고양이는 사람에 대한 자신의 선호를 숨기지 않는다. 고양이와 사람의 관계에서 영원한 미스터리 중 하나는 고양이가 어떻게, 그리고 왜 특정한 사람에게 끌리냐는 것이다. 사람과 고양이의 관계는 그 둘의 성격에 의해서만 결정되는 것일까? 아니면 그 외에도 다른 요인이 작용하는 것일까? 연구자들은 고양이와 인간의 유대가 어떻게 형성되는지, 무엇이 그 둘의 유대에 영향을 미치는지, 어떤 유형의 관계가 존재하는지 등 고양이와 인간의 복잡한 관계에 더 깊이 파고들기 시작했다.

어미와 헤어지고 새로운 집에 입양된 티거 같은 어린 집고양이는 새집에서 사람과 다양한 상호작용을 경험하게 된다. 고양이가 보호자와 어떤 관계를 맺는지는 이 시기의 고양이 성격과 새로운 집에서 함께 지내게 된 여러 유형의 사람들의 성격에 의해 매우 다양한 양상을 띨 수 있다.

이처럼 많은 요인이 작용하기 때문에 고양이가 다양한 사람과 상호작용하는 방식을 연구하기는 매우 힘들다. 그래서 용기를 내 이런 연구를 시도한 연구자도 거의 없었다. 그러던 중 1988년 클로디아 머텐스와 데니스 터너가 이 주제에 대한 포괄적인 연구를 수행했다. 이들은 고양이와 사람이 처음 만나는 순간에 어떻게 대화가 시작되는지 파악하기 위해 고양이와 사람의 만남을 단계적으로 설정했다.[1]

우선 연구자들은 남성, 여성, 어린이(6세에서 10세 사이)가 한 번도 만난 적이 없는 고양이와 어떻게 상호작용하는지 조사했다. 만남은 관찰실에서 진행됐으며, 연구자들은 밖에서만 보이는 창문을 통해 고양이와 사람이 만나는 모습을 촬영했다. 연구자들은 자원봉사자 한 명을 먼저 관찰실에 들어가게 한 뒤 연구자들이 일하는 대학교에서 서식하는 고양이 19마리 중 한 마리를 들여보냈다. 자원봉사자에게는 처음 5분 동안 고양이를 무시한 채 책을 보며 자리에 앉아 있다가 이후 5분 동안은 자신이 원하는 대로 고양이와 자유롭게 상호작용하라고 요청했다.

연구자들은 의자에 앉은 사람으로부터 아무런 입력이나 신호를 받지 않은 첫 5분 동안 고양이가 어떻게 행동하는지에 큰 관심을 가졌다. 이들은 새로운 사람과의 접촉에서 고양이의 관심도를 나타내는 정보, 특히 고양이가 처음 접근한 타이밍, 첫 번째 사회적 행동, 첫 번째 신체 접촉 등을 기록했다. 그것을 분석한 결과, 고양이의 행동 방식에 가장 큰 영향을 미친 것은 고양이의 성격이었다.

예를 들어 어떤 고양이는 다른 고양이보다 더 대담하고 쉽게 사람에게 다가갔고, 어떤 고양이는 신체적 상호작용을 선호했으며, 또 어떤 고양이는 놀기를 좋아했다. 흥미롭게도 사람이 반응하기 전 초기 단계에서 고양이는 상대가 남성이든 여성이든, 성인이든 어린이든 상관없이 자신만의 고유한 행동 스타일을 유지했다.

하지만 실험 후반부에 사람이 고양이와 상호작용을 시작하자 고양이의 반응에 약간의 변화가 나타나기 시작했다. 고양이의 접근 빈도는 특히 사람의 나이와 성별에 따라 달라졌는데, 고양이는 어린이보다 성인에게, 남성보다 여성에게 더 자주 접근하는 것으로 나타났다. 이런 차이는 남성과 여성, 어린이와 성인의 서로 다른 상호작용 스타일이 반영된 것으로 보인다.

자유롭게 움직일 수 있게 됐을 때 어린이들은 성인들보다 앉아 있는 시간이 훨씬 적었다. 성인 중에서는 남성이 여성보다 더 많이 앉아 있었고, 성인 여성과 여자 어린이는 모두 고양이와 상호작용하기 위해 바닥에 웅크리는 경향을 보였다. 고양이가 휴식을 취하거나 멀어지려고 하는 경우 성인보다 어린이가, 특히 여자 어린이가 남자 어린이에 비해 고양이를 따라가는 일이 훨씬 많았다.

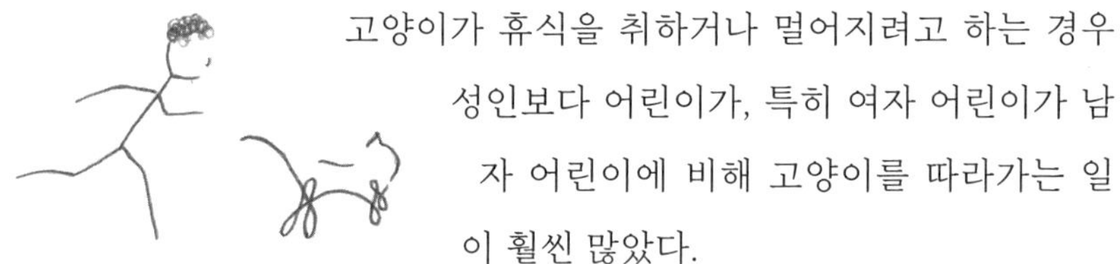

고양이와 접촉을 시도할 때도 성인과 어린이는 서로 다른 방법을 사용했다. 성인의 경우 대부분 소리를 통해, 즉 발성으로 상호작용을 시작한 반면 어린이는 38%만 그러했다. 발성을 사용하지 않은 경우에는 고양이에게 다가가거나, 놀아주거나, 쓰다듬기 시작했다.

발성의 질도 달랐다. 성인들은 대부분 완전한 문장을 사용했지만, 어린이는 3분의 1만이 완전한 문장을 사용했다. 또 다른 3분의 1의 어린이는 단어나 소리만 사용했고, 나머지 3분의 1은 고양이와 상호작용하는 동안 고양이에게 아무 말도 하지 않았다. 대체로 성인들은 고양이와 상호작용하는 동안 계속 말을 걸었지만, 어린이들은 고양이와 신체적으로 상호작용하기 시작하면 거의 말을 하지 않았다.

이렇게 고양이와 사람의 첫 만남을 단계별로 살펴본 클로디아 머텐스는 다음 단계로 반려묘와 가족 간의 관계를 연구하기 위해 각 가정에서의 만남을 관찰했다.[2] 머텐스는 1년 동안 다양한 가족 규모와 가구당 고양이 수로 구성된 51가구를 방문해 총 500시간이 넘게 그들의 만남을 관찰했다. 고양이와 사람의 관계를 잘 보여준 이 데이터는 사람의 상호작용 스타일에 대한 머텐스의 앞선 연구를 뒷받침했다. 이번 연구에서도 어린이는 고양이와의 상호작용에서 신체 활동이 더 많으며, 성인의 경우 특히 여성이 고양이에게 먼저 말을 거는 경향이 더 크다는 것이 밝혀졌다.

우리는 성인이 되면서 고양이에게 먼저 말을 걸어서 주의를 끌고, 고양이가 반응할 기회를 준 다음 신체적 상호작용을 하는 것이 더 낫다는 것을 배우는 것 같다. 이는 새끼고양이가 사람과 상호작용하는 방식이 성장하면서 점점 변해가는 과정과 이상할 정도로 비슷하다. 새끼고양이는 자라면서 사람에게 다리를 쭉 뻗어 관심을 끄는 대신 공손하게 야옹 소리를 내면서 말을 거는 법을 배운다. 아마도 이 방식은 고양이와 사람 사이에 존재하는 에티켓일지도 모른다.

머텐스는 가족 구성원과 고양이의 상호작용을 구성하는 구체적인 요소들을 관찰했다. 먼저 고양이나 사람이 언제 서로에게 다가가거나 떨어지는지, 1미터 이내의 거리에 얼마나 자주 머무르는지 기록했다. 또한 사람의 접근과 후퇴 행동이 고양이의 접근과 후퇴 행동과 얼마나 일치하는지 측정해 이런 상호작용의 요소가 얼마나 호혜적인지 계산했다. 그 결과, 고양이와 성인의 상호작용이 고양이와 11~15세 어린이, 또는 6~10세 어린이의 상호작용보다 더 호혜적이라는 것을 발견했다.

사람과 고양이 간의 상호작용에 수반되는 호혜성에 대해 데니스 터너는 파트너들의 목표가 일치하는 '목표 맞물림goal meshing' 개념을 들어 설명했다.[3] 이 개념은 붉은털원숭이를 대상으로 한 연구에서 처음 제기된 개념이다.[4] 터너와 공동 연구자들은 고양이와 주인 간의 상호작용을 자세히 관찰하고 상대방의 상호작용 욕구에 대해 고양이와 주인이 각각 어떻게 반응하는지 분석했다.

그는 일부 관계에서는 고양이가 주인의 상호작용 욕구에 긍정적으로 반응하고, 그 대가로 주인도 고양이가 원할 때 긍정적으로 반응하며 상호작용하는 것을 발견했다. 이런 관계는 "네가 내 등을 긁어주면 나도 네 등을 긁어주겠다"로 표현되는 관계와 거의 비슷했다. 또한 고양이와 주인이 상호작용하는 비율은 이런 유형의 관계에서 매우 높았다.

한편, 양측 모두 상대방의 상호작용 의사에 대해 덜 협력적인 반응을 보인 경우도 있었다. 이 경우 필연적으로 상호작용 수준이 낮아질 수밖에 없었지만, 주인과 고양이 모두 이 수준에 만족한다면 나름의 균형이 형성되기 때문에 관계 자체는 지속될 수 있었다. 이는 주인과 고양이 사이의 상호작용이 시간이 지남에 따라 의식화될 수 있다는 생각과 연결된다. 주인과 고양이가 함께하는 시간이 길수록 서로에게서 더 많은 것을 배우며 점차 예측 가능하고 확실한 상호작용 루틴을 개발할 수 있다.

마누엘라 베들과 공동 연구자들은 사람과 고양이의 만남을 더 자세히 분석하기 위해 좀 더 전문적인 기술을 사용했다.[5] 연구진은 고양이에게 먹이를 주는 시간에 고양이와 주인의 만남을 비디오로 녹화한 후, 테마Thema라는 소프트웨어 프로그램을 사용해 행동의 순서를 분석했다.

이를 통해 연구진은 단순한 관찰로는 발견할 수 없었던 시간적 패턴(무작위적이지 않은 방식으로 서로 이어지는 일련의 사건)을 발견하고 상호작용의 복잡성과 구조를 파악할 수 있었다. 그 결과에 따르면 여성과 고양이의 상호작용은 남성과 고양이의 상호작용보다 1분당 더 많은 패턴을 포함했다. 이는 고양이가 여성과 상호작용할 때 더 편안함을 느끼는 경향이 있다는 머텐스의 연구 결과를 뒷받침한다.

이 모든 연구의 공통된 특징은 남성에 비해 여성이 고양이가 선호하는 방식으로 상호작용하는 것으로 나타났다는 점이다. 물론 사람들이 항상 연구에서 나타난 연령과 성별 스테레오타입에 따라 반응하는 것은 아니다. 남성, 여성, 어린이 모두 고양이와 각각 특별한 관계를 맺기 때문이다. 데니스 터너의 연구 결과에 따르면, 첫 번째 실험에 참여한 고양이들은 특정한 성별이나 연령대의 사람을 선천적으로 선호하는 것이 아니라 각기 다른 범주의 사람들이 특유의 방식으로 상호작용했기 때문에 고양이들 또한 모두 다른 방식으로 반응한 것이다.[6] 고양이는 사람들이 자신의 눈높이에 맞춰 웅크리고 앉는 것, 상호작용하기 전에 목소리를 내는 것, 쉬는 동안 따라다니거나 방해하지 않는 것을 좋아한다. 고양이는 이 모든 조건을 고려해 사람과의 만남에서 어느 정도 영향력을 행사한다.

사람-고양이 상호작용에 대한 터너와 공동 연구자들의 연구 결과 중에서 가장 단순하면서도 가장 중요한 내용 중 하나이자 고양이와 상호작용하는 사람들에게 큰 영향을 미칠 수 있는 것은, 사람이 시작한 상호작용은 고양이가 시작한 상호작용만큼 오래 지속되지 않는다는 것이다. 고양이는 자신이 먼저 상호작용을 시작하는 것을 선호한다.

낯선 고양이와 친해지는 법

이 장에서 소개한 연구들은 집사들로 하여금 고양이의 긍정적인 반응을 성급하게 기대하기 전에 고양이와 상호작용하는 가장 좋은 방법을 먼저 생각해야 한다는 것을 다시 한번 일깨워준다. 나는 휴가를 떠나기 전에 티거를 돌봐줄 사람을 찾는 과정에서 이 점을 확실히 깨달았다.

몇 년 동안 나는 휴가를 갈 때마다 이웃이나 친구에게 매일 한두 번씩 우리 집에 들러 티거에게 먹이를 주고 상태를 확인해달라고 부탁하곤 했다. 하지만 티거가 당뇨병에 걸려 하루에 두 번 인슐린 주사를 맞아야 했던 해에는 휴가를 떠나는 일이 갑자기 더 복잡해졌다. 다행히도 티거는 주사를 맞을 때 별로 저항하지 않았다. 하지만 이웃에게 부탁하기에는 여전히 부담스러웠기 때문에 다른 방법을 찾기 시작했다.

그러던 중 동물병원에서 추가 비용을 지불하면 집에 찾아와 의료 서비스를 제공하는 출장 서비스 광고를 발견했고, 그렉이라는 사람에게 연락했다. 그렉은 바로 티거를 만나러 우리 집으로 왔다. 하지만 그 만남은 사실 말 그대로의 만남은 아니었다. 여기저기로 도망다니는 티거를 그렉이 쫓아다니는 추격전에 가까웠기 때문이다.

"처음엔 조금 낯을 가려요. 하지만 가만히 앉아 기다리다 보면 다가와서 살갑게 굴 겁니다." 내가 말했다. 하지만 그렉은 마치 내가 헛소리를 하고 있다는 듯이 나를 쳐다보더니 계속 티거와 상호작용하기 위해 애를 썼다. 소용없는 일이었다. 잘못된 선택을 한 것 같다는 생각이 들었지만, 그렉의 평점이 별 다섯 개라는 사실을 떠올리며 결국 그와 계약을 했다. 그렉은 열흘 동안 하루에 두 번씩 우리 집에 들러 티거에게 인슐린 주사를 놓고 먹이를 주기로 했다.

휴가를 떠난 지 약 12시간이 지났을 때 그렉이 매우 당황한 목소리로 내게 전화했다. "이 고양이 정말 안 되겠어요. 붙잡고 주사를 놓을 수가 없어요. 구석으로 몰아넣으면 저한테 하악질을 하고 침을 뱉어요."

집에서 4,000킬로미터나 떨어진 휴가지에 있는 내게 이런 말을 하는 그렉이 한심하게 느껴졌다. 하지만 나는 "구석으로 몰아넣으면 안 돼요"로 시작해 티거를 설득하는 방법을 친절하게 설명했다. 그러나 안타깝게도 그렉의 해결책은 보호장갑을 끼고 티거를 잡으러 다니는 것이었다. 그로부터 열흘 뒤에 만난 티거는 엄청나게 스트레스를 받은 모습이었다.

죄책감에 시달린 나는 그다음 휴가 때는 신경을 더 많이 썼다. 여기저기 수소문하고, 추천을 받고, 수많은 옵션을 확인하다가 조이스라는 여성이 집에서 운영하는 고양이 돌봄 서비스를 발견했다. 티거가 다른 사람의 집에서 문제를 일으킬지도 모른다는 생각이 들긴 했지만, 나는 며칠 뒤 주말 동안에만 시험 삼아 티거를 맡겨보기로 했다.

조이스네 집은 평화롭고 아늑한 안식처였다. 도착하자마자 고양이 캐리어를 내려놓고 그 안에 있는 티거에게 잠시 적응할 시간을 준 다음 밖으로 꺼내주었다. 조이스는 티거가 집 안 여기저기를 돌아다니며 냄새를 맡도록 내버려두었다. 그녀는 유치원에 아이를 내려주고 돌아가는 엄마처럼 불안한 표정을 짓고 있던 나를 문밖으로 살짝 밀어내면서 "괜찮을 테니 걱정하지 마세요"라고 말했다.

나는 걱정을 안은 채 하루를 꾹 참고 다음 날 저녁에 조이스에게 전화를 걸었다. 내가 "안녕하세요, 티거는 어떻게 지내고 있나요?"라고 말하는데, 전화기 너머로 "땡" 하는 소리가 들렸다. 그러자 조이스는 "잠깐만요. 전자레인지에서 치킨 꺼내서 티거 좀 주고 올게요"라고 말한 뒤 전화기를 내려놨다. 전화기 너머로 조이스가 "티거, 저녁 먹어야지" 하는 소리가 들렸다. 그녀가 다시 전화기를 들었을 때 나는 불안한 목소리로 물었다. "티거가 밖에 있나요?" 그때 나는 티거가 마당 울타리를 넘어 석양 속으로 사라지는 상상을 하며 잠시 공포를 느꼈다. 조이스가 말했다. "제가 저녁을 준비하는 동안 마당에서 조금 돌아다니고 있었어요. 곧 들어와서 인슐린 주사를 맞고 치킨을 먹을 거예요. 어젯밤에도 그렇게 한 다음 소파 위에 있는 '티거' 쿠션에 올라앉아 웅크리고 있었어요. 우리는 잘 지내요. 월요일에 봐요."

그렉과 조이스는 둘 다 티거에게 낯선 사람이기는 마찬가지였

다. 하지만 두 사람은 전혀 다르게 접근했다. 조이스는 티거가 자신의 방식대로 그녀에게 오도록 내버려두었다(맛있는 치킨도 제공했다).

대체로 고양이들에게는 각자 별로 좋아하지 않는 상호작용 방식이 있다. 이 경우 어떤 고양이는 멀리 도망가거나 공격적인 행동을 보임으로써 불쾌감을 표현하지만, 어떤 고양이들은 사람이 쓰다듬는 것을 적극적으로 즐기거나 싫어하지 않고 그냥 견디기도 한다.[7] 이렇게 '견디는' 고양이들은 그렇지 않은 고양이들에 비해 대변에서 글루코르티코이드대사물질GCM 수치가 더 높은 것으로 나타났는데, 이는 이들이 스트레스를 더 많이 받고 있다는 것을 뜻한다.

커밀라 헤이우드와 공동 연구자들은 고양이가 사람을 만날 때 느끼는 편안함을 높이기 위해 사람들이 고양이와 상호작용할 때 참고할 수 있는 일련의 '모범 사례' 가이드라인을 개발하고 테스트했다. 이 가이드라인의 이름은 기억하기 쉽도록 CAT으로 붙여졌는데, 여기서 C는 고양이의 선택권choice과 통제권control의 허용, A는 상호작용 과정에서 고양이의 반응에 기울여야 한다는 주의alert, T는 귀, 턱, 뺨 등 고양이가 선호하는 신체 부위만 만져야touch 한다는 뜻을 담고 있다(5장 참조).[8]

이 가이드라인에 따르면 고양이와의 상호작용은 고양이가 원할 때 사람에게 다가와 상호작용을 할 수 있도록 손을 부드럽게 내미는 것으로 시작하는 것이 좋다. 또한 고양이가 몸을 사람에게 문지르는 등의 행동을 하면서 먼저 접촉을 시도할 경우에만 만지는 것이 좋으며, 고양이가 사람에게서 멀어지면 그냥 놔둬야 한다.

고양이를 쓰다듬는 동안 고양이가 계속 몸을 문지르면서 상호작용을 이어가고 싶다는 메시지를 보내는지 관찰해야 한다. 고양이가 몸 문지르기를 멈추거나 다른 곳으로 가버릴 때, 또는 귀를 납작하게 하거나, 털을 부풀리거나, 꼬리를 씰룩이는 등 부정적인 신체 언어를 보일 때는 쓰다듬기를 중단해야 한다. 고양이가 자기 몸을 핥기 시작하는 것도 이제 그만 쓰다듬으라는 신호일 수 있다.

연구진은 구조 센터에서 새로운 고양이를 만날 사람들에게 이 가이드라인을 바탕으로 짧은 사전 교육을 제공했고, 그것이 입양 후 고양이의 행동에 어떤 영향을 미치는지 테스트했다. 또한 사전 교육을 받지 않은 사람과 고양이의 상호작용도 동영상으로 기록했다. 그런 다음 훈련된 관찰자들이 그 만남을 분석하여 객관적인 평가를 내렸다.

고양이들은 가이드라인 교육을 받은 사람들에게 우호적인 행동은 더 많이, 공격적인 행동은 더 적게 했으며, 부정적인 몸짓도 더 적게 보인 것으로 나타났다. 이 가이드라인이 고양이를 쓰다듬는 일반적인 행동보다 더 제한적인 방식을 권장하는 것은 사실이다. 하지만 그것의 효과에 대한 실험 결과는 고양이가 주도권을 갖도록 허용하면 궁극적으로 고양이와 더 성공적인 상호작용을 할 수 있다는 것을 보여준다.

우리가 고양이를 키우는 이유

우리는 왜 고양이를 키울까? 사람과 고양이의 관계는 해로운 동물 퇴치라는 고양이의 기능적 측면에서 시작된 것이 분명하다. 하지만 처음에 사람들이 중요하게 생각했던 고양이의 포식 본능은 이제 고양이의 특성 중에서 가장 인정받지 못하는 것이 되었다. 개와 달리 고양이는 가축 몰이, 경비, 냄새 탐지 같은 특정한 목적으로 사육되지 않는다. 또한 고양이의 순수 품종을 번식시키는 것도 그들의 능력을 이용하기 위한 것이 아니라 외모 유지가 목적이다.

고양이 옹호론자 중에는 고양이도 개처럼 유용하다는 것을 보여주기 위해 유익한 '역할'을 찾아내려고 하는 사람들도 있었다. 이런 노력을 보여준 대표적인 예는 1870년대의 '집고양이 지위 향상을 위한 벨기에 협회'[9]다. 이 단체는 고양이의 재능이 제대로 활용되지 않고 있다고 판단했고, 고양이가 할 수 있는 일을 생각해냈다. 고양이는 길 찾기 능력이 뛰어나므로 우편배달 일을 시키면 된다고 생각한 것이다. 이들은 먼저 고양이 37마리를 대상으로 실험을 진행했다. 고양이들을 집에서 어느 정도 떨어진 곳에 풀어놓고 집을 찾아갈 수 있는지 테스트하는 방식이었다. 그 결과, 그들 중 한 마리는 5시간 만에 집으로 돌아왔고,

전체 고양이 37마리 모두 24시간 내에 집을 찾아 돌아왔다. 이 성공적인 결과에 힘입은 협회는 '우편 고양이'가 방수 커버로 싼 편지를 배달하도록 만들겠다는 계획을 세웠다. 하지만 고양이의 귀소 능력을 확인한 이 실험에도 불구하고 그들에게 우편배달을 시키자는 계획은 (당연히) 현실화되지 못했다.

대부분의 가축들과 달리 집고양이는 하나의 역할, 어쩌면 가장 좋은 역할인 동반자 역할만을 하고 있는 것으로 보인다. 오늘날 대부분의 사람들은 이런 이유로 고양이를 키운다. 내가 티거를 키우게 된 이유도 마찬가지였다. 티거는 나라는 한 명의 주인과 함께 삶을 시작했고, 시간이 지나면서 점차 복잡한 인간 가족의 일원이 됐다. '가족생활주기'는 가족 구성원들이 시간이 지남에 따라 겪는 여러 단계를 설명하는 말이다. 이 주기에는 집을 떠나고, 배우자를 찾고, 가족을 양육하는 이정표적인 단계들이 포함되며, 그에 따라 사람들의 역할 또한 변화하고 발달한다. 최근에는 가족이 성장하거나 축소됨에 따라 반려동물의 역할이 어떻게 변화되는지에 관한 연구도 이뤄지고 있다.[10]

처음 입양됐을 때 티거는 내가 관심을 당시 남자친구(지금의 남편)에게 기울이는 것을 못마땅하게 생각했다. 하지만 노골적으로 불만을 표시하지는 않았다. 티거는 내가 그를 입양한 지 1년 만에 새로 데려온 상냥한 성격의 암컷 고양이 찰리의 존재도 별로 달가워하지 않았지만, 두 고양이는 그로부터 13년 후 찰리가 병으로 죽을 때까지 그럭저럭 잘 지냈다.

티거는 19년 동안 점점 더 복잡해진 가족생활에 잘 적응했다. 그 19년 사이에 네 아이가 태어났고, 영국에서 미국으로 이사했다가 5년 뒤에는 다시 영국으로 돌아왔고, 집을 8번이나 바꾸었다. 티거는 처음에는 나에게만 집중했지만 점점 더 많은 사람에게 관심을 분산시켜야 했다. 나이가 들면서 티거는 다리를 하나 잃고, 당뇨병에 걸리고, 이빨도 몇 개밖에 남지 않았다. 처음에 만났을 때와 전혀 다른 모습의 고양이가 되었다. 많은 시간을 함께 보내는 사람과 동물이 흔히 그렇듯, 우리도 시간이 지나면서 서로의 습관과 특이한 점을 알게 됐고, 우리만의 특별한 관계를 유지했다.

나는 티거를 잘 안다고 생각했다. 생후 8주 된 털 뭉치 티거를 우리 집으로 처음 데려온 날부터 우리는 서로를 이해하고 존중했다. 주로 티거가 원하는 방식을 따르긴 했지만, 티거와 나 사이에는 분명히 애정 관계가 있었다. 하지만 남편과 딸들은 티거에 대한 생각이 나와 달랐다.

일반적으로 고양이는 가족 안에서 어떤 위치를 차지할까? 에스터 부마와 공동 연구자들은 고양이 보호자들에게 고양이가 '가족 구성원', '가장 친한 친구', '자녀', '반려동물'의 네 가지 범주 중 어디에 속하는지 물었다. 절반이 넘는 사람들이 '가족'이라고 응답했다.[11] 다른 연구자들의 조사에서도 비슷한 결과가 나왔다.

새끼고양이 시절부터 티거를 알았던 남편 스티브

"티거는 훌륭한 고양이였지. 티거는 항상 당신만의 고양이였지만, 그래도 나는 티거를 정말 좋아했어. 그리고 확실히 쿨한 고양이이기도 했지. 나이가 들면서 온순해지긴 했지만 내게는 마지막까지 냉담했어."

티거가 여섯 살이었을 때 태어난 애비

"어렸을 때는 티거를 조금 무서워했어요. 티거가 할퀼까 봐 두렵기는 했지만, 내가 귀찮게 하지만 않으면 티거도 나를 귀찮게 하지 않는다는 걸 알고 있었어요. 그리고 티거가 나이가 들면서 정말 좋아지기 시작했어요. 그때는 밤마다 티거가 잠이 들곤 하던 바구니 옆에 앉아서 쓰다듬곤 했지요. 티거와 나는 둘 다 어렸을 때와는 매우 많이 달라졌던 거예요."

티거가 일곱 살이었을 때 태어난 앨리스

"어렸을 때는 티거가 무서웠어요. 우리가 만지는 것을 싫어했거든요. 하지만 나이가 들면서 점점 온순해졌고 저는 겁먹지 않고 티거를 쓰다듬을 수 있었어요. 죽을 때쯤 티거는 약간 혼란스러워했던 것 같아요. 가끔 이상한 장소에서 이상한 행동을 했거든요. 하지만 대부분은 한 자리에서 낮잠을 자곤 했죠."

티거가 열한 살이었을 때 태어난 헤티

"티거는 성질이 못되고 느린 데다 툭하면 화를 냈지만 나는 무섭지 않았어요. 언제 티거에게 다가가야 하는지 잘 알았거든요. 티거는 시간이 지나면서 점점 순해졌어요."

티거가 열여섯 살이었을 때 태어난 올리비아

"정원에서 여우를 배웅하던 티거가 기억나요."

여기서 놀라운 사실은 고양이를 가장 친한 친구나 자녀로 생각한다고 답한 사람이 전체의 약 3분의 1에 달했다는 점이다. 이 결과는 사람들의 삶에서 반려묘는 단순히 주변적인 존재가 아니라 가족생활의 중요한 일부라는 점을 드러낸다. 이렇게 가족처럼 여겨지는 고양이가 더 나은 보살핌과 관심, 의학적 도움을 받고 사람들의 관심을 얻는다는 것은 고양이에게는 좋은 소식일 것이다. 하지만 이 연구들은 보호자와의 관계가 너무 강할 때 고양이는 고양이가 아닌 '작은 인간'으로 간주돼 그들의 욕구와 행동이 잘못 해석될 수 있음을 경고하기도 한다.

반려동물이 주는 행복을 수치화한다면

우리는 반려동물로부터 다양한 느낌을 받는다. 따라서 과학자들은 반려동물과 주인의 관계를 정량화할 수 있는 다양한 척도를 고안해냈다. 이는 대부분 고양이와 주인의 관계보다는 모든 반려동물과 주인과의 관계를 측정하기 위한 것이지만, 구체적으로 고양이와 주인의 관계를 측정하기 위해 고안된 척도도 있다. 티파니 하월과 공동 연구자들이 개와 주인의 관계 측정[12]을 기초로 개발한 '고양이 주인 관계 척도'가 그것이다. 연구진은 보호자에게 고양이와의 관계를 알아보는 다양한 질문지를 제공하고, 그 답변을 바탕으로 세 가지 하위 척도에서 점수를 산출했다. 예를 들어 '반려동물-주인 상호작용' 하위 척도 평가는 '고양이와 얼마나 자주 놀아주나요?' 같은 질문에 대한 응답에 기초하며, '정서적 친밀감에 대한 인식' 하위 척도 평가는 '고양이 때문에 아침에 일어나야겠다는 생각을 한다' 같은 설문 항목에 대한 응답에 기초한 것이다.[13]

부정적인 요소와 긍정적인 요소를 모두 고려하면 주인과 고양이 모두에게 좋은 관계, 즉 평형관계가 대략 어떤 관계인지 알 수 있다. 연구자들은 '정서적 친밀감에 대한 인식' 같은 긍정적인 측면이 '관계의 비용' 같은 부정적인 측면보다 크거나 부정적인 요소와 긍정적인 요소가 같을 때만 관계가 유지된다는 사회적 교환 이론[14]에 근거해 이 결과를 도출했다. 안타깝게도, 일반적으로 부정적인 관계에 있는 고양이들은 버려진 뒤 구조 센터에서 새로운 가정을 찾아야 한다. 고양이가 보호자와의 관계를 얼마나 긍정적으로 평가하는지 알아내기는 어렵다. 만약 그럴 수 있다면, 주인에게 불만이 있는 고양이는 살던 집을 나가 다른 집으로 들어감으로써 자신의 감정을 표현하려 할 것이다. 하지만 고양이들에게는 이런 선택권이 없기 때문에 주어진 상황에 최선을 다할 수밖에 없다.

반려동물과의 관계가 긍정적일 때 주인이 누리는 혜택을 '반려동물 효과pet effect'라고 한다. 이는 정서적인 요소와 관련된 것이기 때문에 정량적으로 측정하기 어렵다. 따라서 이 효과를 간접적으로라도 측정하기 위해서는 반려동물을 키우는 사람들에게 반려동물이 어떤 도움을 준다고 생각하는지 묻는 설문조사를 실시하는 수밖에 없다. 응답자들은 외로움 감소, 자존감 향상, 우울감 감소 등의 답을 내놓을 때가 많다.

하지만 이런 답변들은 대개 보호자가 고양이와 상호작용하면서 느꼈던 당시의 감정에 의존하는 것이 아니라 고양이가 보호자에게 어떤 느낌을 가지게 했는지에 대한 기억에 의존한다. 보호자들 중에는 세부사항을 잘 기억하지 못하는 사람도 있을 것이고, 기억이 실제보다 더 좋게 남은 사람도 있을 것이다. 따라서 이런 설문조사에 대한 답변은 유용함에도 불구하고 일관성이 결여될 수 있으며, 정량화하기도 어렵다.

그러던 중 한 연구팀이 반려동물 효과를 측정하기 위한 접근 방법을 고안해냈다. 바로 실시간 기반 접근 방법이다. 연구자들은 개, 고양이 또는 둘 다를 키우는 참가자를 모집한 뒤 '경험 샘플링 방법'[15]이라는 기법을 사용해 그들의 감정을 조사했다. 5일에 걸쳐 하루 중 무작위로 10개의 지점을 골라 그 순간의 활동과 감정, 반려동물의 존재 여부, 반려동물과 상호작용 여부 등을 기록하도록 요청하는 방식이었다. 참가자들은 긍정적 또는 부정적인 의미의 11가지 형용사 중 한 가지를 선택해 감정을 기록했다.

결과는 흥미로웠다. 반려동물 효과가 이전에 생각했던 것보다 더 미묘하고 복잡하다는 것이 드러났기 때문이다. 주인은 반려동물과 상호작용하지 않고 단순히 함께 있는 것만으로도 부정적인 감정이 줄어들었지만, 긍정적인 감정이 늘어나지는 않았다. 반면 반려동물과 직접 상호작용하는 것은 부정적인 감정을 낮추고 긍정적인 감정을 증가시켰다. 주인이 이미 긍정적인 감정을 느끼고 있을 때 반려동물과 더 많이 상호작용할 가능성도 약간 있긴 하지만, 본질적으로 이 결과는 반려동물과의 상호작용이 주인의 정서적 행복감을 증진시킨다는 것을 보여준다. 연구진은 고양이와 개를 키우는 주인을 대상으로 결과를 세분화해 분석하지는 않았기 때문에 고양이만 키우는 사람에게도 같은 효과가 나타나는지는 추후의 연구를 통해 밝혀져야 할 것이다.

집사와 고양이의 관계 유형 테스트

전 세계적으로 반려동물의 수가 증가함에 따라 과학자들은 주인과 반려동물 사이의 유대감, 즉 애착 수준에 영향을 미치는 요인과 그 애착이 주인과 반려동물 사이의 관계에 어떤 영향을 미치는지 관심을 갖게 됐다. 고양이의 경우를 좀 더 구체적으로 살펴본 연구에 따르면 주인과 고양이의 애착 수준을 예측하는 데 주인의 성격을 아는 것이 도움이 된다.

예를 들어 7장에서 설명한 빅 파이브 성격검사의 성실성 차원은 사람과 고양이의 관계에서 특히 중요한 것으로 나타났는데, 이 차원에서 높은 점수를 받은 사람은 고양이에게 지속적으로 더 높은 애착을 보이는 것으로 나타났다. 만약 불안 특성을 포함하는 신경성 차원에서도 높은 점수를 받았다면 반려동물에게 추가적인 정서적 지원을 원하기 때문에 높은 수준의 애착을 보이는 경향이 있다.[16]

고양이와 신체적 접촉을 자주 하는 보호자는 접촉을 꺼리는 보호자보다 고양이에게 더 애착을 느끼는 경향이 있는데, 이는 5장에서 살펴본 터치의 힘을 다시 한번 상기시킨다.[17] 또한 애착이 많은 보호자는 애착이 적은 보호자에 비해 고양이에게 더 많은 인간적 특성을 부여하는 것으로 나타났다.

우리는 우리 자신이 고양이에 대해 어떻게 느끼는지 마음으로는 잘 알고 있다. 하지만 우리와 같이 사는 고양이들도 우리를 아끼는지 알아내기는 어렵다. 개는 이 부분에서 훨씬 더 솔직하다. 일반적으로 개는 우리를 따라다니고, 끊임없이 지켜보고, 우리와 떨어지면 괴로워하면서 자신의 마음을 드러낸다. 사람들은 독립적이고 냉담하기로 유명한 고양이의 특성 때문에 반려묘가 보호자에게 애착을 느끼지 않는다고 생각한다. 과학자들은 이 부분에 대해서도 연구하고 있다.

연구자들은 고양이가 주인에게 애착을 갖는지 알아보기 위한 실험을 설계했다. 어린아이와 보호자 사이의 심리적인 관계를 설명하는 이론 중에 '애착 이론attachment theory'이 있다. 발달심리학자 메리 에인즈워스는 '낯선 상황 테스트SST'라는 기법[18]을 이용해 장난감이 있는 낯선 방에 엄마 또는 다른 보호자와 함께 놓인 어린아이의 심리를 분석했다. 아이는 실험이 이뤄지는 내

내 방 안에 있었고, 연구자들은 보호자가 일시적으로 방에서 나갔을 때 그리고 다시 방으로 돌아왔을 때, 낯선 사람이 방 안으로 들어왔을 때의 아이의 반응을 관찰했다. 낯선 상황에 직면했을 때 아이가 보호자를 안전한 기반으로 삼는지 알아보기 위한 것이었다.

사람과 반려견의 관계를 연구하는 연구자들은 아이 대신 반려견을, 보호자 대신 주인을 대상으로 낯선 상황 테스트를 실시했다. 이런 연구 중 일부에 따르면 개와 주인의 애착에는 어린이와 보호자가 보이는 것과 유사한 여러 가지 유형이 있을 수 있다.[19] 하지만 이런 연구들에서는 주인의 다양한 행동이 반려견의 행동에 영향을 미칠 수 있으므로 반려견의 애착 정도를 정확하게 측정하지 못했을 수도 있다.[20] 더 정확하게 파악하려면 보호자와 반려견의 행동을 모두 분석해야 한다.

고양이 연구자들도 고양이와 주인의 관계를 탐구하기 위해 동일한 기법을 사용했다. 연구자들은 세 가지 다른 애착 연구에서 사용된 '변형된 SST 기법'을 사용했다. 이 중 두 연구에서는 실험 대상 고양이가 주인에게 확실한 애착을 보이는 것으로 나타났고,[21] 나머지 한 연구에서는 애착을 보이지 않는 것으로 나타났다.[22] 이런 불일치는 적어도 부분적으로는 세 가지 SST 실험의 설계가 약간 다르기 때문일 수 있다. 또한 고양이가 사람의 아이나 개와 같은 방식으로 사람을 대하거나 상호작용하지 않기 때문에 이 실험이 고양이에게는 적합하지 않았을 가능성도 있다.

마우로 이네스와 공동 연구자들은 사람과 고양이를 대상으로 애착 점수를 매기는 방법을 넘어, 고양이와 사람의 관계를 전반적으로 더 잘 설명할 수 있는 방법을 찾고자 했다. 그들은 이런 관계의 다양한 구성 요소를 세밀하게 분석하기 위해 복잡한 설문지 기반 연구를 수행했다. 연구진은 3,994명의 응답을 바탕으로 고양이와 주인 사이의 다섯 가지 관계 유형을 확인한 뒤, 이 둘의 관계는 주인의 정서적 투자, 고양이의 타인 수용, 고양이의 주인에 대한 친밀감 욕구, 고양이의 냉담함이라는 네 가지 요인에 따라 형성된다고 주장했다.[23]

이 다섯 가지 관계 유형 중 두 유형에 속하는 주인들은 고양이에게 정서적인 투자를 하는 비율이 비교적 낮았다. 그중 '먼remote' 관계에서는 고양이의 사교성이 낮다는 특징이 있는데, 이때 고양이는 주인이나 사람 근처에 있을 필요를 거의 느끼지 않는다. '캐주얼casual' 관계에 있는 고양이는 먼 관계에 있는 고양이에 비해 사람들과 잘 어울리지만 주인을 특별히 좋아하지 않는다. 이런 캐주얼 관계에 있는 고양이는 대부분 가족구성원들이 매우 바쁜 집에서 살거나 집 밖으로 돌아다니면서 이웃집에 드나드는 고양이다.

'개방적open' 관계에 있는 주인은 상당히 독립적인 성향의 고양이에게 적당한 수준의 감정적 투자를 하며, 고양이는 사람들과 어울리는 것을 좋아하지만 특별히 주인을 찾지는 않는다. 이

고양이들은 영국의 소설가 러디어드 키플링의 유명한 '혼자 걷는 고양이'와 비슷해 주인으로부터 '냉담하다'는 말을 들을 가능성이 높다. 이는 비교적 약한 관계지만 사람과 고양이의 서로에 대한 생각이 균형을 이루는 관계라고 할 수 있다.

이네스와 공동 연구자들이 제시한 다른 두 관계에 있는 주인들은 고양이에게 정서적으로 많은 투자를 한다. '우정friendship' 관계에 있는 고양이는 사교적이지만 상호작용 대상을 가린다. 이들은 주인과 함께 있는 것을 좋아하지만 강력한 '상호의존적codependent' 관계에 있는 고양이들에 비해서는 주인에게 정서적으로 덜 얽매여 있다. 상호의존적인 관계의 경우 고양이와 주인 모두 서로에게 강한 정서적 유대감을 보이며 많은 시간을 함께한다. 이 경우 고양이가 너무 애착이 강해서 다른 사람과 상호작용을 하지 않을 수도 있다. 이런 유형의 고양이는 주인이 없을 때 파괴적인 행동이나 부적절한 배뇨와 같은 문제를 일으킬 수 있다. 또한 이 관계는 1인 가구에 사는 고양이나 실내에서만 생활하는 고양이에게서 형성될 가능성이 높다. 개가 분리불안 증상을 보이는 유일한 이유는 주인이 개와 함께 있지 않기 때문이다. 하지만 고양이는 함께 있으면서 자극도 해줘야 분리불안 증상을 보이지 않는다. 따라서 고양의 분리불안 문제는 더 해결하기 어렵다.

티거는 나를 포함한 우리 가족에게 지속적인 관심을 요구하는 고양이는 아니었다. 하지만 나는 그렉에게 맡겨진 열흘 동안 티거가 어떤 기분이었는지, 나중에 조이스와 함께 지냈을 때는 또 어떤 기분이었는지 궁금했다. 그렉 때문에 겁을 먹거나, 화가 나거나, 슬퍼하거나, 스트레스를 받았을까? 조이스의 집에서는 행복을 느꼈을까? 고양이도 실제로 사람과 같은 감정을 느낄까? 과거에도 사람들은 이런 의문을 제기했지만 그때마다 철학자와 과학자들로부터 끔찍한 의인화라는 비난을 받았다. 하지만 동물에게도 뇌의 변연계에서 처리되는 공포와 같은 기본적인 감정이 있고, 그 결과로 신체적 반응이 나타난다는 사실이 발견되면서 동물의 감정에 대한 사람들의 생각은 점차 변화하고 있다.

자동차가 갑자기 달려올 때처럼 위급한 상황에 처한 사람은 아드레날린 분비가 급증해 '투쟁-도피 반응'이 발생한다. 이 경우 심장이 빠르게 뛰고 호흡이 빨라지며, 동공이 확장되고 몸의 잔털이 곤두서면서 소름이 돋을 수 있다. 고양이도 사납게 짖는 개를 만나거나 그렉 같은 사람을 만났을 때 이와 비슷한 신체 반응, 즉 심박수와 호흡수가 증가하고 동공이 확장되는 반응을 보인다. 게다가 이런 상황에서 고양이는 털을 모두 곤두세우기까지 하기 때문에 똑같은 상황에 있는 사람보다 훨씬 더 강렬해 보인다. 이런 '할로윈 고양이 효과' 때문에 고양이에게 공포를 주는 사람이나 동물은 그 상황에서 고양이가 실제보다 훨씬 크다고 생각하게 된다.

고양이가 정말 사람과 같은 방식으로 감정을 경험하는지는 확인이 불가능하다. 그럼에도 반려동물을 키우는 사람들은 동물도 우리와 같은 감정을 느낀다고 생각하는 경우가 많다. 일반적으로 보호자들은 반려동물에게 두려움, 분노, 기쁨, 놀라움, 혐오감, 슬픔과 같은 기본적인 감정이 존재한다고 보지만, 질투, 수치심, 실망, 연민과 같은 복잡한 감정은 별로 연관 짓지 않는다.[24] 또한 사람들은 고양이에 비해 개가 이런 감정들을 더 많이 느낀다고 생각하는데, 아마도 개의 사회성이 더 발달했기 때문일 것이다. 하지만 나는 동물행동 상담사로 일하면서 문제 행동을 보이는 반려묘의 경우 질투나 악의 같은 복잡한 동기가 작용하는 경우가 많다는 사실을 발견했다. 2장에서 만난 존스 부인의 고양이 세실이 주인의 새 신발에 오줌을 분사한 것처럼 말이다.

대부분의 과학자는 반려묘들이 점점 더 많은 스트레스를 받고 있다는 데 동의한다. 고양이는 적응력이 뛰어나고 거의 모든 환경에서 잘 살아갈 수 있지만, 인간 및 다른 고양이와 함께 사는 현대생활에서는 엄청난 스트레스를 느낀다. 앞서 무서운 개 시나리오에서 묘사한 것처럼 아드레날린이 솟구치는 정도의 스트레스는 사람과 마찬가지로 고양이들도 가끔 느낄 수 있다. 문제는 고양이들이 이런 스트레스 상황에 지속적으로 노출될 때 일어난다. 만성 스트레스는 고양이에게 신체적, 행동적 문제를 일으킬 수 있다. 고양이가 위축되거나 불안해하고, 세실처럼 평소와 다른 새로운 행동(신발에 오줌 분사하기)을 보이고, 털을 과도하게 손질하거나 털을 뽑기 시작한다면(스트레스가 더 만성적인 경우다) 스트레스 관련 질병이 발생한 것일 수 있다.

집고양이의 스트레스는 다른 고양이와 함께 생활하는 것에서 비롯되는 경우가 많은데, 필요에 따라 무리 지어 살기도 하는 그들의 습성을 고려할 때 고양이가 이런 상황에서 스트레스를 받는 것은 좀 이상해 보인다. 하지만 내가 연구했던 농장 고양이 진저와 시드, 병원 고양이 태비사와 베티처럼 군집생활을 하는 고양이들은 자신이 상호작용하고 싶은 대상을 선택할 수 있다는 면에서 집고양이와 다르다. 군집생활을 하는 고양이는 위협적이거나 비우호적인 고양이를 피할 수 있다. 게다가 군집에 속한 고양이들은 서로 혈연관계인 경우가 많다. 보통 군집은 같은 암컷이 낳은 고양이들로 형성되기 때문이다. 반면 반려묘는 사람의 집에서 유일한 고양이로 상당 기간 살아오다가, 친척이 아닌 고양이와 '친구'로 지내야 하는 경우가 많다.

보호자들이 고양이를 추가로 입양할 때 신중을 기한다고 해도 새로 입양된 고양이와 기존에 있던 고양이가 잘 지내지 못하는 경우가 많다. 같은 어미에게서 태어난 새끼고양이들을 입양하면 이런 문제가 줄어들 수 있지만, 5장에서 이야기했듯이 우리 집 부치와 스머지처럼 성묘가 됐을 때 서로 잘 맞지 않을 수도 있다.

두 마리 이상의 고양이를 키우는 보호자를 대상으로 한 설문조사에서는 70% 이상이 고양이를 입양한 순간부터 갈등의 조짐이 있었다고 답했다.[25] 시간이 지남에 따라 이런 갈등이 완화되는 경우도 있지만, 여러 마리 고양이를 키우는 가구의 44%에서 매일 고양이들 사이에 응시 행동이 일어나고, 18%는 서로 하악질을 하는 것으로 조사된 것을 보면 근본적으로 서로에 대한 긴장감이 해소되지 않은 경우가 많다고 할 수 있다.

두 마리 이상의 고양이가 한집에 살면서 동일한 자원을 공유하는 경우, 특히 실내에서만 생활하는 고양이들의 경우 서로를 피할 수 있는 기회가 제한될 수 있다. 이런 고양이들은 화장실이나 먹이 그릇, 휴식 공간을 같이 사용하는 경우가 많기 때문에 자신감 넘치는 고양이는 다른 고양이를 노려보거나, 길을 막거나, 화장실을 사용하지 못하게 하면서 교묘한 방법으로 괴롭히기도 한다. 집 밖을 마음대로 돌아다니는 반려묘는 비우호적인 이웃 고양이를 마주칠 수 있다는 스트레스로 인해 성질을 부릴 수도 있다. 서로 다른 집에 사는 고양이들은 일반적으로 서로를 같은 사회적 집단의 구성원으로 간주하지 않기 때문에 이들 사이에 적대적인 관계가 형성될 가능성이 높다. 고양이 밀집도가 높은 주거 지역에서는 고양이 한 마리가 차지할 수 있는 영역이 좁기 때문에 공간을 차지하기 위한 경쟁이 치열해진다.

이 문제를 해결하려면 스트레스의 근원을 찾아야 한다. 반려묘가 같은 집에 사는 다른 고양이 때문에 스트레스를 받는다면 화장실, 먹이 그릇, 휴식 공간 등의 자원을 늘려 거주 고양이 간의 갈등을 줄이고, 고양이들이 공간을 더 쉽게 공유하게 만들어야 한다. 외부 고양이가 스트레스의 원인이라면 다른 고양이가 문틈으로 들어오지 못하게 하거나 서로를 지켜볼 수 있는 창문을 막아 집고양이가 집 안에서 안전하다고 느낄 수 있도록 해주는 것이 좋다.

집사의 표정을 보고 감정 알아맞히기

다른 동물의 감정을 인식하는 능력은 사회적 측면뿐만 아니라 생존을 위해서도 많은 동물에게 중요하다. 주변 사람들이 고조된 감정 상태, 특히 두려움에 빠져 있는 것을 발견하면 관찰자도 비슷한 반응을 보이는 경향이 있는데, 이를 '감정 전염'이라고 부른다. 어린이와 성인의 관계에서는 상대방이 어떤 감정을 느끼고 있는지, 어떤 것에 어떻게 반응하는지 확인하기 위해 서로의 얼굴 표정에 집중해 단서를 찾는 경향이 있다.

과학자들은 인간의 얼굴 움직임을 근육 움직임을 통해 설명하는 객관적인 방법을 개발했다. 이런 근육 움직임을 동작단위Action Unit, AU라고 하며, 이는 4장에서 설명한 얼굴동작코딩시스템FACS[26]의 일부를 구성한다. 하지만 일상적으로 우리는 여전히 서로를 바라보며 상대방의 표정에서 주관적으로 마음을 읽으려고 한다.

사람들은 반려동물의 얼굴을 보면서도 표정을 읽으려고 노력하는 경우가 많다. 우리 집에 살던 골든 리트리버 앨피는 놀라울 정도로 표정이 풍부한 개였다. 앨피는 한쪽 눈썹을 다른 쪽 눈썹과 완전히 독립적으로 움직일 수 있었고, 우리가 '놀란 표정'이라고 부르던 표정이 순식간에 '궁금해하는' 표정이나 '처량한' 표정으로 바뀌기도 했다.

개의 표정과 얼굴의 해부학적 구조에 대한 연구 결과를 바탕으로 DogFACS가 개발되면서 반려견에게는 매우 강력한 의사소통 수단이 있다는 사실이 다시 한번 확인됐다.[27] 개는 양쪽 눈 위에 있는 작지만 놀라울 정도로 강한 근육인 '내측안구거근'으로 표정을 연출한다. 이 근육이 수축하면 안쪽 눈썹이 위로 올라간다. DogFACS에서 AU 101로 코딩된 이 근육의 움직임은 개의 눈을 더 커 보이게 해 강아지처럼 보이게 만든다. 이 표정은 사람이 슬플 때 짓는 표정과도 비슷하기 때문에 사람의 감정을 이끌어내는 강력한 힘을 가지며, 연구에 따르면 구조 센터에 있는 개 중 이 표정을 더 많이 짓는 개가 빨리 입양되는 것으로 나타났다.

나는 앨피는 물론 어떤 개에게도 관심이나 인내심을 보이지 않았던 스머지마저도 앨피가 이런 표정, 즉 사람이 봐도 슬퍼 보이는 표정을 지으면 함께 눈썹을 들어 올릴 것이라고 생각했다.

하지만 스머지는 한 번도 그런 적이 없다. 고양이는 내측안구거근이 개처럼 잘 발달하지 않았기 때문에 개처럼 '슬픈 강아지' 표정을 지을 수 없다. 제이컵 레이가드와 H. S. 제닝스가 쓴 《고양이의 해부학Anatomy of the Cat》에 따르면, 개의 이 근육과 가장 비슷한 고양이의 근육은 '내측눈썹주름근'이다. 미세 섬유질로 구성된 이 얇은 근육은 눈의 능선을 가로지르는 띠 모양의 약한 근육이다. 이 근육은 윗눈꺼풀을 올리는 데는 도움이 되지만 눈썹 움직임에는 영향을 미치지 않는다. 고양이가 조금이라도 놀라거나 궁금해하는 표정 또는 처량한 표정을 짓지 않는 데에는 이런 이유가 있다.

고양이는 눈썹을 올리는 능력은 없지만, 4장에서 설명한 귀의 움직임과 5장에서 설명한 수염의 움직임을 제어하는 근육들이 함께 움직이며 놀라울 정도로 다양한 얼굴 표정을 연출한다. CatFACS 개발자들은 구조 센터에 있는 고양이들의 얼굴 움직임을 기록해 그것이 고양이들이 입양되는 속도에 영향을 주는지 확인했다.[28]

하지만 어떠한 상관관계도 발견되지 않았다. 개가 눈썹을 올려 만드는 표정이 입양 속도와 관계를 보이는 것과 달리 고양이의 표정은 예비 고양이 주인에게 전혀 영향을 미치지 않는 것으로 보였다. 어쩌면 고양이의 경우 사람들이 미묘한 표정 변화보다는 더 분명한 다른 행동 신호를 찾는 경향이 있기 때문일 수 있다.

CatFACS 연구에 따르면 고양이 입양률에 영향을 미치는 유일한 행동은 고양이가 몸을 우리에 문지르는 행동인 것으로 밝혀졌다. 그 이유는 이 행동이 특히 사람들의 눈에 잘 띄는 데다 이미 잘 알려진 익숙한 행동이기 때문인 것으로 보인다.

로런 도슨과 공동 연구자들은 사람들이 낯선 고양이의 표정을 해독해 감정을 파악할 수 있는지 좀 더 구체적으로 살펴봤다. 연구자들은 온라인 설문조사를 통해 6,000명 이상의 지원자를 모집하고, 유튜브 영상을 이용해 긍정적인 표정을 짓는 고양이와 부정적인 표정을 짓는 고양이를 구별하는 능력을 테스트했다. 테스트 결과는 매우 흥미로웠는데, 여성, 젊은 사람, 고양이에 대한 전문적인 경험이 있는 사람이 대체적으로 더 높은 점수를 받았다. 하지만 대부분의 사람들은 이 과제를 어렵게 생각했고, 기대 이하의 점수를 받았다.

이 연구는 고양이와의 애착과 관련된 미묘하지만 놀라운 사실을 발견하기도 했다. 고양이에 대한 애착 점수가 높은 사람일수록 고양이의 긍정적인 표현을 더 잘 인식하는 반면, 부정적인 표현을 해독하는 데는 더 서투르다는 사실을 발견한 것이다. 이에 대해 연구자들은 고양이에 대한 애착이 강한 보호자는 고양이가 행복할 때 보내는 신호에 익숙한 반면, 그렇지 않은 보호자는 고양이의 부정적인 표정에 더 익숙하기 때문에 그럴 수 있다고 설명했다.[29]

한편 고양이의 관점에서 사물을 바라본 모리아 갈번과 제니

퍼 본크는 고양이가 사람의 행복한 표정과 분노한 표정에 각각 어떻게 반응하는지 테스트해 사람의 감정을 얼마나 잘 읽는지 평가했다.[30] 고양이의 반응은 주인과 낯선 사람 모두에 대해 기록되었으며, 분노(찡그린 얼굴, 꽉 쥔 주먹, 오므린 입) 또는 행복(편안한 손과 얼굴, 미소)을 나타내는 표정이 제시되었다. 연구자들은 고양이가 주인에게 다가가는 데 걸리는 시간은 주인의 표정과 상관없이 동일하다는 사실을 발견했다. 하지만 일단 다가간 후에는 화난 표정을 지었을 때보다 행복한 표정을 짓고 있을 때 더 많은 시간을 접촉하고 긍정적인 행동을 보였다. 낯선 사람과 상호작용할 때는 낯선 사람이 행복한 상태인지 화난 상태인지에 따라 행동에 차이를 보이지 않았다. 즉, 고양이는 낯선 사람에 비해 주인의 표정에 더 잘 적응한 것으로 보였다. 이런 결과는 고양이가 주인이 슬프거나 화가 났다는 것을 항상 이해한다는 의미는 아니며, 일반적으로 행복을 나타내는 신호와 분노를 나타내는 신호가 각각 다른 결과를 초래한다는 것을 배웠다는 뜻이다. 이는 고양이가 과거에 이런 신호를 보인 적이 있는 친숙한 주인과 한번도 얼굴을 본 적이 없는 낯선 사람에게 각각 다르게 반응하는 이유에 대한 설명이 될 수 있다.

안젤로 콰란타와 공동 연구자들은 고양이가 감정이 담긴 소리와 시각적 그림을 일치시킬 수 있는지 테스트했다. 연구자들은 주인의 무릎에 앉은 고양이에게 낯선 사람의 사진 두 장을 보여줬다. 한 장은 분노를, 다른 한 장은 행복을 표현한 사진이었다. 동시에 연구자들은 웃는 소리, 으르렁거리는 소리, 대조군 소리를 고양이에게 들려줬다. 그런 다음 고양이가 각각의 사진을 얼마나 오래 바라보는지 측정해 그래프로 표시했다. 그 결과 연구자들은 고양이가 재생되는 발성과 일치하는 사진을 더 오래 바라본다는 사실을 발견했다. 이는 고양이가 각 표현이 어떤 소리와 이어질지 예상하고 있다는 가능성을 뜻한다. 또한 고양이들이 특정 사진을 보고 꼬리를 아래로 집어넣거나 귀를 납작하게 하는 등의 스트레스 행동을 보인다는 점에서 화난 사진/으르렁거리는 소리 조합의 결과가 부정적일 가능성이 높음을 분명히 인식하고 있는 것으로 보였다.[31]

서로 다른 방식으로 소통하는 두 종에게 서로의 감정을 읽는 것은 까다로운 과제다. 단독생활자이자 포커페이스였던 고양이의 조상들은 서로 상호작용할 일이 거의 없었기 때문에 주로 후각에 의존해 의사소통했다. 사람들은 고양이의 얼굴, 표정, 감정에 본능적으로 매료되지만, 우리가 고양이의 마음을 읽는 능력보다 고양이가 우리의 마음을 읽는 능력이 더 뛰어난 것 같다. 앞으로 CatFACS와 같은 리소스가 더 널

리 보급돼 그동안 사람들과 함께 살면서 시각, 음성, 촉각, 후각 신호로 자신의 감정을 표현하는 방법을 개발해낸 고양이의 얼굴 움직임을 우리가 더 잘 해석할 수 있게 되길 바란다.

많은 집사는 고양이가 다가오는 것을 지켜보면서 고양이가 단순히 즐거운 시간을 보내기 위해 우리를 찾는 것인지 궁금해한다. 한 연구에서는 고양이에게 사람과의 사회적 상호작용, 맛있는 음식, 흥미를 유발하는 장난감, 천에 묻은 흥미로운 향기 중 하나를 선택하게 하는 방법으로 이 의문에 대한 답을 찾으려고 했다. 고양이마다 선호도에 차이가 있었지만, 놀랍게도 50%의 고양이가 사회적 상호작용을 선택했다. 37%는 다른 옵션보다 음식을 선호했고, 11%는 장난감을, 2%만이 향기가 나는 천을 선택했다.[32]

고양이의 가축화는 반려묘 중 적어도 일부에게는 사람과 같이 있기를 원할 정도의 수준으로 진행된 것 같다. 하지만 야생의 마음을 가진 내 고양이 티거가 잘 보여줬듯이, 지금도 고양이들은 비옥한 초승달 지역에 살던 기회주의적 조상들과 크게 다르지 않은 것도 사실이다.

어느 여름날 저녁, 주방에서 저녁 식사를 준비할 때였다. 정원 쪽으로 난 뒷문은 활짝 열린 상태였고, 당시 아직 어린 고양이였던 티거가 갑자기 주방으로 들어왔다. 티거는 내 다리에 열정적으로 몸을 문지르면서 힘차게 가르랑 소리를 냈다. 나는 티거가 나를 보러 주방에 들어왔다고 생각해 기분이 좋아졌고, 미소를 지으면서 “티거 왔구나”라고 말했다. 내가 말을 건네고 캐서롤용 닭고기를 준비하는 동안 티거는 계속 내게 몸을 비볐다. 하지만 손을 씻으려고 싱크대 쪽으로 돌아서는 순간 눈 깜짝할 사이에 주방 조리대로 뛰어올라 치킨을 물고 뒷문으로 나가버렸다. 지금 생각해도 섭섭하게 느껴지지만, 앞서 설명한 연구에 따르면 티거는 ‘먹이를 선호하는’ 고양이 범주에 속했던 것 같다. 그래도 나는 티거가 먹이 바로 다음으로 나를 좋아했다고 생각하고 싶다.

에필로그

그 어느 동물보다 뛰어난 고양이의 적응력

> 결국 고양이만이 모든 동물이 직면한 가장 어려운 문제를 해결해냈다. 그 문제는 사람과 친하게 지내면서도 사람과 완전히 독립적으로 사는 것이다!
>
> — 캐서린 심스, 《그들은 내 옆에서 걸었다They Walked Beside Me》[1]

주방에 서 있는데 스머지가 캣 플랩을 통과해 안으로 들어오는 모습이 보였다. 우리는 고양이들의 안전을 위해 초저녁에 캣 플랩을 '밖에서만 열림' 모드로 맞춰놓고 있었다. 그래야 초저녁에 집에 들어온 고양이가 밤에 다시 집 밖으로 나갈 수 없기 때문이다. 나는 우리 식구 모두가 고양이에게 이렇게 신경을 쓰고 있으니 고양이들은 참 행복하겠다는 생각을 했다. 하지만 그날은 스머지가 평소보다 일찍 들어오는 실수를 저질렀다. 늦은 밤 동네를 산책하고 싶었던 모양인지, 스머지는 계속 코로 캣 플랩을 밀어댔다. 하지만 캣 플랩은 열리지 않았다. 스머지는 캣 플랩을 열어달라는 표정으로 나를 쳐다봤지만 나는 꼼짝도 하지 않았다.

그로부터 일주일쯤 뒤, 주방에서 아침 식사를 준비하고 있는데 스머지의 모습이 보이지 않았다. 부치는 진작부터 주방에서 기다리고 있었다. 이상한 생각이 들어 캣 플랩을 확인해보니 캣 플랩의 슬라이더 모드가 '밖과 안에서 모두 열림'으로 바뀌어 있었다. 나는 그 전날 밤에 캣 플랩을 '밖에서만 열림' 모드로 맞춰놓았던 것을 또렷하게 기억하고 있었다. 아침을 먹으면서 나는 "아침에 일찍 캣 플랩 열어놓은 사람 있어?"라고 가족들에게 물었지만, 모두 어리둥절한 표정을 지을 뿐이었다.

그다음 날 밤에도, 그 다음다음 날 밤에도 스머지는 밖으로 나갔다. 스머지가 어떻게 탈출할 수 있었는지 궁금한 마음에 나는 틈이 날 때마다 캣 플랩을 확인했다. 그렇게 며칠이 지난 어느 늦은 밤, 마침내 나는 탈출하고 있는 스머지를 두 눈으로 목격했다. 내가 숨어서 자기를 지켜보고 있다는 것을 몰랐던 스머지는 잠겨 있는 캣 플랩으로 다가가 코로 캣 플랩을 밀어 열리는지 확인했다. 캣 플랩은 요지부동이었지만 스머지는 포기하지 않고 그 앞에 앉아 앞발로 슬라이더를 조금씩 움직였고, 코로는 문을 계속 밀면서 열리는지 확인했다. 그러다 결국 슬라이더를 끝까지 밀어내 캣 플랩이 열리자 바로 통과해 밤 산책을 나갔다.

내가 이 사건을 알리자 캣 플랩 제조 업체 직원은 "그렇지 않아도 고객님의 고양이 같은 고양이들 때문에 캣 플랩을 새로 설계하고 있습니다"라고 말했다. 잠긴 캣 플랩을 열고 나가는 고양이를 키우는 사람이 나 말고도 많았던 모양이다. 그로부터 몇 달 후, 업체에서 새로운 캣 플랩을 집으로 보내왔다. 슬라이더 대신 다이얼을 돌려 네 가지 설정으로 바꿀 수 있는 버전이었다. 다이얼을 돌리려면 엄지손가락과 다른 손가락을 사용해야 했다. 새 버전의 캣 플랩이 설치되는 동안 나는 그 모습을 지켜보고 있는 스머지에게 "미안해, 스머지. 이건 절대 열고 나갈 수 없을 거야"라고 말했다.

스머지가 캣 플랩을 영리하게 열고 나가는 모습을 보면서 나는 집고양이가 직면한 여러 가지 어려움과 그중에서도 가장 큰 난제인 소통 문제에 대해 생각했다.

이 책은 고양이들이 복잡하고 인간중심적인 세상에서 어떻게 생존해왔는지 보여준다. 단독생활을 하던 고양이들은 다른 고양이들과 어울려 살게 되면서 자원 공유에 수반되는 갈등을 피하기 위해 새로운 신호와 방법을 찾아내며 달라진 환경에 적응해왔다. 놀라운 사실은 고양이가 자신의 언어와 매우 다른 인간의 언어를 활용하고, 인간에 맞춰 의사소통 방식을 조정함으로써 우리의 관심을 끌고 원하는 것을 말하려고 노력했다는 점이다. 고양이는 대부분의 사람들이 생각하는 것보다 훨씬 더 우리를 잘 이해한다. 고양이와 인간의 의사소통은 이제 진화할 만큼 진화한 것일까? 고양이가 인간 세상에 적응하는 데 뛰어난 재능을 가지고 있다는 점을 고려하면 여기가 끝일 가능성은 없어 보인다.

일반적으로 반려묘는 실내나 실외, 또는 둘 다에서 사람이나 다른 고양이와 의사소통해야 하는 과제를 안고 있다. 게다가 고양이들은 사람의 집에서 살면서 발생하는 여러 가지 환경적 어려움에도 대처해야 한다. 고양이의 감각 세계는 사람과 매우 다르기 때문에 문, 창문, 수도꼭지, 변기, 텔레비전, 세탁기, 식기세척기 등 우리가 당연하게 여기는 수많은 집 안의 (이상한) 물건들, (시끄러운) 소리들, (매우 강한) 냄새들을 탐색해야 한다. 고양이 전용 화장실과 다양한 모양, 크기, 재질의 고양이 침대, 야외에서 사용할 수 있는 캣 플랩 등 인간이 만든 편의 시설도 고양이에게는 익숙해지는 데 시간이 걸릴 수 있다.

캣 플랩은 현대의 고양이에게 수수께끼 같은 존재다. 그들의 조상인 고독한 야생 고양이들은 캣 플랩을 본 적이 없기 때문이다. 캣 플랩은 고양이가 곡물 저장고에 들어가 설치류를 쫓아낼 수 있도록 하기 위해 뚫은 구멍에서 발전한 장치다. 벽에 구멍을 뚫어놓으면 고양이가 들락거리기에 좋았고, 그 후 누군가가 그 구멍에 덮개를 추가했을 것이다. 요즘은 단순하게 열리고 닫히는 것에 그치지 않고 원하는 고양이를 집 안으로 들여보내거나 원치 않는 고양이를 집 밖으로 내보낼 수 있는 다양한 기능을 갖춘 캣 플랩이 출시되고 있다. 고양이가 차고 있는 마이크로 칩을 인식해 특정한 고양이만 드나들 수 있게 해주는 제품도 있다.

일부 반려묘는 캣 플랩을 통과하는 법을 매우 빠르게 배운다. 이런 고양이들은 사람이 적절한 간식을 주면서 몇 번만 훈련시키면 캣 플랩에 금세 적응한다. 반면 어떤 고양이들은 그저 캣 플랩이 열리기만을 기다리면서, 캣 플랩을 얼굴로 밀어야 문을 통과할 수 있는 현대적인 상황에 적응하지 못하는 모습을 보이기도 한다. 그리고 잠긴 캣 플랩을 열기 위해 필사적인 노력을 보여주는 고양이도 있다. 스머지가 그런 고양이었다.

다이얼로 작동하는 새 캣 플랩을 설치한 지 약 6개월이 지난 이른 아침이었다. 스머지가 또 보이지 않았다. 캣 플랩을 몇 번이고 확인했지만 아무 문제도 없어 보였다. 나는 다시 밤늦게 캣 플랩 주변을 기웃거리며 무슨 일이 일어나는지 살펴보기 시작했다. 오래 기다릴 필요도 없었다. 며칠 후 주방 의자에 앉아 캣 플랩을 지켜보고 있는데 스머지가 캣 플랩으로 다가갔다. 스머지는 '밖에서만 열림'에 맞춰놓은 캣 플랩이 열리는지 슬쩍 밀어보았다. 캣 플랩이

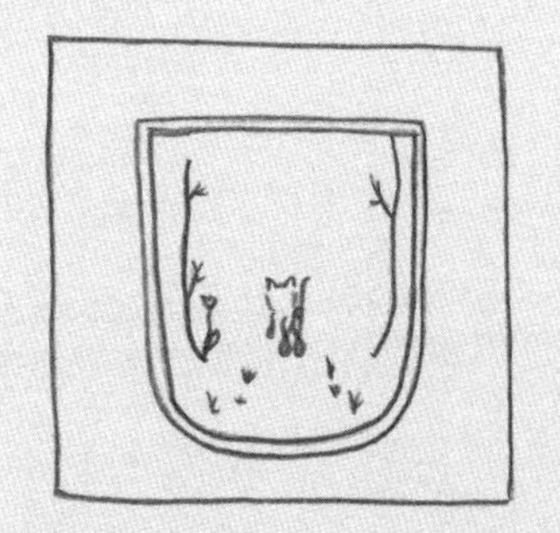

꼼짝도 하지 않자 스머지는 재빠르게 발톱으로 캣 플랩의 밑부분을 자기 쪽으로 잡아당겼다. 그러더니 열린 틈 사이로 재빨리 코를 집어넣은 다음 캣 플랩을 통과해 탈출에 다시 한번 성공했다. 정말 기발했다. 다이얼은 아무 소용이 없었다.[2]

감사의 말

먼저, 이 책 곳곳에 등장한 고양이 연구자들에게 진심으로 감사드린다. 그들은 고양이의 행동방식에서 흥미롭고 유익한 정보를 발견하기 위해 열성적이면서 세심하게 연구를 진행했다. "고양이와 함께 보내는 시간은 결코 낭비가 아니다"라는 말이 있다. 하지만 고양이와 함께 지내면서 그들을 연구하는 일이 결코 쉽지 않다는 것을, 그러나 동시에 무한한 기쁨을 얻을 수 있는 일이기도 하다는 것을 너무나 잘 알고 있는 나로서는 고양이 연구자들에게 경의를 표하지 않을 수 없다. 이 책이 그들의 노력을 빛나게 만들었기를 바란다. 혹시라도 내가 오류를 범한 부분이 있다면 널리 이해해주길 바란다.

이 책의 저작권 에이전트인 앨리스 마텔에게 감사의 마음을 전한다. 뛰어난 에이전트인 마텔은 이 책에 대해 나만큼의 믿음과 애정을 보여주었으며, 끊임없이 나를 격려하고 나의 수많은 질문에 대답해줬다. 이 책을 출판한 더튼 출판사의 스티븐 모로와 그레이스 레이어에게도 감사드린다. 이들은 초고를 읽고 또

읽으면서 내게 영감을 주고, 이 책의 모든 내용이 더 잘 전달될 수 있도록 조언을 아끼지 않았다. 다이아몬드 브리지스, 앨리스 달림플, 이사벨 다실바, 티파니 에스트레이커, 질리언 파타, 사빌라 칸, 비안 응우옌, 한나 풀, 낸시 레즈닉, 수전 슈워츠, 킴 서리지 등 이 책 제작에 참여한 더튼 출판사의 직원들에게도 감사드린다.

사우샘프턴 대학교 인류동물학 연구소 초창기부터 지금까지 나와 함께 연구를 진행한 모든 분에게도 감사의 마음을 전한다. 여기서 그 이름을 전부 나열할 수는 없지만, 다들 내 마음을 잘 알고 있을 것이라고 믿는다. 특히 인류동물학 연구소의 박사 과정 지도교수이자 연구소 상사였던 존 브래드쇼에게 감사드린다. 동물 구조에 종사하는 분들, 수많은 동물의 삶을 개선하기 위해 매일 애쓰시는 분들의 노고에도 감사드린다.

나와 함께 오랫동안 살았거나 지금도 함께 살고 있는 반려묘 티거, 찰리, 부치, 스머지에게도 고맙다는 말을 전한다. 이들은 내가 이 책을 쓰는 동안 무릎, 논문, 키보드 위에 올라앉아 나와 삶의 일부를 공유한 아이들이다. 물론 이 아이들 때문에 오타도 많이 냈다. 반려견 앨피와 레지에게도 감사하다. 이 아이들은 비가 오나 눈이 오나 자기들을 집 밖으로 데리고 나가 산책을 하게 만들었다. 덕분에 머리가 맑아지긴 했다.

돌아가신 부모님께서 이 책을 읽지 못하셔서 안타깝다. 가족들의 도움이 없었다면 이 책은 완성되지 못했을 것이다. 사랑하는 딸 애비, 앨리스, 헤티, 올리비아에게도 감사의 마음을 전한다. 아이들은 글이 잘 써지지 않는 날에 다가와 말을 걸고, 귀여운 제안을 하고, 초고를 읽어주고, 커피를 가져다주고, 이야기를 들어주면서 나에게 많은 힘을 주었다. 특히 헤티는 복잡하게 얽힌 내 생각과 메모를 아름다운 그림으로 마법처럼 바꿔주었다. 마지막으로, 남편 스티브에게 무한한 감사의 마음을 전한다. 스티브는 내가 집에서는 아이들과 반려동물을 돌보고, 밖에서는 길고양이를 구조하면서 보냈던 초창기 시절부터 지금까지 항상 내 곁을 지키면서 용기를 주는 고마운 사람이다. 스티브, 정말 고마워.

본문의 주

프롤로그: 고양이라는 놀라운 세계 앞에서

1 "Pets by the Numbers," Humane Society of the United States, https://humanepro.org/page/pets-by-the-numbers, accessed July 12, 2022.

1장 야생 고양이와 마녀

1 Charles Darwin, *The Variation of Plants and Animals Under Domestication* (London: John Murray, 1868).

2 Dmitri Belyaev, "Destabilizing Selection as a Factor in Domestication," *Journal of Heredity* 70, no. 5 (1979): 301–8; Lyudmila Trut, Irina Oskina, and Anastasiya Kharlamova, "Animal Evolution During Domestication: The Domesticated Fox as a Model," *BioEssays* 31, no. 3 (2009): 349–60.

3 Kathryn A. Lord et al., "The History of Farm Foxes Undermines the Animal Domestication Syndrome," *Trends in Ecology and Evolution* 35, no. 2 (2020): 125–36.

4 Kevin J. Parsons et al., "Skull Morphology Diverges Between Urban and Rural Populations of Red Foxes Mirroring Patterns of Domestication and Macroevolution," *Proceedings of the Royal Society B: Biological Sciences* 287, no. 1928 (2020): 20200763.

5 "Pets by the Numbers," Humane Society of the United States, https://humanepro.org/page/pets-by-the-numbers, accessed July 12, 2022.

6 *Cats Report UK 2021*, Cats Protection, https://www.cats.org.uk/media/10005/cats-2021-full-report.pdf.

7 고양이의 사회화 과정은 1980년대 초 아일린 카시의 실험들에서 밝혀졌다. Eileen B. Karsh and Dennis C. Turner, "The Human-Cat Relationship," in *The Domestic Cat: The Biology of Its Behaviour*, ed. Dennis C. Turner and Patrick Bateson (Cambridge, UK: Cambridge University Press, 1988), 159–77.

8 Stephen J. O'Brien and Warren E. Johnson, "The Evolution of Cats," *Scientific American*, July 1, 2007.

9 프세우다일루루스와 그의 조상들에 대한 이야기는 다음 책에서 확인할 수 있다. Sarah Brown, *The Cat: A Natural and Cultural History* (Princeton, NJ: Princeton University Press, 2020), 14–7.

10 Carlos A. Driscoll et al., "The Near Eastern Origin of Cat Domestication," *Science* 317, no. 5837 (2007): 519–23.

11 아프리카들고양이(*Felis lybica lybica*)는 원래 들고양이(*Felis silvestris lybica*)에 속한다고 여겨졌으나 2017년에 고양잇과 분류학이 수정되면서 다른 종으로 분류되었다. Andrew C. Kitchener et al., *A Revised Taxonomy of the Felidae. The Final Report of the Cat Classification Task Force of the IUCN/SSC Cat Specialist Group, CATnews* Special Issue 11 (Winter 2017).

12 Eric Faure and Andrew C. Kitchener, "An Archaeological and Historical Review of the Relationships Between Felids and People," *Anthrozoös* 22, no. 3 (2009): 221–38.

13 Charlotte Cameron-Beaumont, Sarah E. Lowe, and John W. S. Bradshaw, "Evidence Suggesting Preadaptation to Domestication Throughout the Small Felidae," *Biological Journal of the Linnean Society* 75, no. 3 (2002): 361–6.

14 Charles A. W. Guggisberg, "Cheetah, Hunting Leopard (*Acinonyx jubatus*)," in *Wild Cats of the World* (London: David & Charles, 1975), 266–89.

15 Frances Pitt, *The Romance of Nature: Wild Life of the British Isles in Picture and Story*, vol. 2 (London: Country Life Press, 1936).

16 Claudio Ottoni et al., "The Palaeogenetics of Cat Dispersal in the Ancient World," *Nature, Ecology and Evolution* 1 (2017): 0139; Claudio Ottoni and Wim Van Neer, "The Dispersal of the Domestic Cat: Paleogenetic and Zooarcheological Evidence," *Near Eastern Archaeology* 83, no. 1 (2020): 38–45.

17 Carlos A. Driscoll, David W. Macdonald, and Stephen J. O'Brien, "From Wild Animals to Domestic Pets, an Evolutionary View of Domestication," *PNAS* 106, suppl. 1 (2009): 9971–8.

18 Mateusz Baca et al., "Human-Mediated Dispersal of Cats in the Neolithic Central Europe," *Heredity* 121, no. 6 (2018): 557–63. Also Ottoni et al., "The Palaeogenetics of Cat Dispersal in the Ancient World."

19 헤로도토스가 《역사》에 이에 관해 썼다. 다음 책을 참고하라. Donald W.

Engels, *Classical Cats: The Rise and Fall of the Sacred Cat* (London: Routledge, 1999).
20 Faure and Kitchener, "An Archaeological and Historical Review."
21 Jean-Denis Vigne et al., "Earliest 'Domestic' Cats in China Identified as Leopard Cat (*Prionailurus bengalensis*)," *PloS One* 11, no. 1 (2016): e0147295.
22 Ottoni and Van Neer, "The Dispersal of the Domestic Cat."
23 Raymond Coppinger and Lorna Coppinger, *Dogs: A Startling New Understanding of Canine Origins, Behavior and Evolution* (New York: Scribner, 2001).
24 Brian Hare, "Survival of the Friendliest: *Homo sapiens* Evolved via Selection for Prosociality," *Annual Review of Psychology* 68, no. 1 (2017): 155–86.
25 Driscoll, Macdonald, and O'Brien, "From Wild Animals to Domestic Pets."
26 Kristyn R. Vitale, "The Social Lives of Free-Ranging Cats," *Animals* 12, no. 1 (2022): 126, https://doi.org/10.3390/ani12010126.
27 David W. Macdonald et al., "Social Dynamics, Nursing Coalitions and Infanticide Among Farm Cats, *Felis catus*," *Advances in Ethology* (supplement to *Ethology*) 28 (1987): 1–64.
28 Sarah Louise Brown (unpublished data), "The Social Behaviour of Neutered Domestic Cats (*Felis catus*)" (PhD diss., University of Southampton, 1993).

2장 냄새 없이는 못 살아

1 Robyn Hudson et al., "Nipple Preference and Contests in Suckling Kittens of the Domestic Cat Are Unrelated to Presumed Nipple Quality," *Developmental Psychobiology* 51, no. 4 (2009): 322–32, https://doi.org/10.1002/dev.20371.
2 Lourdes Arteaga et al., "The Pattern of Nipple Use Before Weaning Among Littermates of the Domestic Dog," *Ethology* 119, no. 1 (2013): 12–9.
3 Gina Raihani et al., "Olfactory Guidance of Nipple Attachment and Suckling in Kittens of the Domestic Cat: Inborn and Learned Responses," *Developmental Psychobiology* 51, no. 8 (2009): 662–71.
4 Nicolas Mermet et al., "Odor-Guided Social Behaviour in Newborn and Young Cats: An Analytical Survey," *Chemoecology* 17 (2007): 187–99.
5 Péter Szenczi et al., "Are You My Mummy? Long-Term Olfactory Memory of Mother's Body Odour by Offspring in the Domestic Cat," *Animal Cognition* 25 (2022): 21–6, https://doi.org/10.1007/s10071-021-01537-w.

6 Oxána Bánszegi et al., "Can but Don't: Olfactory Discrimination Between Own and Alien Offspring in the Domestic Cat," *Animal Cognition* 20 (2017): 795–804, https://doi.org/10.1007/s10071-017-1100-z.

7 Elisa Jacinto et al., "Olfactory Discrimination Between Litter Mates by Mothers and Alien Adult Cats: Lump or Split?" *Animal Cognition* 22 (2019): 61–9, https://doi.org/10.1007/s10071-018-1221-z.

8 Kristyn R. Vitale Shreve and Monique A. R. Udell, "Stress, Security, and Scent: The Influence of Chemical Signals on the Social Lives of Domestic Cats and Implications for Applied Settings," *Applied Animal Behaviour Science* 187 (2017): 69–76.

9 Warner Passanisi and David Macdonald, "Group Discrimination on the Basis of Urine in a Farm Cat Colony," in *Chemical Signals in Vertebrates* 5, ed. David Macdonald, Dietland Müller-Schwarze, and S. E. Natynczuk (Oxford, UK: Oxford University Press, 1990), 336–45.

10 Chiharu Suzuki et al., "GC × GC-MS-Based Volatile Profiling of Male Domestic Cat Urine and the Olfactory Abilities of Cats to Discriminate Temporal Changes and Individual Differences in Urine," *Journal of Chemical Ecology* 45 (2019): 579–87, https://doi.org/10.1007/s10886-019-01083-3.

11 Masao Miyazaki et al., "The Biological Function of Cauxin, a Major Urinary Protein of the Domestic Cat (*Felis catus*)," in *Chemical Signals in Vertebrates 11*, ed. Jane L. Hurst et al. (New York: Springer, 2008), 51–60.

12 Wouter H. Hendriks, Shane M. Rutherfurd, and Kay J. Rutherfurd, "Importance of Sulfate, Cysteine and Methionine as Precursors to Felinine Synthesis by Domestic Cats (*Felis catus*)," *Comparative Biochemistry and Physiology Part C: Toxicology & Pharmacology* 129, no. 3 (2001): 211–6.

13 John W. S. Bradshaw, Rachel A. Casey, and Sarah L. Brown, "Communication," in *The Behaviour of the Domestic Cat*, 2nd ed. (Wallingford, UK: CABI, 2012), 91–112.

14 Miyabi Nakabayashi, Ryohei Yamaoka, and Yoshihiro Nakashima, "Do Fecal Odours Enable Domestic Cats (*Felis catus*) to Distinguish Familiarity of the Donors?" *Journal of Ethology* 30 (2012): 325–29, https://doi.org/10.1007/s10164-011-0321-x.

15 Ayami Futsuta et al., "LC-MS/MS Quantification of Felinine Metabolites in

Tissues, Fluids, and Excretions from the Domestic Cat (*Felis catus*)," *Journal of Chromatography B* 1072 (2018): 94–9.

16 Masao Miyazaki et al., "The Chemical Basis of Species, Sex, and Individual Recognition Using Feces in the Domestic Cat," *Journal of Chemical Ecology* 44 (2018): 364–73, https://doi.org/10.1007/s10886-018-0951-3.

17 Colleen Wilson et al., "Owner Observations Regarding Cat Scratching Behavior: An Internet-Based Survey," *Journal of Feline Medicine and Surgery* 18, no. 10 (2016): 791–7.

18 Hilary Feldman, "Methods of Scent Marking in the Domestic Cat," *Canadian Journal of Zoology* 72, no. 6 (1994): 1093–9, https://doi.org/10.1139/z94-147.

19 Paul Broca, "Recherches sur les centres olfactifs," *Revue d'Anthropologie* 2 (1879): 385–455.

20 John P. McGann, "Poor Human Olfaction Is a 19th-Century Myth," *Science* 356, no. 6338 (2017): eaam7263.

21 C. Bushdid et al., "Humans Can Discriminate More Than 1 Trillion Olfactory Stimuli," *Science* 343, no. 6177 (2014): 1370–2, https://doi.org/10.1126/science.1249168.

22 Jess Porter et al., "Mechanisms of Scent-Tracking in Humans," *Nature Neuroscience* 10, no. 1 (2007): 27–9.

23 Ofer Perl et al., "Are Humans Constantly but Subconsciously Smelling Themselves?" *Philosophical Transactions of the Royal Society B* 375, no. 1800 (2020): 20190372.

24 Ida Frumin et al., "A Social Chemosignaling Function for Human Handshaking," *eLife* 4 (2015): e05154, https://doi.org/10.7554/eLife.05154.

25 Nicola Courtney and Deborah L. Wells, "The Discrimination of Cat Odours by Humans," *Perception* 31, no. 4 (2002): 511–2.

26 Benjamin L. Hart and Mitzi G. Leedy, "Analysis of the Catnip Reaction: Mediation by Olfactory System, Not Vomeronasal Organ," *Behavioral and Neural Biology* 44, no. 1 (1985): 38–46.

27 Neil B. Todd, "Inheritance of the Catnip Response in Domestic Cats," *Journal of Heredity* 53, no. 2 (1962): 54–6, https://doi.org/10.1093/oxfordjournals.jhered.a107121.

28 Sebastiaan Bol et al., "Responsiveness of Cats (Felidae) to Silver Vine (*Actinidia polygama*), Tatarian Honeysuckle (*Lonicera tatarica*), Valerian (*Valeriana officinalis*) and Catnip (*Nepeta cataria*)," *BMC Veterinary Research* 13, no. 1 (2017): 1–16.

29 Reiko Uenoyama et al., "The Characteristic Response of Domestic Cats to Plant Iridoids Allows Them to Gain Chemical Defense Against Mosquitoes," *Science Advances* 7, no. 4 (2021): eabd9135.

30 Thomas Eisner, "Catnip: Its Raison d'Être," *Science* 146, no. 3649 (1964): 1318–20.

3장 고양이는 오늘도 말한다

1 Francis Steegmuller, *A Woman, a Man, and Two Kingdoms: The Story of Madame d'Épinay and the Abbé Galiani* (Princeton, NJ: Princeton University Press, 2014).

2 Champfluery, "Cat Language," in *The Cat, Past and Present*, trans. Cashel Hoey (London: G. Bell, 1985).

3 Marvin R. Clark and Alphonse Leon Grimaldi, *Pussy and Her Language* (Fairford, UK: Echo Library, 2019).

4 Mildred Moelk, "Vocalizing in the House-Cat; a Phonetic and Functional Study," *American Journal of Psychology* 57, no. 2 (1944): 184–205.

5 Ron Haskins, "A Causal Analysis of Kitten Vocalization: An Observational and Experimental Study," *Animal Behaviour* 27 (1979): 726–36.

6 Wiebke S. Konerding et al., "Female Cats, but Not Males, Adjust Responsiveness to Arousal in the Voice of Kittens," *BMC Evolutionary Biology* 16, no. 1 (2016): 1–9.

7 Marina Scheumann et al., "Vocal Correlates of Sender-Identity and Arousal in the Isolation Calls of Domestic Kitten (*Felis silvestris catus*)," *Frontiers in Zoology* 9, no. 1 (2012): 1–14.

8 Robyn Hudson et al., "Stable Individual Differences in Separation Calls During Early Development in Cats and Mice," *Frontiers in Zoology* 12, suppl. 1 (2015): 1–12.

9 Lafcadio Hearn, "Pathological," in *Kottō* (London: Macmillan and Co., Ltd., 1903).

10 Péter Szenczi et al., "Mother-Offspring Recognition in the Domestic Cat:

Kittens Recognize Their Own Mother's Call," *Developmental Psychobiology* 58, no. 5 (2016): 568–77.

11 Nicholas Nicastro, "Perceptual and Acoustic Evidence for Species-Level Differences in Meow Vocalizations by Domestic Cats (*Felis catus*) and African Wild Cats (*Felis silvestris lybica*)," *Journal of Comparative Psychology* 118, no. 3 (2004): 287–96.

12 Susanne Schötz, Joost van de Weijer, and Robert Eklund, "Melody Matters: An Acoustic Study of Domestic Cat Meows in Six Contexts and Four Mental States," *PeerJ Preprints* 7 (2019): e27926v1.

13 어반 딕셔너리의 'meow'의 정의가 2014년 7월 1일에 수정되었다. https://www.urbandictionary.com/define.php?term=Meow.

14 Katarina Michelsson, Helena Todd de Barra, and Oliver Michelson, "Sound Spectrographic Cry Analysis and Mothers' Perception of Their Infant's Crying," in *Focus on Nonverbal Communication Research*, ed. Finley R. Lewis (New York: Nova Science, 2007), 31–64.

15 Susanne Schötz, Joost van de Weijer, and Robert Eklund, "Phonetic Methods in Cat Vocalization Studies: A Report from the Meowsic Project," in *Proceedings of the Fonetik*, vol. 2019 (Stockholm, 2019), 10–2.

16 Joanna Dudek et al., "Infant Cries Rattle Adult Cognition," *PLoS One* 11, no. 5 (2016): e0154283.

17 캐서린 S. 영(Katherine S. Young)과 공동 연구자들이 성인이 아기 울음소리에 반응할 때 보이는 긴급성에 대해 연구한 바 있다. 자녀가 없는 성인 남녀를 대상으로 실험한 결과, 성인의 울음소리보다 유아의 울음소리를 들을 때 뇌의 반응이 더 빨리 일어나는 것으로 나타났다. 이는 '돌봄 본능(Caregiving Instinct)'이 존재함을 시사한다. 더 자세한 내용은 다음 자료에서 확인할 수 있다. Young et al., "Evidence for a Caregiving Instinct: Rapid Differentiation of Infant from Adult Vocalizations Using Magnetoencephalography," *Cerebral Cortex* 26, no. 3 (2016): 1309–21.

18 Nicholas Nicastro, "Perceptual and Acoustic Evidence for Species-Level Differences."

19 Seong Yeon et al., "Differences Between Vocalization Evoked by Social Stimuli in Feral Cats and House Cats ," *Behavioural Processes* 87, no. 2 (2011): 183–9.

20 Fabiano de Oliveira Calleia, Fábio Röhe, and Marcelo Gordo, "Hunting Strategy of the Margay (*Leopardus wiedii*) to Attract the Wild Pied Tamarin (*Saguinus bicolor*)," *Neotropical Primates* 16, no. 1 (2009): 32–4.

21 Sophia Yin, "A New Perspective on Barking in Dogs (*Canis familaris*)," *Journal of Comparative Psychology* 116, no. 2 (2002): 189–93.

22 Nicholas Nicastro and Michael J. Owren, "Classification of Domestic Cat (*Felis catus*) Vocalizations by Naive and Experienced Human Listeners," *Journal of Comparative Psychology* 117, no. 1 (2003): 44–52.

23 Sophia Yin and Brenda McCowan, "Barking in Domestic Dogs: Context Specificity and Individual Identification," *Animal Behaviour* 68, no. 2 (2004): 343–55.

24 Sarah L. H. Ellis, Victoria Swindell, and Oliver H. P. Burman, "Human Classification of Context-Related Vocalizations Emitted by Familiar and Unfamiliar Domestic Cats: An Exploratory Study," *Anthrozoös* 28, no. 4 (2015): 625–34.

25 Emanuela Prato-Previde et al., "What's in a Meow? A Study on Human Classification and Interpretation of Domestic Cat Vocalizations," *Animals* 10, no. 12 (2020): 2390.

26 Tamás Faragó et al., "Humans Rely on the Same Rules to Assess Emotional Valence and Intensity in Conspecific and Dog Vocalizations," *Biology Letters* 10, no. 1 (2014): 20130926.

27 Charles Darwin, "Means of Expression in Animals," in *The Expression of the Emotions in Man and Animals* (New York: D. Appleton & Company, 1872), 83–114.

28 M. A. Schnaider et al., "Cat Vocalization in Aversive and Pleasant Situations," *Journal of Veterinary Behavior* 55–56 (2022): 71–8.

29 Schötz, van de Weijer, and Eklund, "Melody Matters."

30 Susanne Schötz and Joost van de Weijer, "A Study of Human Perception of Intonation in Domestic Cat Meows," in *Social and Linguistic Speech Prosody: Proceedings of the 7th International Conference on Speech Prosody*, ed. Nick Campbell, Dafydd Gibbon, and Daniel Hirst (2014).

31 Pascal Belin et al., "Human Cerebral Response to Animal Affective Vocalizations," *Proceedings of the Royal Society B: Biological Sciences* 275, no.

1634 (2008): 473–81.

32 Christine E. Parsons et al., "Pawsitively Sad: Pet-Owners Are More Sensitive to Negative Emotion in Animal Distress Vocalizations," *Royal Society Open Science* 6, no. 8 (2019): 181555.

33 Paul Gallico, *The Silent Miaow* (London: Pan Books Ltd., 1987).

34 Victoria L. Voith and Peter L. Borchelt, "Social Behavior of Domestic Cats," in *Readings in Companion Animal Behavior*, ed. V. L. Voith and P. L. Borchelt (Trenton, NJ: Veterinary Learning Systems, 1996), 248–57.

35 Matilda Eriksson, Linda J. Keeling, and Therese Rehn, "Cats and Owners Interact More with Each Other After a Longer Duration of Separation," *PLoS One* 12, no. 10 (2017): e0185599.

36 Denis Burnham, Christine Kitamura, and Uté Vollmer-Conna, "What's New, Pussycat? On Talking to Babies and Animals," *Science* 296, no. 5572 (2002): 1435.

37 H. Carrington Bolton, "The Language Used in Talking to Domestic Animals," *American Anthropologist* 10, no. 3 (1897): 65–90.

38 Tobias Grossmann et al., "The Developmental Origins of Voice Processing in the Human Brain," *Neuron* 65, no. 6 (2010): 852–8.

39 Péter Pongrácz and Julianna Szulamit Szapu, "The Socio-Cognitive Relationship Between Cats and Humans—Companion Cats (*Felis catus*) as Their Owners See Them," *Applied Animal Behaviour Science* 207 (2018): 57–66.

40 Charlotte de Mouzon, Marine Gonthier, and Gérard Leboucher, "Discrimination of Cat-Directed Speech from Human-Directed Speech in a Population of Indoor Companion Cats (*Felis catus*)," *Animal Cognition* 26, no. 2 (2023): 611–9, https://doi.org/10.1007/s10071-022-01674-w.

41 Rickye S. Heffner and Henry E. Heffner, "Hearing Range of the Domestic Cat," *Hearing Research* 19, no. 1 (1985): 85–8.

42 Atsuko Saito and Kazutaka Shinozuka, "Vocal Recognition of Owners by Domestic Cats (*Felis catus*)," *Animal Cognition* 16, no. 4 (2013): 685–90.

43 Atsuko Saito et al., "Domestic Cats (Felis catus) Discriminate Their Names from Other Words," *Scientific Reports* 9, no. 5394 (2019): 1–8.

44 Dawn Frazer Sissom, D. A. Rice, and G. Peters, "How Cats Purr," *Journal of Zoology* 223, no. 1 (1991): 67–78.

45 Eriksson, Keeling, and Rehn, "Cats and Owners Interact More with Each Other."

46 Karen Mccomb et al., "The Cry Embedded Within the Purr," *Current Biology* 19, no. 13 (2009): R507–8.

4장 수다스러운 꼬리와 표정이 풍부한 귀

1 Shawn M. O'Connor et al., "The Kangaroo's Tail Propels and Powers Pentapedal Locomotion," *Biology Letters* 10, no. 7 (2014): 20140381.

2 Emily Xu and Patricia M. Gray, "Evolutionary GEM: The Evolution of the Primate Prehensile Tail," *Western Undergraduate Research Journal: Health and Natural Sciences* 8, no. 1 (2017).

3 Matthew A. Barbour and Rulon W. Clark, "Ground Squirrel Tail-Flag Displays Alter Both Predatory Strike and Ambush Site Selection Behaviours of Rattlesnakes," *Proceedings of the Royal Society B: Biological Sciences* 279, no. 1743 (2012): 3827–33.

4 A. Quaranta, M. Siniscalchi, and G. Vallortigara, "Asymmetric Tail-Wagging Responses by Dogs to Different Emotive Stimuli," *Current Biology* 17, no. 6 (2007): R199–201.

5 Marcello Siniscalchi et al., "Seeing Left- or Right-Asymmetric Tail Wagging Produces Different Emotional Responses in Dogs," *Current Biology* 23, no. 22 (2013): 2279–82.

6 Daiana de Oliveira and Linda J. Keeling, "Routine Activities and Emotion in the Life of Dairy Cows: Integrating Body Language into an Affective State Framework," *PloS One* 13, no. 5 (2018): e0195674.

7 Maya Wedin et al., "Early Indicators of Tail Biting Outbreaks in Pigs," *Applied Animal Behaviour Science* 208 (2018): 7–13.

8 Amir Patel and Edward Boje, "On the Conical Motion and Aerodynamics of the Cheetah Tail," in *Robotics: Science and Systems Workshop on "Robotic Uses for Tails"* (Rome, 2015).

9 Eugene Willis Gudger, "Does the Jaguar Use His Tail as a Lure in Fishing," *Journal of Mammalogy* 27, no. 1 (1946): 37–49.

10 Sarah Louise Brown, "The Social Behaviour of Neutered Domestic Cats (*Felis catus*)" (PhD diss., University of Southampton, 1993).

11 John Bradshaw and Sarah Brown, "Social Behaviour of Cats," *Tijdschrift voor Diergeneeskunde* 177, no. 1 (1992): 54–6.

12 John Bradshaw and Charlotte Cameron-Beaumont, "The Signaling Repertoire of the Domestic Cat and Its Undomesticated Relatives," in *The Domestic Cat: The Biology of Its Behaviour*, 2nd ed., ed. Dennis C. Turner and Patrick Bateson (Cambridge, UK: Cambridge University Press, 2000), 67.

13 Simona Cafazzo and Eugenia Natoli, "The Social Function of Tail Up in the Domestic Cat (*Felis silvestris catus*)," *Behavioural Processes* 80, no. 1 (2009): 60–6.

14 John W. S. Bradshaw, "Sociality in Cats: A Comparative Review," *Journal of Veterinary Behavior* 11 (2016): 113–24.

15 Penny L. Bernstein and Mickie Strack, "A Game of Cat and House: Spatial Patterns and Behavior of 14 Domestic Cats (*Felis catus*) in the Home," *Anthrozoös* 9, no. 1 (1996): 25–39.

16 Brown, "The Social Behaviour of Neutered Domestic Cats."

17 야생에서의 꼬리 치켜세우기 행동을 관찰한 결과와 이에 대한 논의는 다음 논문에서 확인할 수 있다. Bradshaw and Cameron-Beaumont, "The Signaling Repertoire of the Domestic Cat."

18 Charlotte Cameron-Beaumont, "Visual and Tactile Communication in the Domestic Cat (*Felis silvestris catus*) and Undomesticated Small Felids" (PhD diss., University of Southampton, 1997).

19 꼬리 치켜세우기의 진화는 다음 논문들에서 논의되고 있다. Cafazzo and Natoli, "The Social Function of Tail Up," and in Bradshaw and Cameron-Beaumont, "The Signaling Repertoire of the Domestic Cat."

20 George B. Schaller, *The Serengeti Lion: A Study of Predator-Prey Relations* (Chicago: University of Chicago Press, 1972).

21 David Macdonald et al., "African Wildcats in Saudi Arabia," *WildCRU Review* 42 (1996).

22 "Postscript: Questions and Some Answers," in *The Domestic Cat: The Biology of Its Behaviour*, 3rd ed., ed. Dennis C. Turner and Patrick Bateson (Cambridge: Cambridge University Press, 2014).

23 Marvin R. Clark and Alphonse Leon Grimaldi, *Pussy and Her Language* (Fairford, UK: Echo Library, 2019).

24 이 시스템은 세월이 흐르면서 업데이트되었고, 초기 개발 상황은 다음 자료

에서 확인할 수 있다. Paul Ekman and Wallace V. Friesen, "Measuring Facial Movement," *Environmental Psychology and Nonverbal Behavior* 1 (1976): 56–75, https://www.paulekman.com/wp-content/uploads/2013/07/Measuring-Facial-Movement.pdf.

25 Cátia Correia-Caeiro, Anne M. Burrows, and Bridget M. Waller, "Development and Application of CatFACS: Are Human Cat Adopters Influenced by Cat Facial Expressions?" *Applied Animal Behaviour Science* 189 (2017): 66–78.

26 Bertrand L. Deputte et al., "Heads and Tails: An Analysis of Visual Signals in Cats, *Felis catus*," *Animals* 11, no. 9 (2021): 2752.

27 Gabriella Tami and Anne Gallagher, "Description of the Behaviour of Domestic Dog (*Canis familiaris*) by Experienced and Inexperienced People," *Applied Animal Behaviour Science* 120, no. 3–4 (2009): 159–69.

28 N. Feuerstein and Joseph Terkel, "Interrelationships of Dogs (*Canis familiaris*) and Cats (*Felis catus L.*) Living Under the Same Roof," *Applied Animal Behaviour Science* 113, no. 1–3 (2008): 150–65.

5장 스킨십의 마법

1 Robin I. M. Dunbar, "The Social Role of Touch in Humans and Primates: Behavioural Function and Neurobiological Mechanisms," *Neuroscience and Biobehavioral Reviews* 34, no. 2 (2010): 260–8.

2 David Macdonald et al., "Social Dynamics, Nursing Coalitions and Infanticide Among Farm Cats, *Felis catus*," *Advances in Ethology* (supplement to *Ethology*) 28 (1987): 1–64; David Macdonald, "The Pride of the Farmyard," *BBC Wildlife*, November 1991.

3 Ruud van den Bos, "The Function of Allogrooming in Domestic Cats (*Felis silvestris catus*); a Study in a Group of Cats Living in Confinement," *Journal of Ethology* 16 (1998): 1–13.

4 C. J. O. Harrison, "Allopreening as Agonistic Behaviour," *Behaviour* 24, no. 3/4 (1964): 161–209.

5 Jennie L. Christopher, "Grooming as an Agonistic Behavior in Garnett's Small-Eared Bushbaby (*Otolemur garnettii*)" (master's thesis, University of Southern Mississippi, 2017).

6 Mai Sakai et al., "Flipper Rubbing Behaviors in Wild Bottlenose Dolphins (*Tursiops aduncus*)," *Marine Mammal Science* 22, no. 4 (2006): 966–78.

7 Saki Yasui and Gen'ichi Idani, "Social Significance of Trunk Use in Captive Asian Elephants," *Ethology, Ecology & Evolution* 29, no. 4 (2017): 330–50, https://doi.org/10.1080/03949370.2016.1179684.

8 Kimberly J. Barry and Sharon L. Crowell-Davis, "Gender Differences in the Social Behavior of the Neutered Indoor-Only Domestic Cat," *Applied Animal Behaviour Science* 64, no. 3 (1999): 193–211.

9 Christina D. Buesching, P. Stopka, and D. W. Macdonald, "The Social Function of Allo-Marking in the European Badger (*Meles meles*)," *Behaviour* 140, no. 8/9 (2003): 965–80.

10 수염 움직임에 대한 자세한 설명과 그림은 CatFACS 매뉴얼에서 확인할 수 있다. https://www.animalfacs.com/catfacs_new.

11 Yngve Zotterman, "Touch, Pain and Tickling: An Electro-Physiological Investigation on Cutaneous Sensory Nerves," *Journal of Physiology* 95, no. 1 (1939): 1–28, https://doi.org/10.1113/jphysiol.1939.sp003707.

12 Rochelle Ackerley et al., "Human C-Tactile Afferents Are Tuned to the Temperature of a Skin-Stroking Caress," *Journal of Neuroscience* 34, no. 8 (2014): 2879–83.

13 Hakan Olausson et al., "Unmyelinated Tactile Afferents Signal Touch and Project to Insular Cortex," *Nature Neuroscience* 5, no. 9 (2002): 900–4.

14 Miranda Olff et al., "The Role of Oxytocin in Social Bonding, Stress Regulation and Mental Health: An Update on the Moderating Effects of Context and Interindividual Differences," *Psychoneuroendocrinology* 38, no. 9 (2013): 1883–94, https://doi.org/10.1016/j.psyneuen.2013.06.019; Simone G. Shamay-Tsoory and Ahmad Abu-Akel, "The Social Salience Hypothesis of Oxytocin," *Biological Psychiatry* 79, no. 3 (2016): 194–202, https://doi.org/10.1016/j.biopsych.2015.07.020.

15 Annaliese K. Beery, "Antisocial Oxytocin: Complex Effects on Social Behavior," *Current Opinion in Behavioral Sciences* 6 (2015): 174–82, https://www.sciencedirect.com/science/article/pii/S2352154615001461.

16 Claudia Mertens and Dennis C. Turner, "Experimental Analysis of Human-Cat Interactions During First Encounters," *Anthrozoös* 2, no. 2

(1988): 83–97.

17 Sarah Louise Brown, "The Social Behaviour of Neutered Domestic Cats (*Felis catus*)" (PhD diss., University of Southampton, 1993).

18 Bruce R. Moore and Susan Stuttard, "Dr. Guthrie and *Felis domesticus* or: Tripping over the Cat," *Science* 205, no. 4410 (1979): 1031–3.

19 E. R. Guthrie and G. P. Horton, *Cats in a Puzzle Box* (New York: Rinehart, 1946).

20 Claudia Mertens, "Human-Cat Interactions in the Home Setting," *Anthrozoös* 4, no. 4 (1991): 214–31.

21 Matilda Eriksson, Linda J. Keeling, and Therese Rehn, "Cats and Owners Interact More with Each Other After a Longer Duration of Separation," *PLoS One* 12, no. 10 (2017): e0185599. And also Matilda Eriksson, "The Effect of Time Left Alone on Cat Behaviour" (master's thesis, University of Uppsala, 2015).

22 Therese Rehn and Linda J. Keeling, "The Effect of Time Left Alone at Home on Dog Welfare," *Applied Animal Behaviour Science* 129, no. 2–4 (2011): 129–35.

23 John W. S. Bradshaw and Sarah E. Cook, "Patterns of Pet Cat Behaviour at Feeding Occasions," *Applied Animal Behaviour Science* 47, no. 1–2 (1996): 61–74.

24 Claudia Edwards et al., "Experimental Evaluation of Attachment Behaviors in Owned Cats," *Journal of Veterinary Behavior* 2, no. 4 (2007): 119–25.

25 Therese Rehn et al., "Dogs' Endocrine and Behavioural Responses at Reunion Are Affected by How the Human Initiates Contact," *Physiology & Behavior* 124 (2014): 45–53.

26 N. Gourkow, S. C. Hamon, and C. J. C. Phillips, "Effect of Gentle Stroking and Vocalization on Behaviour, Mucosal Immunity and Upper Respiratory Disease in Anxious Shelter Cats," *Preventive Veterinary Medicine* 117, no. 1 (2014): 266–75.

27 Sita Liu et al., "The Effects of the Frequency and Method of Gentling on the Behavior of Cats in Shelters," *Journal of Veterinary Behavior* 39 (2020): 47–56.

28 Penny Bernstein, "The Human-Cat Relationship," in *The Welfare of Cats*, ed. Irene Rochlitz (Dordrecht, Netherlands: Springer, 2007), 47–89.

29 Sarah L. H. Ellis et al., "The Influence of Body Region, Handler Familiarity

and Order of Region Handled on the Domestic Cat's Response to Being Stroked," *Applied Animal Behaviour Science* 173 (2015): 60–7.

30 Claudia Schmied et al., "Stroking of Different Body Regions by a Human: Effects on Behaviour and Heart Rate of Dairy Cows," *Applied Animal Behaviour Science* 109, no. 1 (2008): 25–38.

31 Chantal Triscoli et al., "Touch Between Romantic Partners: Being Stroked Is More Pleasant Than Stroking and Decelerates Heart Rate," *Physiology & Behavior* 177 (2017): 169–75.

32 Elizabeth A. Johnson et al., "Exploring Women's Oxytocin Responses to Interactions with Their Pet Cats," *PeerJ* 9 (2021): e12393.

33 Ai Kobayashi et al., "The Effects of Touching and Stroking a Cat on the Inferior Frontal Gyrus in People," *Anthrozoös* 30, no. 3 (2017): 473–86, https://doi.org/10.1080/08927936.2017.1335115.

34 Daniela Ramos and Daniel S. Mills, "Human Directed Aggression in Brazilian Domestic Cats: Owner Reported Prevalence, Contexts and Risk Factors," *Journal of Feline Medicine and Surgery* 11, no. 10 (2009): 835–41, https://doi.org/10.1016/j.jfms.2009.04.006.

35 Chantal Triscoli, Rochelle Ackerley, and Uta Sailer, "Touch Satiety: Differential Effects of Stroking Velocity on Liking and Wanting Touch over Repetitions," *PLoS One* 9, no. 11 (2014): e113425.

36 Cátia Correia- Caeiro, Anne M. Burrows, and Bridget M. Waller, "Development and Application of CatFACS: Are Human Cat Adopters Influenced by Cat Facial Expressions?" *Applied Animal Behaviour Science* 189 (2017): 66–78.

37 James Herriot, *James Herriot's Cat Stories*, 2nd ed. (New York: St. Martin's Press, 2015).

6장 눈으로 나누는 대화

1 Phyllis Chesler, "Maternal Influence in Learning by Observation in Kittens," *Science* 166, no. 3907 (1969): 901–3, https://doi.org/10.1126/science.166.3907.901.

2 E. Roy John et al., "Observation Learning in Cats," *Science* 159, no. 3822 (1968): 1489–91, https://doi.org/10.1126/science.159.3822.1489.

3 Jean Piaget, *The Construction of Reality in the Child*, trans. Margaret Cook

(Oxford, UK: Routledge, 2013).

4 Sonia Goulet, François Y. Doré, and Robert Rousseau, "Object Permanence and Working Memory in Cats (*Felis catus*)," *Journal of Experimental Psychology: Animal Behavior Processes* 20, no. 4 (1994): 347–65, https://doi.org/10.1037/0097-7403.20.4.347.

5 Sylvain Fiset and François Y. Doré, "Duration of Cats' (*Felis catus*) Working Memory for Disappearing Objects," *Animal Cognition* 9, no. 1 (2006): 62–70, https://doi.org/10.1007/s10071-005-0005-4.

6 Hitomi Chijiiwa et al., "Dogs and Cats Prioritize Human Action: Choosing a Now-Empty Instead of a Still-Baited Container," *Animal Cognition* 24, no. 1 (2021): 65–73.

7 Jane L. Dards, "The Behaviour of Dockyard Cats: Interactions of Adult Males," *Applied Animal Ethology* 10, no. 1–2 (1983): 133–53.

8 미발표된 자료는 다음 논문에서 확인할 수 있다. John Bradshaw and C(h)arlotte Cameron-Beaumont, "The Signaling Repertoire of the Domestic Cat and Its Undomesticated Relatives," in *The Domestic Cat: The Biology of Its Behaviour*, 2nd ed., ed. Dennis C. Turner and Patrick Bateson (Cambridge: Cambridge University Press, 2000).

9 Deborah Goodwin and John W. S. Bradshaw, "Gaze and Mutual Gaze: Its Importance in Cat/Human and Cat/Cat Interactions," Conference Proceedings of the International Society for Anthrozoology (Boston, 1997).

10 Georg Simmel, "Sociology of the Senses: Visual Interaction," in *Introduction to the Science of Sociology*, eds. E. R. Park and E. W. Burgess (Chicago: University of Chicago Press, 1921), 356–61.

11 Nicola Binetti et al., "Pupil Dilation as an Index of Preferred Mutual Gaze Duration," *Royal Society Open Science* 3, no. 7 (2016): 160086, http://dx.doi.org/10.1098/rsos.160086.

12 Deborah Goodwin and John W. S. Bradshaw, "Regulation of Interactions Between Cats and Humans by Gaze and Mutual Gaze," Abstracts from International Society for Anthrozoology Conference (Prague, 1998).

13 Marine Grandgeorge et al., "Visual Attention Patterns Differ in Dog vs. Cat Interactions with Children with Typical Development or Autism Spectrum Disorders," *Frontiers in Psychology* 11 (2020): 2047.

14 Ádám Miklósi et al., "A Comparative Study of the Use of Visual Communicative Signals in Interactions Between Dogs (*Canis familiaris*) and Humans and Cats (*Felis catus*) and Humans," *Journal of Comparative Psychology* 119, no. 2 (2005): 179–86, https://doi.org/10.1037/0735-7036.119.2.179.

15 Lingna Zhang et al., "Feline Communication Strategies When Presented with an Unsolvable Task: The Attentional State of the Person Matters," *Animal Cognition* 24, no. 5 (2021): 1109–19.

16 Lea M. Hudson, "Comparison of Canine and Feline Gazing Behavior" (Honors College thesis, Oregon State University, 2018), https://ir.library.oregonstate.edu/concern/honors_college_theses/m900p083f.

17 Péter Pongrácz, Julianna Szulamit Szapu, and Tamás Faragó, "Cats (*Felis silvestris catus*) Read Human Gaze for Referential Information," *Intelligence* 74 (2019): 43 –52.

18 Tibor Tauzin et al., "The Order of Ostensive and Referential Signals Affects Dogs' Responsiveness When Interacting with a Human," *Animal Cognition* 18, no. 4 (2015): 975–9, https://doi.org /10.1007/s10071-015-0857-1.

19 Miklósi et al., "A Comparative Study of the Use of Visual Communicative Signals."

20 Ádám Miklosi and Krisztina Soproni, "A Comparative Analysis of Animals' Understanding of the Human Pointing Gesture," *Animal Cognition* 9 (2006): 81–93.

21 Péter Pongrácz and Julianna Szulamit Szapu, "The Socio-Cognitive Relationship Between Cats and Humans—Companion Cats (*Felis catus*) as Their Owners See Them," *Applied Animal Behaviour Science* 207 (2018): 57–66.

22 "Moggies Remain a Mystery to Many, Suggests Survey," Cats Protection, https://www.cats.org.uk/mediacentre/pressreleases/behaviour-survey.

23 Tasmin Humphrey et al., "The Role of Cat Eye Narrowing Movements in Cat-Human Communication," *Scientific Reports* 10, no. 1 (2020): 16503.

24 Tasmin Humphrey et al., "Slow Blink Eye Closure in Shelter Cats Is Related to Quicker Adoption," *Animals* 10, no. 12 (2020): 2256.

25 Guillaume-Benjamin Duchenne de Boulogne, *The Mechanism of Human Facial Expression*, trans. R. Andrew Cuthbertson (Cambridge: Cambridge University Press, 1990).

26 Sarah D. Gunnery, Judith A. Hall, and Mollie A. Ruben, "The Deliberate Duchenne Smile: Individual Differences in Expressive Control," *Journal of Nonverbal Behavior* 37, no. 1 (2013): 29–41.

7장 고양이의 성격을 파헤치다

1 Inga Moore, *Six-Dinner Sid* (New York: Aladdin, 2004).

2 Roger G. Kuo, "Psychologist Finds Shyness Inherited, but Not Permanent," *Harvard Crimson*, March 4, 1991, https://www.thecrimson.com/article/1991/3/4/psychologist-finds-shyness-inherited-but-not/.

3 이 주제는 수년간 많은 연구자에 의해 연구되어왔다. 그에 대한 요약은 다음 책에서 확인할 수 있다. Christopher J. Soto and Joshua J. Jackson, "Five-Factor Model of Personality," in *Oxford Bibliographies in Psychology*, ed. Dana S. Dunn (New York: Oxford University Press, 2020).

4 Melanie Dammhahn et al., "Of City and Village Mice: Behavioural Adjustments of Striped Field Mice to Urban Environments," *Scientific Reports* 10, no. 1 (2020): 13056.

5 Eugenia Natoli et al., "Bold Attitude Makes Male Urban Feral Domestic Cats More Vulnerable to Feline Immunodeficiency Virus," *Neuroscience and Biobehavioral Reviews* 29, no. 1 (2005): 151–7.

6 Julie Feaver, Michael Mendl, and Patrick Bateson, "A Method for Rating the Individual Distinctiveness of Domestic Cats," *Animal Behaviour* 34, no. 4 (1986): 1016–25.

7 Carla Litchfield et al., "The 'Feline Five': An Exploration of Personality in Pet Cats (*Felis catus*)," *PLoS One* 12, no. 8 (2017): e0183455.

8 Eileen B. Karsh and Dennis C. Turner, "The Human-Cat Relationship," in *The Domestic Cat: The Biology of Its Behaviour*, ed. Dennis C. Turner and Patrick G. Bateson (Cambridge: Cambridge University Press, 1988), 159–77.

9 Sandra McCune, "The Impact of Paternity and Early Socialisation on the Development of Cats' Behaviour to People and Novel Objects," *Applied Animal Behaviour Science* 45, no. 1–2 (1995): 109–24.

10 이 통계는 다음 논문의 수치 1과 2에서 발췌했다. Ludovic Say, Dominique Pontier, and Eugenia Natoli, "High Variation in Multiple Paternity of Domestic Cats (*Felis catus L.*) in Relation to Environmental Conditions,"

Proceedings of the Royal Society B: Biological Sciences 266, no. 1433 (1999): 2071–4.

11 Sarah E. Lowe and John W. S. Bradshaw, "Ontogeny of Individuality in the Domestic Cat in the Home Environment," *Animal Behaviour* 61, no. 1 (2001): 231–7.

12 Rush Shippen Huidekoper, *The Cat, a Guide to the Classification and Varieties of Cats and a Short Treatise upon Their Care, Diseases, and Treatment* (New York: D. Appleton, 1895).

13 Mikel M. Delgado, Jacqueline D. Munera, and Gretchen M. Reevy, "Human Perceptions of Coat Color as an Indicator of Domestic Cat Personality," *Anthrozoös* 25, no. 4 (2012): 427–40, https://doi.org/10.2752/175303712X13479798785779.

14 Mónica Teresa González-Ramírez and René Landero-Hernández, "Cat Coat Color, Personality Traits and the Cat-Owner Relationship Scale: A Study with Cat Owners in Mexico," *Animals* 12, no. 8 (2022): 1030, https://doi.org/10.3390/ani12081030.

15 Haylie D. Jones and Christian L. Hart, "Black Cat Bias: Prevalence and Predictors," *Psychological Reports* 123, no. 4 (2020): 1198–206.

16 Lori R. Kogan, Regina Schoenfeld-Tacher, and Peter W. Hellyer, "Cats in Animal Shelters: Exploring the Common Perception That Black Cats Take Longer to Adopt," *Open Veterinary Science Journal* 7, no. 1 (2013).

17 Milla Salonen et al., "Breed Differences of Heritable Behaviour Traits in Cats," *Scientific Reports* 9, no. 1 (2019): 7949.

18 Minori Arahori et al., "The Oxytocin Receptor Gene (OXTR) Polymorphism in Cats (*Felis catus*) Is Associated with 'Roughness' Assessed by Owners," *Journal of Veterinary Behavior* 11 (2016): 109–12.

19 Michael M. Roy and Nicholas J. S. Christenfeld, "Do Dogs Resemble Their Owners?" *Psychological Science* 15, no. 5 (2004): 361–3.

20 Lawrence Weinstein and Ralph Alexander, "College Students and Their Cats," *College Student Journal* 44, no. 3 (2010): 626–8.

21 Kurt Kotrschal et al., "Human and Cat Personalities: Building the Bond from Both Sides," in *The Domestic Cat: The Biology of Its Behaviour*, 3rd ed., ed. Dennis C. Turner and Patrick Bateson (Cambridge, UK: Cambridge University

Press, 2014), 113–29.

22 Lauren R. Finka et al., "Owner Personality and the Wellbeing of Their Cats Share Parallels with the Parent-Child Relationship," *PloS One* 14, no. 2 (2019): e0211862.

23 Manuela Wedl et al., "Factors Influencing the Temporal Patterns of Dyadic Behaviours and Interactions Between Domestic Cats and Their Owners," *Behavioural Processes* 86, no. 1 (2011): 58–67.

24 Dennis C. Turner, "The Ethology of the Human-Cat Relationship," *Schweizer Archiv fur Tierheilkunde* 133, no. 2 (1991): 63–70.

25 Kotrschal et al., "Human and Cat Personalities."

8장 함께라서 더 즐거운

1 Claudia Mertens and Dennis C. Turner, "Experimental Analysis of Human-Cat Interactions During First Encounters," *Anthrozoös* 2, no. 2 (1988): 83–97.

2 Claudia Mertens, "Human-Cat Interactions in the Home Setting," *Anthrozoös* 4, no. 4 (1991): 214–31.

3 Dennis C. Turner, "The Mechanics of Social Interactions Between Cats and Their Owners," *Frontiers in Veterinary Science* 8 (2021): 292.

4 Robert A. Hinde, "On Describing Relationships," *Journal of Child Psychology and Psychiatry* 17, no. 1 (1976): 1–19.

5 Manuela Wedl et al., "Factors Influencing the Temporal Patterns of Dyadic Behaviours and Interactions Between Domestic Cats and Their Owners," *Behavioural Processes* 86, no. 1 (2011): 58–67.

6 이 내용은 다음 자료에서 논의되었다. Dennis C. Turner, "The Mechanics of Social Interactions Between Cats and Their Owners," Frontiers in Veterinary Science 8 (2021): 292.

7 Daniela Ramos et al., "Are Cats (*Felis catus*) from Multi-Cat Households More Stressed? Evidence from Assessment of Fecal Glucocorticoid Metabolite Analysis," *Physiology & Behavior* 122 (2013): 72–5.

8 Camilla Haywood et al., "Providing Humans with Practical, Best Practice Handling Guidelines During Human-Cat Interactions Increases Cats' Affiliative Behaviour and Reduces Aggression and Signs of Conflict,"

Frontiers in Veterinary Science 8 (2021): 835.

9 W. L. Alden, "Postal Cats," in *Domestic Explosives and Other Sixth Column Fancies* (New York: Lovell, Adam, Wesson & Co., 1877), 192–4, https://archive.org/details/domesticexplosi00aldegoog/page/n6/mode/2up.

10 Regina M. Bures, "Integrating Pets into the Family Life Cycle," in *Well-Being Over the Life Course*, ed. Regina M. Bures and Nancy R. Gee (New York: Springer, 2021), 11–23.

11 Esther M. C. Bouma, Marsha L. Reijgwart, and Arie Dijkstra, "Family Member, Best Friend, Child or 'Just' a Pet, Owners' Relationship Perceptions and Consequences for Their Cats," *International Journal of Environmental Research and Public Health* 19, no. 1 (2021): 193.

12 Fleur Dwyer, Pauleen C. Bennett, and Grahame J. Coleman, "Development of the Monash Dog Owner Relationship Scale (MDORS)," *Anthrozoös* 19, no. 3 (2006): 243–56.

13 Tiffani J. Howell et al., "Development of the Cat-Owner Relationship Scale (CORS)," *Behavioural Processes* 141, no. 3 (2017): 305–15.

14 Richard M. Emerson, "Social Exchange Theory," *Annual Review of Sociology* 2 (1976): 335–62.

15 Mayke Janssens et al., "The Pet-Effect in Daily Life: An Experience Sampling Study on Emotional Wellbeing in Pet Owners," *Anthrozoös* 33, no. 4 (2020): 579–88.

16 Gretchen M. Reevy and Mikel M. Delgado, "The Relationship Between Neuroticism Facets, Conscientiousness, and Human Attachment to Pet Cats," *Anthrozoös* 33, no. 3 (2020): 387–400, https://doi.org/10.1080/08927936.2020.1746527.

17 Pim Martens, Marie-José Enders-Slegers, and Jessica K. Walker, "The Emotional Lives of Companion Animals: Attachment and Subjective Claims by Owners of Cats and Dogs," *Anthrozoös* 29, no. 1 (2016): 73–88.

18 메리 에인즈워스의 연구에 대한 구체적인 내용은 다음 자료에서 확인할 수 있다. Mary D. S. Ainsworth et al., *Strange Situation Procedure (SSP)*, APA PsycNet (1978), https://doi.org/10.1037/t28248-000; Mary Ainsworth et al., *Patterns of Attachment: A Psychological Study of the Strange Situation* (London: Psychology Press, 2015).

19 József Topál et al., "Attachment Behavior in Dogs (*Canis familiaris*): A New Application of Ainsworth's (1969) Strange Situation Test," *Journal of Comparative Psychology* 112, no. 3 (1998): 219–29.

20 Elyssa Payne, Pauleen C. Bennett, and Paul D. McGreevy, "Current Perspectives on Attachment and Bonding in the Dog-Human Dyad," *Psychology Research and Behavior Management* 8 (2015): 71–9.

21 Claudia Edwards et al., "Experimental Evaluation of Attachment Behaviors in Owned Cats," *Journal of Veterinary Behavior* 2, no. 4 (2007): 119–25; Kristyn R. Vitale, Alexandra C. Behnke, and Monique A. R. Udell, "Attachment Bonds Between Domestic Cats and Humans," *Current Biology* 29, no. 18 (2019): R864–5.

22 Alice Potter and Daniel S. Mills, "Domestic Cats (*Felis silvestris catus*) Do Not Show Signs of Secure Attachment to Their Owners," *PLoS One* 10, no. 9 (2015): e0135109.

23 Mauro Ines, Claire Ricci-Bonot, and Daniel S. Mills, "My Cat and Me—a Study of Cat Owner Perceptions of Their Bond and Relationship," *Animals* 11, no. 6 (2021): 1601.

24 Martens, Enders-Slegers, and Walker, "The Emotional Lives of Companion Animals."

25 Ashley L. Elzerman et al., "Conflict and Affiliative Behavior Frequency Between Cats in Multi-Cat Households: A Survey-Based Study," *Journal of Feline Medicine and Surgery* 22, no. 8 (2020): 705–17.

26 이 시스템은 세월이 흐르면서 업데이트되었고, 초기 개발 상황은 다음 자료에서 확인할 수 있다. Paul Ekman and Wallace V. Friesen, "Measuring Facial Movement," *Environmental Psychology and Nonverbal Behavior* 1 (1976): 56–5, https://www.paulekman.com/wp-content/uploads/2013/07/Measuring-Facial-Movement.pdf.

27 Bridget M. Waller et al., "Paedomorphic Facial Expressions Give Dogs a Selective Advantage," *PLoS One* 8, no. 12 (2013): e82686.

28 Cátia Correia-Caeiro, Anne M. Burrows, and Bridget M. Waller, "Development and Application of CatFACS: Are Human Cat Adopters Influenced by Cat Facial Expressions?" *Applied Animal Behaviour Science* 189 (2017): 66–78.

29 Lauren Dawson et al., "Humans Can Identify Cats' Affective States from

Subtle Facial Expressions," *Animal Welfare* 28, no. 4 (2019): 519–31.

30 Moriah Galvan and Jennifer Vonk, "Man's Other Best Friend: Domestic Cats (*F. silvestris catus*) and Their Discrimination of Human Emotion Cues," *Animal Cognition* 19, no. 1 (2016): 193–205.

31 이 연구는 고양이들이 다른 고양이의 모습과 그에 맞는 소리를 일치시킬 수 있는지도 테스트했다. Angelo Quaranta et al., "Emotion Recognition in Cats," *Animals* 10, no. 7 (2020): 1107.

32 Kristyn R. Vitale Shreve, Lindsay R. Mehrkam, and Monique A. R. Udell, "Social Interaction, Food, Scent or Toys? A Formal Assessment of Domestic Pet and Shelter Cat (*Felis silvestris catus*) Preferences," *Behavioural Processes* 141, no. 3 (2017): 322–8.

에필로그: 그 어느 동물보다 뛰어난 고양이의 적응력

1 Katharine L. Simms, *They Walked Beside Me* (London: Hutchison and Co., 1954), 99.

2 스머지의 새로운 탈출 기술에 대해 알게 된 캣 플랩 회사는 다시 행동에 돌입했다. 그들은 스머지가 다시 탈출하지 못하도록 캣 플랩에 달 수 있는 특별 추가 장치를 만들어주었다. 지금까지는 그 방법으로 스머지를 궁지에 빠뜨렸지만, 나는 그가 비밀리에 다음 탈출을 계획하고 있다고 확신한다.

전지적 고양이 시점
고양이는 어떻게 인간을 매혹하는가

초판 1쇄 2024년 2월 15일 발행

지은이 세라 브라운
옮긴이 고현석
펴낸이 김현종
책임편집 이솔림 **편집도움** 유온누리 **디자인** 조주희
마케팅 최재희 안형태 신재철 김예리 **경영지원** 이민주 김도원

펴낸곳 (주)메디치미디어
출판등록 2008년 8월 20일 제300-2008-76호
주소 서울특별시 중구 중림로7길 4, 3층
전화 02-735-3308 **팩스** 02-735-3309
이메일 medici@medicimedia.co.kr **홈페이지** medicimedia.co.kr
페이스북 medicimedia **인스타그램** medicimedia

ISBN 979-11-5706-339-0(03490)